全国执业兽医资格考试推荐用书

执业兽医资格考试

考点突破

（兽医全科类）

预防科目

2025年

中国兽医协会　组编

陈明勇　编

机械工业出版社

本书由中国兽医协会邀请国家执业兽医资格考试资深培训专家陈明勇博士精心编写而成。全书紧密围绕考试大纲要求的知识点，采取思维导图、考点精讲与试题解析的形式，结合十余年考题的特点，深度剖析考试大纲核心考点，浓缩精华内容，助力考生精准锚定复习要点。

本书内容全面，重点突出，具有很强的针对性，条目清晰，重在提高考生的分析和判断能力，加深知识理解和记忆，强化学习效果，提高实战水平，适合动物医学相关专业专科和本科在校生以及已参加工作的人员备考使用。

图书在版编目（CIP）数据

执业兽医资格考试考点突破（兽医全科类）预防科目. 2025年 / 中国兽医协会组编 ；陈明勇编. -- 北京 ：机械工业出版社，2025. 4. -- (全国执业兽医资格考试推荐用书). -- ISBN 978-7-111-77951-3

Ⅰ. S85

中国国家版本馆 CIP 数据核字第 2025KP7788 号

机械工业出版社（北京市百万庄大街22号　邮政编码100037）

策划编辑：周晓伟　高　伟　　责任编辑：周晓伟　高　伟　章承林　刘　源

责任校对：张　征　张　薇　　责任印制：单爱军

保定市中画美凯印刷有限公司印刷

2025年4月第1版第1次印刷

184mm×260mm・12.25印张・303千字

标准书号：ISBN 978-7-111-77951-3

定价：69.80 元

电话服务　　网络服务

客服电话：010-88361066　　机　工　官　网：www.cmpbook.com

010-88379833　　机　工　官　博：weibo.com/cmp1952

010-68326294　　金　书　网：www.golden-book.com

封底无防伪标均为盗版　　机工教育服务网：www.cmpedu.com

编审委员会

序

兽医，即给动物看病的医生，这大概是兽医最初的定义，也是现代民众对兽医的直观认识。据记载，兽医职业行为最早可以追溯到3800多年前。在农耕社会，兽医的主要工作内容以治疗畜禽疾病为主；20世纪初到20世纪80年代，动物规模化饲养日益普遍，动物传染病对畜牧业发展构成了极大威胁，控制和消灭重大动物疫病成为这一时期兽医工作的主要内容；20世纪末至今，动物饲养规模进一步扩大，集约化程度进一步提高，动物产品国际贸易日益频繁，且食品安全和环境保护问题日益突出，公共卫生问题越来越受关注，社会对兽医职业的要求使得兽医工作的领域不断拓宽，除保障畜牧业生产安全外，保障动物源性食品安全、公共卫生安全和生态环境安全也逐渐成了兽医工作的重要内容。

社会需求多元化引发了兽医职业在发展过程中的功能分化，兽医专业人员的从业渠道逐渐拓宽，承担不同的社会职责，因而，兽医这一古老而传统的职业在当下社会中并未随着工业化、信息化进程的加速而衰落，相反以强劲的发展势头紧跟时代的脚步。

我国社会、经济的发展对兽医的要求不断提高，兽医职业关系公共利益，这种职业特性决定了政府要规定从事兽医工作应具备的专业知识、技术和能力的从业资格标准，还要规定实行执业许可（执照）管理。2005年，在《国务院关于推进兽医管理体制改革的若干意见》（国发〔2005〕15号）中，第一次提出“要逐步推行执业兽医制度”。随后，在2008年实施的新修订的《中华人民共和国动物防疫法》中，明确提出“国家实行执业兽医制度”，以法律的形式确定了执业兽医制度。农业部（现农业农村部）高度重视执业兽医制度建设，颁布实施了《执业兽医管理办法》和《动物诊疗机构管理办法》，于2009年在吉林、河南、广西、重庆、宁夏五省（区、市）开展了执业兽医资格考试试点工作，并于2010年起在全国推行。通过执业兽医资格考试成为兽医取得执业资格的准入条件。

通过执业兽医资格考试，确保从事动物诊疗活动的兽医具备必要的知识和技能，具备正确的疫病防控知识和技能，有助于动物疫病的有效控制，同时也是与国际接轨、实现相互认证的需要，便于国际上兽医资格认证和动物诊疗服务的相互认可。随着当前我国畜牧业极大繁荣、宠物行业迅猛发展、动物疫病日益复杂以及公共卫生备受关注，对兽医专业人才的需求量加速增长。中国兽医协会作为国家级兽医行业协会，促进兽医职业更专业化，助力执业兽医的培养责无旁贷。

为帮助考生更好地应对执业兽医资格考试，中国兽医协会组织权威专家，依据考试大纲要求，于2010年开始组织编写执业兽医资格考试指南，为众多考生高效复习、备考、应试提供了全面系统的指引。光阴荏苒，“全国执业兽医资格考试推荐用书”系列焕新升级，将继续成为考生们的备考宝典。

我相信，“全国执业兽医资格考试推荐用书”系列图书的出版将对参加全国执业兽医资格考试考生的复习、应试提供很大帮助，将积极推动执业兽医人才培养、提升行业整体素质，进而为提高畜牧业、公共卫生和食品安全保障水平奠定坚实基础。我们期待通过本丛书，推动执业兽医队伍建设，为行业的发展和社会的进步贡献力量。

陈焕春
中国工程院院士
中国兽医协会会长
华中农业大学教授

前　言

依据《中华人民共和国动物防疫法》和《国务院关于推进兽医管理体制改革的若干意见》相关要求以及《执业兽医管理办法》规定，我国于2009年1月1日起实行执业兽医资格考试制度。为帮助考生更好地应对执业兽医资格考试，中国兽医协会组织权威专家，依据考试大纲要求，于2010年开始组织编写执业兽医资格考试指南，为众多考生高效复习、备考、应试提供了全面系统的指导。随着科技的发展，考生的学习习惯和考试形式发生了很大的变化。为了适应现在的备考环境和考试形式，中国兽医协会与机械工业出版社展开合作，将“全国执业兽医资格考试推荐用书”系列焕新升级，使其更直击考点，以提升考生的备考效率。

《执业兽医资格考试考点突破（兽医全科类）预防科目2025年》包括兽医微生物学与免疫学、兽医传染病学、兽医寄生虫病学、兽医公共卫生学4个部分的考点，具有以下特点：

思维清晰：每章开篇设有思维导图，对该章知识点进行梳理。

考点精讲：针对每一个考点进行精讲（高频考点），便于考生理解、掌握。

试题解析：考点下面配有试题及解析，强化考生对考点的掌握。

重点突出：采用双色印刷，对重点内容进行突出处理，利于考生掌握重点。

参加执业兽医资格考试的考生教育背景不同，基础各异，在复习考试时可以根据自己的情况灵活处理，但是对于本考点突破所列考点则均应掌握或熟悉，这是迎接执业兽医资格考试的基本要求。

本书力求体现指导性和实战性的特点。由于编者水平有限，时间仓促，书中难免存在错误和不妥之处，敬请广大读者和同仁不吝赐教，以便再版时修正提高。

中国兽医协会

目 录

第一篇

兽医微生物学与免疫学

第一章 细菌的结构与生理

轻装上阵

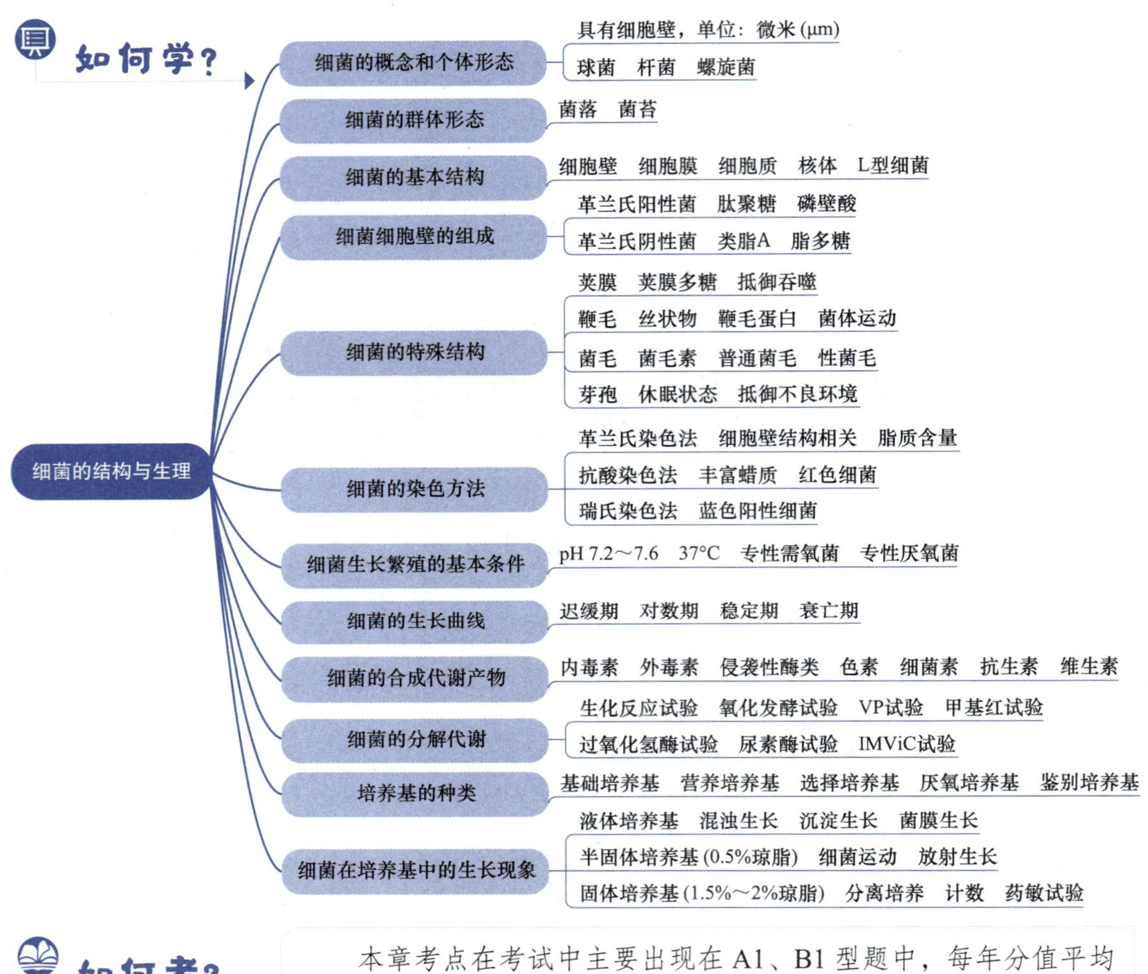

如何考？

本章考点在考试中主要出现在A1、B1型题中，每年分值平均3分。下列所述考点均需掌握。对于重点内容，希望考生予以特别关注。

考点冲浪

考点1：细菌的概念和个体形态★★

细菌是一类具有细胞壁和核质的单细胞原核细胞型微生物，光学显微镜下才可见。细菌大小介于动物细胞与病毒之间，以微米（μm）为测量单位。

细菌的个体形态分为球状、杆状和螺旋形3种，分别称为球菌、杆菌和螺旋菌。

球菌：菌体呈球形或近似球形，直径为0.5~2.0μm，可以分为双球菌、链球菌和葡萄球菌。

杆菌：多数呈直杆状，两端大多呈钝圆形，有的杆菌末端膨大呈棒状，称为棒状杆菌，如化脓棒状杆菌；有的呈分枝状生长，称为分枝杆菌，如结核分枝杆菌。

螺旋菌：菌体呈弯曲或螺旋状，分为弧菌和螺菌两种。弧菌只有一个弯曲，呈弧形或逗点状，如霍乱弧菌；螺菌菌体较长，有数个弯曲，如幽门螺杆菌。

【例题】螺旋菌大小的度量单位是（D）。

A. 分米（dm）　B. 厘米（cm）　C. 毫米（mm）
D. 微米（μm）　E. 纳米（nm）

考点 2：细菌的群体形态★★★

细菌多以二等分分裂方式进行无性繁殖。细菌在人工培养基中以菌落形式出现。在适宜的固体培养基中，适宜条件下经过一定时间培养，细菌在培养基表面或内部分裂增殖，生成大量菌体细胞，形成肉眼可见的、有一定形态的细菌群体集落，称为菌落。若菌落连成一片，称为菌苔。不同种细菌的菌落在大小、色泽、表面性状、边缘结构等方面各具特征，由此可以初步判断细菌的种类。

【例题 1】细菌在固体培养基上生长形成的菌落连成一片，称为（C）。

A. 菌丝　B. 菌膜　C. 菌苔　D. 菌团　E. 菌胶团

【例题 2】细菌在固体培养基上生长，肉眼观察到的是（D）。

A. 菌体形态　B. 菌体大小　C. 菌体排列　D. 细菌群体　E. 菌体结构

【例题 3】纯化细菌应接种固体培养基以获得（C）。

A. 菌苔　B. 菌环　C. 菌落　D. 菌膜　E. 菌体

考点 3：细菌的基本结构★★★★

细菌的基本结构是所有细菌都具有的细胞结构，细菌的基本结构包括细胞壁、细胞膜、细胞质和核体等。

细胞壁化学成分组成比较复杂，以革兰氏染色法将细菌分为革兰氏阳性菌和革兰氏阴性菌两大类，细胞壁构成有较大差异。其中 L 型细菌是指细胞壁部分缺损或丧失，仍能够生长、繁殖和分裂的缺陷型细菌，不能维持固有形态，但有一定的致病性。

细胞膜结构与真核生物细胞膜基本相同，为脂质双层并镶嵌有特殊功能的载体蛋白和酶类。主要功能是具有选择通透性、分泌胞外酶、有多种呼吸酶类、有多种合成酶类，是细菌细胞生物合成的场所。

细胞质基本成分是水、蛋白质、脂类、核酸及少量的无机盐等，还有一些有形成分如核糖体、质粒等亚显微结构。水是所有有机体含量最多的成分，是维持正常生理活动的必需物质。质粒是细菌染色体外的遗传物质，为闭合环状双股 DNA 分子。细胞质内含有多种酶系统，是细菌细胞新陈代谢的主要场所。

核体是细菌的染色体。核体具有细胞核的功能，是细菌遗传变异的物质基础，在复制的短时间内为双倍体。

【例题 1】L 型细菌与其原型菌相比，差异的结构是（E）。

A. 核体　B. 质粒　C. 细胞膜　D. 核糖体　E. 细胞壁

【例题 2】细菌细胞中含量最多的物质是（E）。

A. 无机盐　B. 蛋白质　C. 糖类　D. 脂类　E. 水

【例题 3】细菌染色体以外的遗传信息存在于（C）。

A. 细胞壁　B. 细胞膜　C. 质粒　D. 核糖体　E. 核体

考点 4：细菌细胞壁的组成及功能★★★

革兰氏阳性菌细胞壁：较厚，由肽聚糖和穿插于其内的磷壁酸组成。

肽聚糖为原核生物细胞所特有，是构成细菌细胞壁的主要成分，革兰氏阳性菌细胞壁可聚合多层肽聚糖。

磷壁酸是革兰氏阳性菌细胞壁的特有成分，依据其结合部位的不同将其分为壁磷壁酸和膜磷壁酸。前者以共价键结合于聚糖骨架的胞壁酸上；后者又称脂磷壁酸，一端以共价键结合于胞质膜外层的糖脂上，另一端贯穿肽聚糖层而游离于细胞壁表面。

此外，某些革兰氏阳性菌细胞壁表面尚有一些特殊的蛋白质，如金黄色葡萄球菌的A蛋白、A群链球菌的M蛋白等。

革兰氏阴性菌细胞壁：较薄，除含有肽聚糖层外，还包含外膜和周质间隙，外膜由外膜蛋白、脂质双层和脂多糖3部分组成。其中脂多糖由类脂A、核心多糖和特异性多糖组成，类脂A是内毒素的主要成分。

革兰氏阳性菌对溶菌酶和青霉素敏感，溶菌酶和青霉素能抑制细胞壁合成，破坏肽聚糖骨架，干扰细胞壁合成，导致细菌细胞死亡。革兰氏阴性菌肽聚糖含量少，又有外膜保护，对溶菌酶和青霉素不敏感。

细胞壁的主要功能是维持菌体的固有形态，保护细菌抵抗低渗环境；与细胞内、外物质交换有关；与细菌的致病性有关，革兰氏阴性菌细胞壁上的脂多糖具有内毒素作用，革兰氏阳性菌的磷壁酸、A群链球菌的M蛋白介导细菌对宿主细胞的黏附作用；携带多种决定细菌抗原性的抗原决定簇。

【例题 1】维持细菌固有形态的结构是（C）。

A. S层　B. 拟核　C. 细胞壁　D. 细胞膜　E. 细胞质

【例题 2】革兰氏阳性菌细胞壁特有的组分是（D）。

A. 蛋白质　B. 脂质　C. 脂多糖　D. 磷壁酸　E. 肽聚糖

【例题 3】溶菌酶杀菌作用的机制是（A）。

A. 裂解肽聚糖　B. 裂解细胞膜　C. 干扰蛋白质合成
D. 干扰核体合成　E. 裂解荚膜

考点 5：细菌的特殊结构★★★★★

某些细菌在一定条件下可形成一些特殊结构，如荚膜、鞭毛、菌毛和芽孢等。

荚膜：某些细菌在细胞壁外包绕的一层边界清楚且较厚的黏液样物质。其化学成分因种而异，大多数细菌的荚膜为多糖，还有一些细菌的荚膜为透明质酸。荚膜的主要功能是保护细菌抵御吞噬细胞的吞噬，增加细菌的侵袭力，是增强细菌致病性的重要因素。荚膜成分具有特异的抗原性，可作为细菌鉴别及细菌分型的依据。

鞭毛：某些细菌表面附着的细长呈波浪状弯曲的丝状物，数目从一根到数十根不等。鞭毛的成分是蛋白质；鞭毛的主要功能是维持菌体运动；具有特异抗原性；有些细菌（如霍乱弧菌、空肠弯曲菌等）的鞭毛与细菌的黏附有关。

菌毛：大多数革兰氏阴性菌和少数革兰氏阳性菌的菌体表面遍布比鞭毛细而短的丝状

物，化学成分为蛋白质，称为菌毛素。菌毛分为普通菌毛和性菌毛两种，与细菌的运动无关，但具有良好的抗原性。普通菌毛遍布于菌体表面，是一种黏附结构，细菌借此黏附于呼吸道、消化道和泌尿生殖道的黏膜上皮细胞上，进而侵入细胞，因而其与细菌的致病性有关。无菌毛的细菌则容易被黏膜细胞纤毛的摆动、肠蠕动或尿液冲洗而排除。性菌毛比普通菌毛长而粗，由质粒携带的致育因子编码、传递遗传物质，与细菌的接合和 F 质粒的转移有关。

芽孢：某些细菌在一定条件下细胞质脱水浓缩形成的具有多层包囊、通透性低的圆形或椭圆形小体。芽孢的形成不是细菌的繁殖方式，而是细菌的休眠状态，也是细菌抵抗不良环境的特殊存在形式。芽孢带有完整的核质与酶系统，保持着细菌的全部代谢活动，但其代谢相对静止，不能分裂繁殖。芽孢对热、干燥、化学消毒剂和辐射等有较强的抵抗力。炭疽芽孢位于菌体中央；破伤风芽孢位于菌体末端。

【例题 1】具有抗吞噬作用的细菌结构是（B）。

A. 质粒　B. 荚膜　C. 鞭毛　D. 菌毛　E. 芽孢

【例题 2】与细菌黏附细胞有关，只能在电子显微镜下观察到的结构是（A）。

A. 普通菌毛　B. 性菌毛　C. 鞭毛　D. 荚膜　E. 芽孢

【例题 3】具有完整核质与酶系统的细菌结构是（E）。

A. 荚膜　B. 鞭毛　C. 性菌毛　D. 普通菌毛　E. 芽孢

【例题 4】可以在细菌间传递遗传物质的结构是（C）。

A. 鞭毛　B. 普通菌毛　C. 性菌毛　D. 荚膜　D. 芽孢

【例题 5】细菌抵抗不良环境的特殊存活形式是（A）。

A. 芽孢　B. 荚膜　C. 菌毛　D. 鞭毛　E. 细胞膜

考点 6：细菌的染色方法★★★

细菌的染色方法主要有革兰氏染色法、瑞氏染色法、抗酸染色法、芽孢染色法和荚膜染色法等。

革兰氏染色法：细菌按这种染色方法分为革兰氏阳性菌和革兰氏阴性菌两大类。方法是先用草酸铵结晶紫染色，后加革兰氏碘液染色，再用 95% 乙醇脱色，用苯酚（石炭酸）复红或沙黄复染，染成紫色的为革兰氏阳性菌，染成红色的为革兰氏阴性菌。革兰氏染色法与细菌细胞壁结构相关，主要根据肽聚糖、细胞壁脂质含量以及等电点等差异进行设计。革兰氏阴性菌脂质含量高，易被乙醇溶解，染料复合物容易溶解洗脱，最后被红色的染料复染成红色。

瑞氏染色法：瑞氏染料是碱性亚甲蓝与酸性伊红钠盐混合而成的染料。方法是抹片自然干燥后，滴加瑞氏染色液，再加等量的中性蒸馏水，充分混合，3min 后用水冲洗，吸干后镜检。细菌染成蓝色，细胞质呈红色，细胞核呈蓝色。

抗酸染色法：主要用于细胞壁含有丰富蜡质的抗酸杆菌类细菌（如结核分枝杆菌）的鉴别染色，抗酸杆菌不宜着色，一旦着色后，强酸强碱也不能使其脱色。使用石炭酸复红加热染色后，抗酸性细菌呈红色，非抗酸性细菌呈蓝色。

【例题 1】基于细胞壁结构与化学组成差异建立的细菌染色方法是（C）。

A. 吉姆萨染色法　B. 亚甲蓝染色法　C. 革兰氏染色法
D. 瑞氏染色法　E. 荚膜染色法

【例题 2】抗酸染色后呈红色的细菌是（D）。

A. 大肠杆菌　B. 猪链球菌　C. 炭疽杆菌　D. 结核分枝杆菌　E. 多杀性巴氏杆菌

【例题 3】结核分枝杆菌抗酸染色阳性是由于细胞壁中含有大量的（C）。

A. 蛋白质　B. 糖蛋白　C. 蜡质　D. 肽聚糖　E. 多糖

【例题 4】细菌经瑞氏染色后，菌体颜色是（B）。

A. 红色　B. 蓝色　C. 紫色　D. 绿色　E. 黄色

考点 7：细菌生长繁殖的基本条件★★

细菌生长繁殖的基本条件包括营养物质、酸碱度、温度和气体等。

细菌生长繁殖所需的营养物质主要有水分、碳源、氮源、无机盐、生长因子。大多数细菌最适 pH 为 7.2~7.6；最适生长温度为 37℃。

细菌生长繁殖需要的气体主要是氧气和二氧化碳。根据细菌代谢时对氧的需求，细菌分为 4 种类型：专性需氧菌是指必须在有氧条件下才能生长繁殖的细菌，如结核分枝杆菌；微需氧菌是指在低氧压的环境中生长最好的细菌，如空肠弯曲菌；专性厌氧菌是指必须在无氧的条件下才能生长繁殖的细菌，如破伤风芽孢梭菌；兼性厌氧菌，大多数病原菌属此类，如葡萄球菌、沙门菌等。

【例题】必须在无氧条件下才能生长繁殖的细菌是（C）。

A. 大肠杆菌　B. 炭疽芽孢杆菌　C. 破伤风芽孢梭菌　D. 伤寒沙门菌　E. 金黄色葡萄球菌

考点 8：细菌的繁殖方式★★

细菌个体多以二等分分裂方式进行无性繁殖，细菌生长到一定时间，即在细胞中间逐渐形成横隔，将一个细胞分裂成两个同等大小的子细胞。球菌一般沿不同平面进行分裂，杆菌则沿横轴分裂。细菌繁殖速度与其所处的环境条件有关，适宜条件下多数细菌繁殖速度很快，一般细菌繁殖一代只需 20~30min。根据形成的菌落进行细菌计数，用菌落形成单位（CFU）表示。

【例题】细菌的繁殖方式是（D）。

A. 芽殖　B. 复制　C. 掷孢子　D. 二等分分裂　E. 产生芽孢

考点 9：细菌的生长曲线★★

根据细菌群体的生长繁殖过程可以绘制出一条反映细菌增殖规律的曲线，称为生长曲线。细菌生长曲线分为以下 4 个时期。

迟缓期：细菌进入新环境的适应阶段，细菌分裂迟缓。

对数期：又称指数期，细菌经过迟缓期的适应后，以恒定的速度分裂增殖，活菌数呈对数上升。此时期细菌大小、形态、染色性、生物活性等较典型，对外界环境因素（如抗生素等）的作用也较敏感。

稳定期：细菌繁殖速度渐趋减慢，死菌数逐渐增加，新繁殖的活菌数与死菌数大致平衡。此时期细菌的形态、染色和生理特性常有改变。

衰亡期：细菌的繁殖速度减慢或停止，死菌数超过活菌数，生理代谢活动趋于停滞。

【例题 1】细菌群体生物特性最典型的生长时期是（C）。

A. 潜伏期　B. 迟缓期　C. 对数期　D. 稳定期　E. 死亡期

【例题 2】细菌群体生长过程中，新繁殖的活菌数与死菌数大致平衡的生长时期是（D）。

A. 静止期　B. 迟缓期　C. 对数期　D. 稳定期　E. 衰亡期

【例题 3】细菌群体生长过程中，对抗菌药物最敏感的时期是（C）。

A. 静止期　B. 迟缓期　C. 对数期　D. 稳定期　E. 衰亡期

考点 10：细菌的合成代谢产物★★★★

细菌在合成代谢中，除合成菌体自身成分外，还合成一些在兽医学上具有重要意义的代谢产物。细菌的合成代谢产物主要有：

热原质：又称致热源，是大多数革兰氏阴性菌和少数革兰氏阳性菌合成的多糖，微量注入动物体即可引起发热反应。

毒素：包括外毒素和内毒素。内毒素是革兰氏阴性菌细胞壁中的脂多糖，菌体死亡或裂解后才能释放出来；外毒素是由革兰氏阳性菌和少数革兰氏阴性菌产生的一类蛋白质，在代谢过程中分泌到菌体外，毒性极强。

侵袭性酶类：某些细菌合成的胞外酶，包括透明质酸酶、卵磷脂酶、链激酶等，促使细菌扩散，增强病原菌的侵袭力。

色素：某些细菌在代谢过程中能产生不同颜色的色素，分为脂溶性色素和水溶性色素，对细菌的鉴别有一定意义。例如，金黄色葡萄球菌合成脂溶性金黄色色素；铜绿假单胞菌产生水溶性绿色色素。

细菌素：由某些细菌产生的仅对近缘菌株有抗菌作用的蛋白质或蛋白质与脂多糖的复合物，种类繁多，常以产生的菌种命名，如葡萄球菌素、绿脓菌素、弧菌素等。

抗生素：某些微生物在代谢过程中产生的一种能抑制和杀灭其他微生物或肿瘤细胞的物质，多由放线菌和真菌产生。

维生素：某些细菌能合成自身所需的维生素，如大肠埃希菌（又称大肠杆菌）在肠道内能合成 B 族维生素和维生素 K。

【例题 1】引起机体发热反应的热原质属于（C）。

A. 单糖　B. 核酸　C. 多糖　D. 氨基酸　E. 脂多糖

【例题 2】在细菌死亡裂解后，才能游离出来的物质是（B）。

A. 色素　B. 内毒素　C. 外毒素　D. 链激酶　E. 抗生素

【例题 3】有助于病原菌在动物组织中扩散的细菌产物是（D）。

A. 内毒素　B. 肠毒素　C. 细菌素　D. 卵磷脂酶　E. 色素

【例题 4】可产生脂溶性色素的细菌是（B）。

A. 布鲁氏菌　B. 金黄色葡萄球菌　C. 猪链球菌

D. 沙门菌　E. 大肠杆菌

【例题 5】细菌外毒素的化学成分是（A）。

A. 蛋白质　B. 磷脂　C. 类脂　D. 多糖　E. 核酸

【例题 6】具有抗菌作用的细菌代谢产物是（B）。

A. 色素　B. 细菌素　C. 外毒素　D. 内毒素　E. 卵磷脂酶

考点 11：细菌的分解代谢★★★

各种细菌所具有的酶不同，分解代谢产物也不一样。因此，利用生物化学方法可以鉴别不同种细菌，即为生化反应试验。

细菌的生化反应试验包括氧化发酵试验、氧化酶试验、过氧化氢酶（触酶）试验、VP 试验、甲基红试验、枸橼酸盐利用试验、吲哚试验、硫化氢试验、尿素酶（脲酶）试验等。

细菌的生化反应试验主要用于鉴别细菌，对细菌形态、革兰氏染色反应和培养特性相同或相似的细菌更为重要。其中，氧化发酵试验中典型的细菌是大肠杆菌。大肠杆菌发酵乳糖产酸，在 pH 指示剂中性红中，菌落呈粉红色。吲哚（I）、甲基红（M）、VP（Vi）、枸橼酸盐利用（C）4 种试验常用于鉴定肠道杆菌，称为 IMViC 试验，大肠杆菌呈“++−−”，产气杆菌呈“−−++”。

【例题 1】大肠杆菌在麦康凯琼脂上生长，可以形成红色菌落，其原因是它分解（A）。

A. 乳糖　B. 蔗糖　C. 葡萄糖　D. 麦芽糖　E. 甘露醇

【例题 2】属于细菌生化鉴定的方法是（C）。

A. 基因测序　B. PCR　C. VP 试验　D. 血凝试验　E. 沉淀试验

考点 12：培养基的概念和种类★★

培养基是人工配制、适合细菌生长繁殖的营养基质，根据不同细菌生长繁殖的要求，将氮源、碳源、无机盐、生长因子、水等物质按一定比例配制，调整 pH 为 7.2~7.6，并经灭菌后使用。根据营养组成和用途，培养基分为如下类别。

基础培养基：含有细菌生长繁殖所需要的基本营养成分，可供大多数细菌培养用，最常用的是普通肉汤培养基。

营养培养基：在基础培养基中加入葡萄糖、血液、血清、酵母浸膏等，可供营养要求较高的细菌生长，最常用的是血琼脂平板。

选择培养基：根据特定目的，在培养基中加入某种化学物质，以抑制某些细菌生长，促进另一类细菌的生长繁殖，以便从混杂多种细菌的样本中分离出所需的细菌，如麦康凯培养基含胆酸盐，能抑制革兰氏阳性菌生长，有利于大肠杆菌和沙门菌的生长。

厌氧培养基：专供厌氧菌的培养而设计的培养基，常用的有疱肉培养基，在厌氧袋、厌氧箱、厌氧罐中培养。

鉴别培养基：在培养基中加入特定作用的底物及显色反应指示剂，用肉眼可以初步鉴别细菌的培养基，如各种糖发酵管、伊红亚甲蓝培养基。

【例题】属于鉴别细菌的培养基是（C）。

A. 营养肉汤　B. 疱肉培养基　C. 麦康凯培养基
D. 血琼脂培养基　E. 半固体培养基

考点 13：细菌在培养基中的生长现象★★★★

培养基可以分为液体培养基、半固体培养基和固体培养基 3 大类。液体培养基主要用于细菌的增菌和细菌鉴定；在液体培养基中加 0.5% 的琼脂即为半固体培养基，主要用于观察细菌的运动性和菌种的短期保存；在液体培养基中加 1.5%~2% 琼脂即为固体培养基，主要用于细菌分离培养、计数和药敏试验。

液体培养基中的生长现象：混浊生长，多数兼性厌氧菌出现，如葡萄球菌；沉淀生长，如链球菌、乳杆菌；菌膜生长，结核分枝杆菌等专性需氧菌可浮在液体表面生长，形成菌膜。

半固体培养基中的生长现象：如细菌无鞭毛，沿穿刺线生长，周围培养基清澈透明；有鞭毛能运动，呈放射状或云雾状生长。

细菌在固体培养基中以菌落形式出现，不同种细菌的菌落在大小、色泽、表面性状、边缘结构等方面各具特征，由此可以初步判断细菌的种类。如炭疽杆菌的菌落大而扁平，形状不规则，边缘呈卷发状。

【例题 1】在固体培养基上可生长成大而扁平、边缘呈卷发状菌落的细菌是（B）。

A. 大肠杆菌　B. 炭疽杆菌　C. 金黄色葡萄球菌
D. 多杀性巴氏杆菌　E. 产单核细胞李氏杆菌

【例题 2】液体培养基常用于（B）。

A. 细菌纯化　B. 增菌培养　C. 运动力检测
D. 菌毛检查　E. 荚膜检查

【例题 3】在液体培养基中静置培养后，液体表面形成菌膜的细菌是（C）。

A. 大肠杆菌　B. 猪链球菌
C. 牛分枝杆菌　D. 金黄色葡萄球菌
E. 多杀性巴氏杆菌

【例题 4】检测细菌运动性的半固体培养基常用的琼脂含量是（B）。

A. 0.1%　B. 0.5%　C. 1.0%　D. 1.5%　E. 2%

第二章　细菌的感染

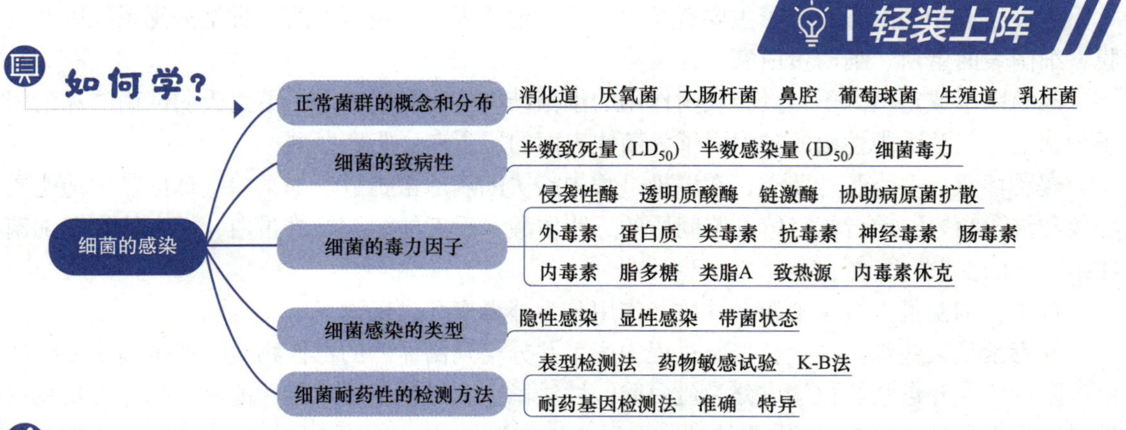

如何考？

本章考点在考试中主要出现在 A1 型题中，每年分值平均 1 分。下列所述考点均需掌握。重点掌握细菌的毒力因子。

考点 1：正常菌群的概念和分布★

正常菌群是指在动物体各部位正常寄居而对动物无害的细菌群落。

在动物体内，不同部位正常菌群的种类和数量差异很大，口腔、肠道数量较多，而食道不适合细菌生存，数量极少。

动物体内正常菌群的分布：

消化道：主要是厌氧菌，其次是肠球菌、大肠杆菌、乳杆菌、葡萄球菌、变形杆菌、酵母菌等。大肠杆菌并非大肠内的优势菌。

呼吸道：鼻腔和咽部常存在葡萄球菌，主要是甲型链球菌和卡他球菌占优势。

泌尿生殖道：阴道内主要是乳杆菌，其次是葡萄球菌、链球菌、大肠杆菌等。

【例题】马属动物消化道中正常菌群数量最少的部位是（B）。

A. 口腔　　B. 食道　　C. 胃　　D. 空肠　　E. 盲肠

考点 2：细菌的致病性★★

细菌的致病性是指细菌侵入动物体后突破宿主的防御功能，并引起机体出现不同程度的病理变化的能力。把细菌这种不同程度的致病能力称为细菌的毒力。

细菌毒力的测定方法主要有半数致死量和半数感染量。

半数致死量（LD_{50}）是指能使接种的实验动物在感染后一定时限内死亡一半所需的微生物量或毒素量。

半数感染量（ID_{50}）是指引起一半动物（或鸡胚、细胞）感染所需的微生物量或毒素量。

考点 3：细菌的毒力因子★★★★

细菌的毒力因子是指构成细菌毒力的菌体成分或分泌产物。细菌的毒力因子主要包括与侵袭力相关的毒力因子和毒素。

与侵袭力相关的毒力因子主要有黏附因子或定植因子、侵袭性酶、Ⅲ型分泌系统以及荚膜、细菌表面蛋白、细菌蛋白酶、毒素等。

黏附因子或定植因子：具有黏附作用的细菌结构称为黏附因子。革兰氏阴性菌的黏附因子为菌毛；革兰氏阳性菌的黏附因子为菌体表面的层蛋白、脂磷壁酸。

侵袭性酶：多为胞外酶类，在感染过程中能协助病原菌扩散。如某些链球菌产生透明质酸酶和链激酶等，前者能降解细胞间质的透明质酸，后者能溶解纤维蛋白，两者均利于细菌在组织中的扩散。

毒素：细菌毒素按其来源、性质和作用分为外毒素和内毒素。

外毒素是某些细菌在生长繁殖过程中产生并分泌到菌体外的毒性物质。产生菌主要是革兰氏阳性菌。外毒素的化学成分为蛋白质，性质稳定。一些革兰氏阳性菌分泌的外毒素具有较强的免疫原性，经 0.4% 甲醛处理脱毒后产生类毒素，类毒素能刺激机体产生抗毒素，抗毒素具有中和游离外毒素的作用。因此，类毒素可以用于预防接种，而抗毒素可以用于治疗和紧急预防。

外毒素分为神经毒素、细胞毒素和肠毒素。神经毒素主要有破伤风外毒素，导致骨骼肌强直性收缩，肉毒毒素导致肌肉松弛性麻痹，出现软瘫。大肠杆菌、金黄色葡萄球菌等均可产生肠毒素。

内毒素是革兰氏阴性菌菌体裂解产生的脂多糖，只有细菌死亡或裂解后才能游离出来。内毒素的主要成分是类脂 A。内毒素耐热，能致宿主发热、内毒素血症和内毒素休克，不能经甲醛处理产生类毒素。

【例题 1】细菌在组织内扩散，与其相关的毒力因子是（E）。

A. 菌毛　B. 荚膜　C. 外毒素　D. 内毒素　E. 透明质酸酶

【例题 2】不含有内毒素的细菌是（A）。

A. 葡萄球菌　B. 沙门菌　C. 巴氏杆菌　D. 变形杆菌　E. 嗜血杆菌

【解析】本题考查细菌的毒力因子。内毒素是革兰氏阴性菌细胞壁中的脂多糖成分，只有在细菌死亡裂解后才能游离出来。螺旋体、衣原体、立克次体等胞壁中也含有脂多糖，也具有内毒素活性。葡萄球菌为革兰氏阳性菌，不产生内毒素。因此，不含有内毒素的细菌是葡萄球菌。

【例题 3】能够中和细菌外毒素的物质是（C）。

A. 溶血素　B. 内毒素　C. 抗毒素　D. 类毒素　E. 肠毒素

【例题 4】与内毒素相比，细菌外毒素具有的特性是（E）。

A. 化学成分是脂多糖　B. 耐热

C. 毒性弱　D. 免疫原性弱

E. 免疫原性强

【例题 5】革兰氏阴性菌内毒素发挥毒性作用的主要成分是（B）。

A. 肽聚糖　B. 类脂 A　C. 外膜蛋白　D. 核心多糖　E. 特异性多糖

考点 4：细菌感染的类型★★

根据病原菌和机体抵抗力的力量对比，感染可以分为隐性感染、显性感染和带菌状态。

隐性感染是指机体抗感染的免疫力较强，或侵入的病原菌数量较少、毒力较弱，感染后病原菌对机体的损害较轻，不出现或仅出现轻微的临床症状。

显性感染是指机体抗感染的免疫力较弱，或侵入的病原菌数量较多、毒力较强，以致机体组织细胞受到严重损害，生理功能发生改变，出现一系列的临床症状。

带菌状态是指机体在显性感染或隐性感染后，病原菌在体内继续留存一段时间，与机体免疫力处于相对平衡的状态。处于带菌状态的动物称为带菌者。

考点 5：细菌耐药性的概念和检测方法★★

细菌耐药性是指病原微生物多次与药物接触发生敏感性降低的现象。

细菌耐药性的检测方法，主要采用以下两种方法。

表型检测法：采用药物敏感试验，即在体外测定抗菌药物对细菌有无抑制或杀灭作用。药物敏感试验主要有稀释法和纸片扩散法。K-B 法是世界卫生组织（WHO）推荐的标准化纸片法，结果判定按照美国临床试验标准研究所（CLSI）推荐的标准，分为敏感、中介和耐药三级。

耐药基因检测法：检测耐药基因比表型检测准确、特异而敏感。

第三章 细菌感染的诊断

如何学？

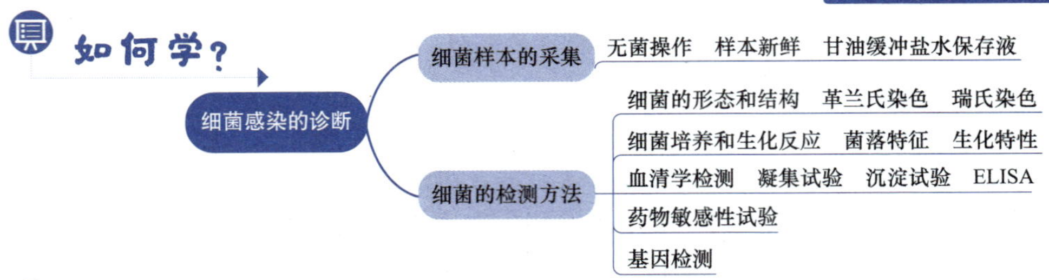

如何考？

本章考点在考试中主要出现在A1型题中，每年分值平均1分。下列所述考点均需掌握。重点掌握细菌的检测方法。

考点冲浪

考点1：细菌样本的采集★★★

细菌样本的采集是细菌学诊断的第一步，直接关系到检验结果的正确性或可靠性。因此，样本采集应严格无菌操作，尽量避免标本被杂菌污染；同时要求样本必须新鲜，尽快冷藏送检，标本应做好标记，可以选用病变明显部位的病料送检。根据病原菌的特点，多数病原菌可冷藏输送，粪便样本中常要求加入甘油缓冲盐水保存液。对于疑似烈性传染病或人畜共患病的标本，严格按照生物安全规定包装、冷藏，专人递送。

【例题1】适用于动物传染病微生物学诊断的病料是（B）。

A. 无明显病变部位的病料　　B. 病变明显部位的病料

C. 动物死亡较长时间的病料　　D. 暴露于污染环境中的病料

E. 康复期动物的病料

【例题2】用于分离细菌的粪便样本在运输中常加入的保存液是（E）。

A. 70%乙醇　　B. 无菌蒸馏水　　C. 0.1%新洁尔灭

D. 0.1%高锰酸钾　　E. 无菌甘油缓冲盐水

考点2：细菌的检测方法★★★

细菌的常规检测方法包括细菌的形态与结构检查、细菌的分离培养、细菌的生化反应、血清学检测、药物敏感性试验及基因检测。

利用各种细菌生化反应，可以对分离到的细菌进行鉴定。生化反应对于鉴别一些在形态特征和培养特性上不能区别而代谢产物不同的细菌尤为重要。肠杆菌科种类很多，一般为革兰氏阴性菌，它们的染色性、镜下形态和菌落特征基本相同，因此利用生化反应对肠杆菌进行鉴定是必不可少的步骤。

血清学检测包括抗原检测和抗体检测，多种免疫检测技术可用于细菌抗原的检测，如玻片凝集试验、协同凝集试验、乳胶凝集试验、沉淀试验、免疫标记抗体技术［如酶联免疫吸附试验（ELISA）］等。

基因检测常用的方法主要有聚合酶链式反应（PCR）和核酸杂交技术。聚合酶链式反应（PCR）是一种特异的DNA体外扩增技术，一般是检测细菌的特异性基因片段，可以简单、快速确诊病原细菌，可以用于形态和生化反应不典型的病原细菌的生物鉴定。

【例题1】肠杆菌科细菌鉴定的主要依据是（C）。

A. 形态特征　B. 菌落特征　C. 生化特性　D. 染色特性　E. 动物试验

【例题2】细菌纯培养物血清学鉴定最常用的方法是（C）。

A. 血凝试验　B. 免疫组化　C. 玻片凝集试验
D. 对流免疫电泳　E. 琼脂扩散试验

【例题3】可以用于鉴定细菌血清型的方法是（C）。

A. 生化试验　B. 药物敏感试验　C. 玻片凝集试验
D. 血凝试验　E. 串珠反应试验

【例题4】可以用于检测细菌遗传物质的方法是（D）。

A. 涂片镜检　B. 分离培养　C. 生化试验
D. 聚合酶链式反应　E. 免疫转印

【例题5】对于难以培养的细菌，可以采用的病原检测方法是（B）。

A. 动物试验　B. PCR　C. 生化试验
D. 血凝试验　E. 培养特性检查

第四章　消毒与灭菌

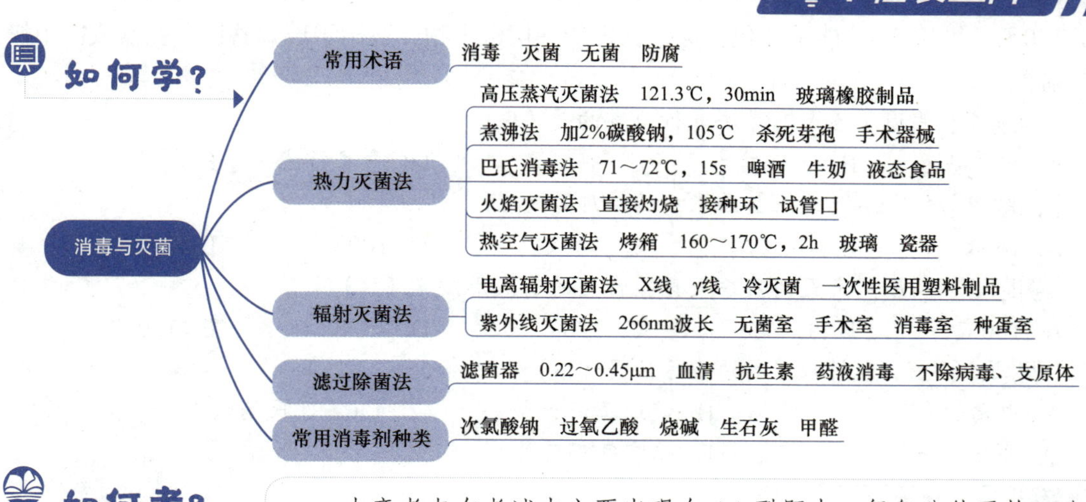

如何考？

本章考点在考试中主要出现在A1型题中，每年分值平均2分。下列所述考点均需掌握。重点掌握灭菌方法的关键内容。

考点1：常用术语★★

消毒是指杀灭物体上病原微生物的方法，但不一定能杀死含有芽孢的细菌。

灭菌是指杀灭物体上所有病原微生物和非病原微生物及其芽孢的方法。

无菌是指物体上、容器内或特定的操作空间内没有活微生物的状态。

防腐是指阻止或抑制物品上微生物生长繁殖的方法，微生物不一定死亡。

考点2：热力灭菌法★★★

热力灭菌主要是利用高温使菌体蛋白变性或凝固，酶失去活性，使细菌死亡。热力灭菌法主要有高压蒸汽灭菌法、煮沸法、巴氏消毒法、火焰灭菌法、热空气灭菌法等。

高压蒸汽灭菌法：应用最广、灭菌效果最好的方法。一般是使用密闭的高压蒸汽灭菌器，当加热产生蒸汽时，随着蒸汽压力的不断增加，温度也会随之上升，当压力在103.4kPa时，容器内温度可达121.3℃，在此温度下维持15~30min，可杀死包括芽孢在内的所有微生物。此方法适用于耐高温和不怕潮湿物品的灭菌，如培养基、生理盐水、玻璃器皿、手术器械、手术敷料、注射器、耐热橡胶制品等。

煮沸法：一般100℃煮沸5min可杀死细菌的繁殖体，主要用于消毒食具、手术器械、刀剪、注射器等。若水中加入2%碳酸钠，可提高温度至105℃，可杀死芽孢。

巴氏消毒法：以较低温度杀灭液态食品中的病原菌或特定微生物，而又不致严重损害其营养成分和风味的消毒方法，主要用于葡萄酒、啤酒和牛奶等食品的消毒。可以分为以下3种方法：低温维持消毒法，在63~65℃保持30min；高温瞬时消毒法，在71~72℃保持15s；超高温消毒法，在132℃保持1~2s。

火焰灭菌法：以火焰直接烧灼杀死物体中全部微生物的方法，分为灼烧和焚烧。灼烧主要用于耐烧物品，直接在火焰上烧灼，如接种针（环）、金属器具、试管口等的灭菌。焚烧法主要用于病畜尸体和病畜产品的无害化处理。

热空气灭菌法：利用干烤箱，以干热空气进行灭菌的方法，一般需要加热至160~170℃，维持2h才能杀死包括芽孢在内的一切微生物，适用于玻璃器皿、瓷器或需干燥的注射器等。

【例题1】适用于巴氏消毒法进行消毒的是（E）。

A. 培养基　B. 生理盐水　C. 玻璃器皿　D. 手术器械　E. 牛奶

【例题2】超高温巴氏消毒法采用的温度是（B）。

A. 160℃　B. 132℃　C. 121℃　D. 100℃　E. 72℃

【例题3】高压蒸汽灭菌法杀灭芽孢常用的有效温度是（B）。

A. 100℃　B. 121℃　C. 128℃　D. 132℃　E. 160℃

【例题4】手术敷料常用的消毒方法是（D）。

A. 电离辐射　B. 流通蒸汽灭菌　C. 巴氏消毒

D. 高压蒸汽灭菌　E. 热空气灭菌

考点3：辐射灭菌法★★

辐射灭菌法主要有电离辐射灭菌法和紫外线灭菌法。

电离辐射灭菌法：利用 X 线、γ 线，在常温下对不耐热的物品进行灭菌，产生游离基，破坏 DNA，又称为冷灭菌，主要用于一次性医用塑料制品的消毒。

紫外线灭菌法：紫外线是一种低能量的电磁辐射，波长在 200~300nm 的紫外线具有杀菌作用，其中 265~266nm 波长的紫外线杀菌能力最强，但穿透力弱，玻璃、纸张、尘埃均能阻挡紫外线，只能用紫外线杀菌灯消毒物体表面，常用于微生物实验室、无菌室、养殖场入口的消毒室、手术室、传染病房、种蛋室等的空气消毒。

【例题 1】动物手术室空气消毒常用的方法是（B）。

A. 电离辐射　B. 紫外线　C. 滤过除菌
D. 甲醛熏蒸　E. 消毒药水喷洒

【例题 2】种蛋室空气消毒常用的方法是（A）。

A. 紫外线　B. α 线　C. β 线　D. γ 线　E. X 线

考点 4：滤过除菌法★★

滤过除菌法是利用物理阻留的方法，通过含有微细小孔的滤器将液体或空气中的细菌除去，以达到无菌的目的。所用的器具为滤菌器，其孔径为 0.22~0.45μm，用于不耐热的血清、抗毒素、抗生素、药液等液体的除菌，一般不能除去病毒、支原体等。

【例题 1】常用于血清过滤除菌的滤膜孔径是（A）。

A. 0.45μm　B. 2.00μm　C. 1.20μm　D. 1.50μm　E. 0.90μm

【例题 2】采用 0.22μm 孔径滤膜过滤小牛血清的目的是（D）。

A. 防腐　B. 消毒　C. 抑菌　D. 除菌　E. 杀菌

考点 5：常用消毒剂的种类和应用★★★

消毒剂是指用于杀灭病原微生物的化学药物。常用的消毒剂主要有含氯消毒剂、过氧化物类消毒剂、碱类消毒剂、醛类消毒剂等。

含氯消毒剂：常用无机氯化合物消毒剂，如次氯酸钠（有机氯含量 10%~12%）、漂白粉（有机氯含量为 25%），有机氯制剂，如二氯异氰脲酸钠粉（有机氯含量 30%），常用于环境、物品表面、饮用水、污水、排泄物、垃圾等的消毒。有机氯含量越高，灭菌效果越好。

过氧化物类消毒剂：优点是消毒物品上不留残余毒性，包括过氧乙酸（18%~20%）、二氧化氯等。过氧乙酸常用于被病毒污染的物品或皮肤消毒，需现用现配。带畜禽消毒可用 0.3% 溶液，一般消毒物品时可用 0.5% 溶液，消毒皮肤时可用 0.25% 溶液，作用时间为 30min。

碱类消毒剂：常用的有氢氧化钠（烧碱，2%~4%）和生石灰（20% 石灰乳），主要用于畜禽舍、墙壁、畜栏和地面的消毒。

醛类消毒剂：主要是甲醛，消毒方法是熏蒸消毒，适用于鸡舍、器具的消毒。

【例题 1】常用于畜舍熏蒸消毒的消毒剂是（D）。

A. 来苏儿　B. 新洁尔灭　C. 季铵盐　D. 福尔马林　E. 氢氧化钠

【例题 2】适用于鸡舍带鸡喷雾消毒的过氧乙酸的含量是（A）。

A. 0.3%　B. 3%　C. 5%　D. 10%　E. 20%

【例题 3】圈舍、地面和用具消毒时，氢氧化钠的常用含量是（D）。

A. 0.1%~0.2%　B. 15%~20%　C. 5%~10%
D. 1%~2%　E. 25%~30%

第五章　主要的动物病原菌

轻装上阵

如何学？

- 主要的动物病原菌
  - 链球菌
    - β溶血性链球菌　溶血环　链状排列
    - 2型链球菌病　脑膜炎　关节炎　浆膜炎　化脓性淋巴结炎
  - 大肠杆菌
    - 大肠埃希菌　麦康凯琼脂为红色菌落　伊红亚甲蓝琼脂为黑色带金属光泽菌落
    - 产肠毒素大肠杆菌　仔猪黄痢　仔猪白痢　水肿病
  - 沙门菌
    - 麦康凯琼脂　无色透明小菌落
    - 鸡白痢　猪伤寒
  - 多杀性巴氏杆菌
    - 瑞氏染色　两极着色小杆菌　血琼脂　露滴样小菌落
    - 猪肺疫　禽霍乱
  - 鸭疫里氏杆菌
    - 两极着色、有荚膜　巧克力或TSA平板培养
    - 鸭浆膜炎
  - 副猪嗜血杆菌
    - 亚甲蓝染色　两极深染　巧克力琼脂　提供X因子和V因子
    - 格氏病　猪多发性浆膜炎
  - 猪胸膜肺炎放线杆菌
    - 巧克力培养基　金黄色葡萄球菌　CAMP阳性　卫星生长现象
    - 纤维素性胸膜炎和肺炎
  - 布鲁氏菌
    - 5%～10%马血清培养基　柯兹洛夫斯基染色　红色小杆菌
    - 多种动物布鲁氏菌病　虎红平板凝集　皮肤变态反应
  - 支气管败血波氏菌
    - 麦康凯琼脂　蓝灰色菌落　周边红色环　培养基着色琥珀色
    - 传染性萎缩性鼻炎　试管凝集试验
  - 炭疽芽孢杆菌
    - 菌体两端平切　竹节状　革兰氏阳性　粗糙型菌落
    - 青霉素串珠试验　Ascoli沉淀反应
  - 产气荚膜梭菌
    - 革兰氏阳性　芽孢杆菌　牛乳培养基　汹涌发酵
    - 羔羊痢疾　绵羊坏疽　肠毒血症
  - 分枝杆菌
    - 抗酸染色　红色细菌
    - 结核菌素试验　PPD皮内注射法　牛结核
  - 副结核分枝杆菌
    - 成丛排列　抗酸染色　红色细菌
    - 副结核　增生性肠炎　黏膜呈脑回状
  - 猪痢疾短螺旋体
    - 暗视野　2～3个弯曲蛇样运动螺旋体
    - 猪血痢　出血性、坏死性炎症
  - 支原体
    - 鸡毒支原体　醋酸铊和青霉素　露珠菌落　慢性呼吸道传染病
    - 牛丝状支原体“煎荷包蛋”状菌落
    - 猪肺炎支原体　猪气喘病

本章考点在考试中主要出现在A1、A2、B1型题中，每年分值平均6分。下列所述考点均需掌握。重点掌握主要病原菌形态特征、培养特征和所致疾病，可以结合兽医传染病学相关内容进行复习。

考点冲浪

考点 1：链球菌的分类、培养特征和所致疾病★★★

根据链球菌在血琼脂平板上的溶血现象，将其分为 α、β、γ 三大类。α 溶血性链球菌培养菌落周围有朦胧的不透明溶血环；β 溶血性链球菌菌落周围形成一个界线分明、完全透明的溶血环。这类细菌又称溶血性链球菌，致病性强，可引起多种疾病。γ 溶血性链球菌菌落周围无溶血环，又称为不溶血性链球菌。

猪链球菌为圆形或卵圆形，呈短链、长链或成对排列，无芽孢、无鞭毛，革兰氏染色阳性。猪链球菌 2 型在绵羊血平板呈 α 溶血，马血平板则为 β 溶血，可致猪脑膜炎、关节炎、肺炎、心内膜炎、多发性浆膜炎、流产和化脓性淋巴结炎，病死率高，危害大，已成为我国一种严重的人兽共患病。

【例题 1】2 月龄猪，关节肿胀，跛行。关节液涂片，革兰氏染色见蓝紫色、短链状排列的细菌。本病最可能的病原是（A）。

A. 猪链球菌　B. 布鲁氏菌　C. 副猪嗜血杆菌
D. 金黄色葡萄球菌　E. 多杀性巴氏杆菌

【例题 2】能致猪呼吸道症状，并能致猪败血症、脑膜炎和关节炎的是（B）。

A. 支原体　B. 猪链球菌 2 型　C. 副猪嗜血杆菌
D. 多杀性巴氏杆菌　E. 胸膜肺炎放线杆菌

考点 2：大肠杆菌的培养特征、致病因子和所致疾病★★★★

大肠埃希菌为革兰氏阴性无芽孢的小杆菌，在麦康凯琼脂上形成红色菌落，在伊红亚甲蓝琼脂上产生黑色带金属光泽的菌落。

产肠毒素大肠杆菌（ETEC）是一类最常见的病原性大肠杆菌，常导致人和幼畜腹泻，如初生仔猪黄痢、仔猪白痢和仔猪水肿病，犊牛、羔羊及断奶仔猪腹泻等。

与大肠杆菌致病有关的毒力因子主要包括定居因子（也称黏附素，即大肠杆菌的菌毛）和肠毒素。肠毒素是产毒素大肠杆菌在生长繁殖过程中释放的一种蛋白质毒素，分为耐热和不耐热两种。不耐热肠毒素（LT）有免疫原性，对热不稳定；耐热肠毒素（ST）对热稳定，免疫原性弱。

【例题 1】引起仔猪水肿病的病原是（A）。

A. 大肠杆菌　B. 副猪嗜血杆菌　C. 猪伤寒沙门菌
D. 多杀性巴氏杆菌　E. 产单核细胞李氏杆菌

【例题 2】大肠杆菌在麦康凯培养基上形成的菌落颜色是（C）。

A. 灰白色　B. 蓝色　C. 红色　D. 黑色　E. 黄色

考点 3：沙门菌的培养特征、致病因子和所致疾病★★★★

根据对宿主的嗜性不同，沙门菌分为三群。第一群是具有高度专嗜性沙门菌，只对人或某种动物产生特定的疾病。例如，鸡白痢沙门菌和鸡伤寒沙门菌仅致鸡和火鸡发病，猪伤寒沙门菌仅侵害猪。第二群是偏嗜性沙门菌，适应特定的动物，如猪霍乱沙门菌是猪和牛羊的致病菌。第三群是泛嗜性沙门菌，能引起各种动物和人的疾病，如鼠伤寒沙门菌，可以引起各种畜禽、宠物的副伤寒，也可引起人食物中毒。

沙门菌在麦康凯琼脂培养基上生长成无色透明、圆形、光滑、扁平的小菌落。沙门菌毒力因子有多种，主要有菌毛、内毒素及肠毒素等。

【例题 1】能引起人和多种动物疾病的沙门菌是（D）。

A. 马流产沙门菌　　B. 猪伤寒沙门菌　　C. 鸡伤寒沙门菌
D. 鼠伤寒沙门菌　　E. 鸡白痢沙门菌

【例题 2】某鸡场 7 日龄雏鸡排白色糊状粪便。取粪便接种远藤、麦康凯琼脂，均长出无色透明的小菌落。本病最可能的病原是（D）。

A. 大肠杆菌　　B. 产气荚膜梭菌　　C. 多杀性巴氏杆菌
D. 鸡白痢沙门菌　　E. 鸡伤寒沙门菌

考点 4：多杀性巴氏杆菌的培养特征和所致疾病★★★★

多杀性巴氏杆菌呈细小球杆状，为革兰氏阴性菌，两端钝圆，单个存在，经瑞氏染色或亚甲蓝染色呈明显的两极着色，无鞭毛，不形成芽孢。在血琼脂平板上长成露滴样小菌落，不溶血。

多杀性巴氏杆菌对鸡、鸭、鹅、野禽、猪、牛、羊、马、兔等都可致病。急性型呈出血性败血症；亚急性型呈出血性炎症；慢性型呈萎缩性鼻炎（猪、羊）。由多杀性巴氏杆菌引起的猪巴氏杆菌病，又称猪肺疫。由多杀性巴氏杆菌引起的鸡、鸭等败血性传染病，又称禽霍乱或禽出血性败血症，本病发病率和死亡率很高。

【例题 1】能致猪呼吸道症状，并能致鸡、鸭等出血性败血症的是（D）。

A. 支原体　　B. 猪链球菌 2 型　　C. 副猪嗜血杆菌
D. 多杀性巴氏杆菌　　E. 胸膜肺炎放线杆菌

【例题 2】引起猪肺疫的病原是（C）。

A. 大肠杆菌　　B. 副猪嗜血杆菌　　C. 多杀性巴氏杆菌
D. 沙门菌　　E. 葡萄球菌

【例题 3】禽霍乱的病原是（A）。

A. 多杀性巴氏杆菌　　B. 大肠杆菌　　C. 沙门菌
D. 鸡毒支原体　　E. 衣原体

【例题 4】某鸡场产蛋鸡食欲减退，排黄色稀粪，肉髯肿胀呈青紫色。取病死鸡肝脏触片，经亚甲蓝染色可见两极深染的球杆菌。该鸡群感染的病原可能是（D）。

A. 李氏杆菌　　B. 大肠杆菌　　C. 沙门菌　　D. 巴氏杆菌　　E. 葡萄球菌

考点 5：鸭疫里氏杆菌的培养特征和所致疾病★★

鸭疫里氏杆菌呈杆状或椭圆形，可形成荚膜，无芽孢，瑞氏染色可见两极着色，革兰氏染色阴性。在巧克力或胰蛋白胨大豆琼脂（TSA）平板上，生长的菌落无色素，呈圆形，表面光滑，常导致鸭浆膜炎。

考点 6：副猪嗜血杆菌的培养特征和所致疾病★★★★

副猪嗜血杆菌多为短杆状，有的呈球状。新分离的致病菌有荚膜，亚甲蓝染色呈两极深染，革兰氏染色阴性，在巧克力琼脂上生长的菌落呈圆形、表面光滑、边缘整齐、灰白色、半透明。生长需要供给 X 因子和 V 因子。

副猪嗜血杆菌可以引起猪的格氏病，又称猪多发性浆膜炎、副猪嗜血杆菌病，是目前养猪生产中重要的细菌性呼吸道疾病。副猪嗜血杆菌存在于猪的上呼吸道，临床表现为多发性浆膜炎，包括心肌炎、腹膜炎、胸膜炎、脑膜炎以及关节炎。对于副猪嗜血杆菌的分离培养，可以将病料接种含 NAD 和血清的 TSA 培养基，观察细菌培养结果。

【例题 1】2 月龄猪，被毛粗乱，消瘦，关节肿胀。关节液涂片，瑞氏染色见两极深染的短杆菌；体外培养时需要供给 X 因子和 V 因子。本病最可能的病原是（C）。

A. 多杀性巴氏杆菌　B. 布鲁氏菌　C. 副猪嗜血杆菌
D. 金黄色葡萄球菌　E. 猪链球菌

【例题 2】仔猪，3 月龄，体温 41℃，呼吸困难，口、鼻流出带血的红色泡沫，耳、四肢皮肤发绀，病料触片亚甲蓝染色镜检见小球杆菌，具有多形性。分离病原常用的培养基是（B）。

A. 血琼脂培养基　B. 含 NAD 培养基　C. 伊红亚甲蓝培养基
D. 麦康凯培养基　E. SS 培养基

考点 7：猪胸膜肺炎放线杆菌的培养特征和所致疾病★★★

猪胸膜肺炎放线杆菌常用巧克力培养基，或划有金黄色葡萄球菌的血液琼脂培养基培养。在绵羊血平板上，可产生稳定的 β 溶血，金黄色葡萄球菌可增强其溶血圈（CAMP 试验阳性），出现卫星生长现象。生化特性鉴定尿素酶试验阳性。

猪胸膜肺炎放线杆菌引起猪的高度接触传染性呼吸道疾病，以纤维素性胸膜炎和肺炎为特征。

【例题 1】能致猪呼吸道症状，CAMP 试验阳性的是（E）。

A. 支原体　B. 猪链球菌 2 型　C. 副猪嗜血杆菌
D. 多杀性巴氏杆菌　E. 胸膜肺炎放线杆菌

【例题 2】仔猪，2 月龄，气喘，间歇性咳嗽，死前口鼻流血样泡沫。剖检可见肺和胸膜粘连，肺病变部位界线清楚。取病料，接种绵羊血平板，见溶血小菌落生长，金黄色葡萄球菌可以增大溶血环。本病最可能的病原是（C）。

A. 支气管败血波氏菌　B. 大肠杆菌　C. 胸膜肺炎放线杆菌
D. 猪肺炎支原体　E. 猪丹毒杆菌

考点 8：布鲁氏菌的培养特征和所致疾病★★★★

布鲁氏菌为专性需氧菌，在含 5%~10% 马血清的培养基上生长良好。病料直接涂片，革兰氏和柯兹洛夫斯基染色镜检，为革兰氏阴性，鉴别染色为红色的球状杆菌或短小杆菌。

布鲁氏菌引起人和多种动物的布鲁氏菌病，是一种重要的人兽共患病，主要侵害生殖系统，引起妊娠母畜流产、子宫炎和公畜睾丸炎，呈现多种途径感染，表现为波浪热。

对于布鲁氏菌病的检测，可以采用虎红平板凝集试验进行大群检疫。皮肤变态反应检查一般在感染后 20~25d 出现，不宜做早期诊断。一般是早期出现凝集反应，中期做补体结合试验，最后做变态反应检测。

【例题 1】某牛场饲养员协助接生一头奶牛后，出现低热、全身乏力、头痛等症状。采集分泌物进行涂片检查，可见革兰氏阴性菌；柯兹洛夫斯基鉴别染色为红色的球杆菌。该奶牛病原可能是（D）。

A. 支原体 B. 螺旋体 C. 分枝杆菌 D. 布鲁氏菌 E. 巴氏杆菌

【例题2】成年种公猪，不定期发热，睾丸肿大，后肢麻痹，跛行。关节液涂片，柯兹洛夫斯基染色和革兰氏染色均见红色球杆菌。本病最可能的病原是（B）。

A. 猪链球菌 B. 布鲁氏菌 C. 副猪嗜血杆菌
D. 金黄色葡萄球菌 E. 多杀性巴氏杆菌

考点9：支气管败血波氏菌的培养特征和所致疾病★★

支气管败血波氏菌为革兰氏染色阴性，小杆状，在牛血平板上同时出现大小不等的溶血菌落及不溶血变异菌落，麦康凯琼脂平板培养菌落呈蓝灰色，周边有狭窄的红色环，培养基着色染成琥珀色。

支气管败血波氏菌是猪传染性萎缩性鼻炎的病原之一。常规应用试管凝集试验诊断猪传染性萎缩性鼻炎。

【例题】2月龄猪，流黏脓性鼻液。鼻液接种麦康凯琼脂，长出蓝灰色菌落，周围有狭窄的红色环，培养基呈琥珀色。菌落涂片，革兰氏染色镜检见红色杆菌。本病最可能的病原是（A）。

A. 支气管败血波氏菌 B. 多杀性巴氏杆菌 C. 产单核细胞李氏杆菌
D. 大肠杆菌 E. 沙门菌

考点10：炭疽芽孢杆菌的形态特征和检测方法★★★★

炭疽芽孢杆菌是菌体最大的细菌，菌体两端平切，在人工培养基中常呈竹节状长链排列，革兰氏染色阳性，在外界环境中易形成芽孢，芽孢位于菌体中央，可形成荚膜。在琼脂平板上长出灰白色、边缘不整齐的粗糙型菌落，可以进行青霉素串珠试验进行鉴定。

炭疽杆菌的毒力主要与荚膜和炭疽毒素有关。Ascoli沉淀反应是用加热抽提待检炭疽杆菌多糖抗原与已知抗体进行的沉淀试验，适用于各种病料、皮张、严重腐败污染尸体材料的检测，方法简便，反应清晰，应用广泛。

【例题1】菌体排列成短链，相连菌端呈竹节状的细菌是（B）。

A. 猪链球菌 B. 炭疽芽孢杆菌 C. 牛分枝杆菌
D. 牛布鲁氏菌 E. 多杀性巴氏杆菌

【例题2】某放牧绵羊，突然倒地死亡，天然孔流出泡沫状暗红黑色血液。该死羊耳尖部血液涂片后亚甲蓝染色，镜检可见有荚膜的竹节状大杆菌。该羊感染的病原可能是（D）。

A. 诺维梭菌 B. 破伤风芽孢梭菌 C. 蜡样芽孢杆菌
D. 炭疽芽孢杆菌 E. 产气荚膜梭菌

考点11：产气荚膜梭菌的形态特征、培养特征和所致疾病★★★

产气荚膜梭菌呈杆状，两端钝圆，革兰氏染色阳性，芽孢大而钝圆，位于菌体中央或近端，使菌体膨胀，但在一定条件下罕见形成芽孢。

在牛乳培养基中形成“暴烈发酵（又称汹涌发酵）”现象是本菌的特征之一。血平板上形成双层溶血环，内环完全溶血，外环不完全溶血。

产气荚膜梭菌的A型菌主要是引起人气性坏疽和食物中毒；B型菌主要引起羔羊痢疾；C型菌主要引起绵羊坏疽；D型菌引起羔羊、绵羊、山羊、牛的肠毒血症；E型菌可致犊牛、羔羊肠毒血症。

【例题 1】在牛乳培养基中生长，出现"汹涌发酵"现象的细菌是（A）。

A. 产气荚膜梭菌　B. 大肠杆菌　C. 沙门菌
D. 巴氏杆菌　E. 链球菌

【例题 2】某猪场 3 日龄仔猪排红褐色稀粪。取病死猪肠黏膜接种血琼脂，厌氧培养后，生长出的菌落周围形成双层溶血环。该病例最可能的致病病原是（D）。

A. 猪链球菌　B. 大肠杆菌　C. 沙门菌
D. 产气荚膜梭菌　E. 猪痢疾短螺旋体

考点 12：分枝杆菌的形态特征、检测方法和所致疾病★★★★

有致病性的分枝杆菌主要是结核分枝杆菌、牛分枝杆菌、禽分枝杆菌。

分枝杆菌呈弯曲的杆状，有时分枝，呈丝状，专性需氧菌，常用齐尼二氏染色法（齐-尼氏染色法）染色，将本属菌染成红色，非抗酸菌呈蓝色。

牛分枝杆菌菌体较短而粗，抗酸染色为红色，主要引起牛结核病。致病过程以细胞内寄生和形成局部结节病灶为特点。临床上应用最广泛的检测方法是迟发性变态反应试验，即结核菌素试验，常用结核菌素（PPD）皮内注射法。

【例题 1】可以在细胞内寄生的细菌是（E）。

A. 链球菌　B. 大肠杆菌　C. 巴氏杆菌　D. 嗜血杆菌　E. 分枝杆菌

【例题 2】黄牛，初期干咳，后期湿咳，鼻孔流出黄色黏液；取鼻腔分泌物经抗酸染色，镜检见红色杆菌。该病例最可能的病原是（E）。

A. 胸膜肺炎放线杆菌　B. 多杀性巴氏杆菌　C. 牛支原体
D. 支气管败血波氏菌　E. 牛分枝杆菌

考点 13：副结核分枝杆菌的培养特征和所致疾病★★★

副结核分枝杆菌在培养基上成丛排列，革兰氏染色阳性，抗酸染色阳性，可以引起反刍动物慢性消耗性疾病，主要症状为持续性腹泻和进行性消瘦。奶牛和黄牛最易感，呈间歇性腹泻，回肠和空肠呈明显的增生性肠炎，黏膜呈脑回状。实验动物中家兔、豚鼠、小鼠、大鼠、鸡、犬不感染。

【例题】引起奶牛间歇性腹泻和增生性肠炎的病原菌是（B）。

A. 大肠埃希菌　B. 副结核分枝杆菌　C. 产单核细胞李氏杆菌
D. 产气荚膜梭菌　E. 都柏林沙门菌

考点 14：猪痢疾短螺旋体的形态特征和所致疾病★★

螺旋体是一类细长、柔软、弯曲呈螺旋状、能活泼运动的原核单细胞微生物，介于细菌和原虫之间，广泛存在于水生环境。

猪痢疾短螺旋体菌体多为 2~4 个弯曲，两端尖锐，吉姆萨染色和镀银染色能使其良好着色，严格厌氧，所致疾病为猪痢疾，又称血痢、出血性痢疾、黑痢，特征病变为大肠出血性、坏死性炎症。一般取新鲜粪便或结肠黏膜刮取物，与生理盐水混合制成压滴标本片，暗视野显微镜下镜检，见 2~3 个或更多蛇样运动的较大螺旋体，即可确诊。

【例题】某猪场，7 日龄仔猪严重腹泻，粪便恶臭且带有血液、黏液，取结肠黏液制成压滴标本片，暗视野显微镜下可见多个具有蛇样运动、2~4 个弯曲的微生物。该猪群感染的病原可能是（D）。

A. 霍乱弧菌　　B. 沙门菌　　C. 鼠咬热螺菌
D. 猪痢疾短螺旋体　　E. 产气荚膜梭菌

考点15：支原体的培养特征和所致疾病★★★

支原体又称霉形体，是一类无细胞壁的原核单细胞微生物，呈高度多形性，能通过细菌滤器，能在人工培养基上生长繁殖，含有DNA和RNA，二分裂或芽生繁殖。

鸡毒支原体又名禽败血支原体，菌体通常为球形或卵圆形，细胞的一端或两端具有"小泡"极体，一般常用牛心浸出液培养基，加入醋酸铊和青霉素抑制杂菌生长，形成圆形露珠样小菌落，主要引起鸡和火鸡等多种禽类慢性呼吸道传染病。

牛支原体菌体可形成有分枝的丝状体，在固体培养基上生长的菌落呈"煎荷包蛋"状，是牛肺疫、关节炎、乳腺炎的病原体，称为丝状支原体丝状亚种。分为小菌落型和大菌落型，前者分离自牛，对羊无致病性；后者对牛无致病性，引起山羊关节炎、乳腺炎、肺炎。

猪肺炎支原体对培养基要求严格，不呈现"煎荷包蛋"状，导致猪气喘病。

【例题1】奶牛，长时间干咳。取鼻腔拭子接种于10%的马血清马丁琼脂，37℃培养5d，可见"煎荷包蛋"状小菌落。该病例最可能的病原是（C）。

A. 胸膜肺炎放线杆菌　　B. 多杀性巴氏杆菌　　C. 牛支原体
D. 支气管败血波氏菌　　E. 牛分枝杆菌

【例题2】山羊，1岁，体温41℃，咳嗽，伴有浆液性鼻液，4d后鼻液转为脓性并呈现铁锈色。病料接种培养基长出"煎荷包蛋"状菌落。本病最可能的病原是（E）。

A. 钩端螺旋体　　B. 牛、羊衣原体　　C. 胸膜肺炎放线杆菌
D. 多杀性巴氏杆菌　　E. 丝状支原体

第六章　病毒基本特征

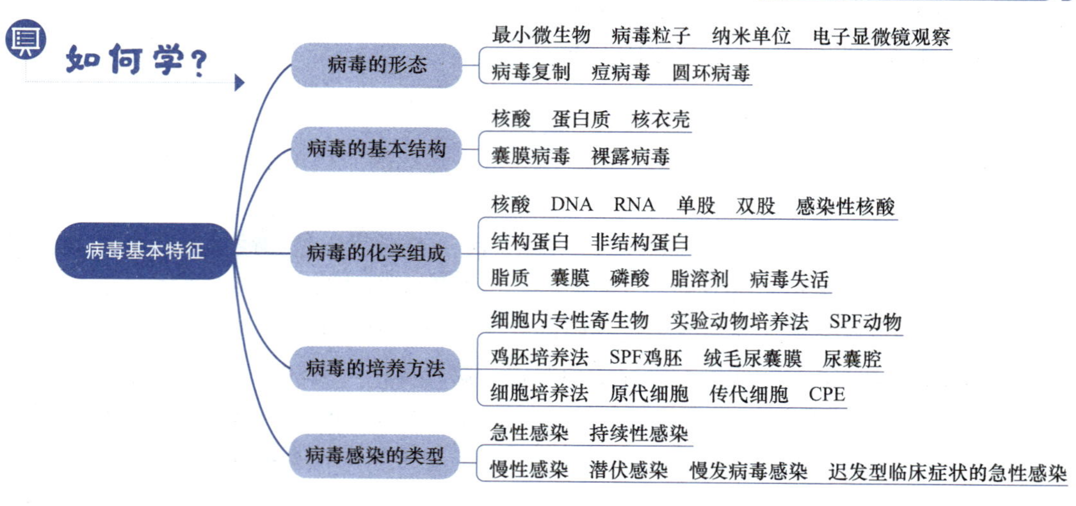

本章考点在考试中主要出现在A1型题中，每年分值平均2分。下列所述考点均需掌握。重点掌握病毒基本结构和培养方法。

考点冲浪

考点1：病毒的形态★★★

病毒是最小的微生物，一般以病毒颗粒或病毒粒子的形式存在，病毒颗粒极其微小，测量单位为纳米（nm），必须用电子显微镜（简称电镜）放大几万至几十万倍后方可观察到。其结构简单，无完整的细胞结构，仅有一种核酸（DNA或RNA）作为遗传特质，必须在活细胞内方可显示其生命活性。病毒的增殖方式是复制。最大的动物病毒为痘病毒，约300nm；最小的病毒为圆环病毒，仅17nm。

【例题1】个体体积最小的微生物是（A）。

A. 病毒　B. 细菌　C. 支原体　D. 衣原体　E. 立克次体

【例题2】病毒的增殖方式是（A）。

A. 复制　B. 芽殖　C. 二分裂　D. 减数分裂　E. 孢子增殖

【例题3】测量病毒大小的常用计量单位是（D）。

A. 厘米（cm）　B. 毫米（mm）　C. 微米（μm）
D. 纳米（nm）　E. 皮米（pm）

考点2：病毒的基本结构★★★

完整的病毒颗粒主要由核酸和蛋白质组成。核酸构成病毒的基因组，为病毒的复制、遗传和变异等功能提供遗传信息。由核酸组成的芯髓被衣壳包裹，衣壳与芯髓一起组成核衣壳。衣壳的成分是蛋白质，其功能是保护病毒的核酸免受环境中核酸酶或其他影响因素的破坏，并能介导病毒核酸进入宿主细胞。衣壳蛋白具有抗原性，是病毒颗粒的主要抗原成分。

有些病毒在核衣壳外面尚有囊膜。囊膜是病毒在成熟过程中从宿主细胞获得的。囊膜具有病毒种、型特异性，是病毒鉴定、分型的依据之一。有囊膜的病毒称为囊膜病毒，无囊膜的病毒称裸露病毒。

病毒只能在宿主细胞内进行复制，病毒侵入细胞后，病毒基因组在细胞内进行大分子的生物合成，包括病毒核酸复制、转录和蛋白质合成，一般经历DNA→RNA→蛋白质的传递过程，其中单股正链RNA可以转变为mRNA，合成蛋白质。

【例题1】决定病毒遗传特性的物质是（A）。

A. 核酸　B. 蛋白质　C. 类脂　D. 糖类　E. 磷酸

【例题2】病毒复制过程中可直接作为mRNA的核酸类型是（C）。

A. 单股DNA　B. 双股DNA　C. 单股正链RNA
D. 单股负链RNA　E. 双股RNA

【例题3】裸露病毒保护核酸免受环境中核酸酶破坏的结构是（D）。

A. 膜粒　B. 纤突　C. 芯髓　D. 衣壳　E. 囊膜

考点 3：病毒的化学组成★★★

病毒的化学组成包括核酸、蛋白质、脂类与糖，前两种是最主要的成分。

病毒的核酸分两大类，DNA 和 RNA，二者不同时存在。病毒的核酸分单股或双股、线状或环状、分节段或不分节段。裸露的 DNA 或 RNA 也能感染细胞，这样的核酸称为感染性核酸。

病毒蛋白分为结构蛋白和非结构蛋白。结构蛋白构成全部衣壳成分和囊膜的主要成分，具有保护病毒核酸的功能；非结构蛋白由病毒基因组编码，不参与病毒体构成的蛋白，是病毒复制过程中的某些中间产物，具有酶的活性或其他功能。

病毒中脂质主要存在于囊膜，主要是磷酸，其次是胆固醇。囊膜中所含的脂类能加固病毒的结构，来自宿主细胞膜的病毒体囊膜的脂类与细胞脂类成分同源，彼此易于亲和及融合，因此囊膜起到辅助病毒感染的作用。同样用脂溶剂，可去除囊膜中的脂质，使病毒失活，因此，试验中常用乙醇或氯仿处理病毒，再检测其感染活性，以确定该病毒是否具有囊膜结构。

糖类一般以糖蛋白的形式存在，是某些病毒纤突的成分，如流感病毒的血凝素（HA）、神经氨酸酶（NA）等。

【例题 1】与病毒囊膜特性或功能无关的是（E）。

A. 保护病毒核酸　　B. 介导病毒吸附易感细胞

C. 对脂溶剂敏感　　D. 抗原性

E. 为病毒复制提供遗传信息

【例题 2】最易破坏囊膜病毒感染活性的因素是（C）。

A. 抗生素　　B. 干扰素　　C. 脂溶剂　　D. 紫外线　　E. 缓冲液

考点 4：病毒的培养方法★★★

病毒是细胞内专性寄生物，自身无完整的酶系统，不能进行独立的物质代谢，必须在活的细胞内才能复制和增殖。

实验动物、鸡胚、细胞均可用于病毒的培养。

实验动物培养法是一种古老的方法，用于病毒致病性的测定、疫苗效力试验、疫苗生产、抗血清制造及病毒性传染病的诊断等，一般采用无特定病原（SPF）动物或无菌动物。

鸡胚培养法是培养病毒简单、方便而经济的方法。培养时选用健康、不含有接种病毒的特异抗体的鸡胚，最好是 SPF 鸡胚。不同种类病毒接种鸡胚的部位不同，一般有绒毛尿囊膜、羊膜腔、尿囊腔或卵黄膜等。分离新城疫病毒最适宜的接种部位是尿囊腔。卵黄囊接种常用 5 日龄鸡胚；羊膜腔或尿囊腔接种用 10 日龄鸡胚，如禽流感病毒；绒毛尿囊膜接种用 9~11 日龄鸡胚。鸡胚培养法可用于病毒分离鉴定、抗原制备或疫苗生产。

培养病毒所用的细胞有原代细胞、二倍体细胞和传代细胞。其中传代细胞来源于肿瘤组织或转化细胞。细胞培养法比鸡胚培养法更经济，效果更好，用途更广，可用于多种病毒的分离、培养、病毒抗原及疫苗的制备、中和试验、病毒空斑测定及克隆纯化等。

病毒感染细胞后可以产生细胞病变（CPE），表现为细胞圆缩、肿大、形成合胞体或空泡，常用CPE作为指标，计算病毒的半数细胞感染量（$TCID_{50}$）。病毒感染细胞后可以形成包涵体，包涵体存在于细胞核或细胞质中，如狂犬病病毒产生的Negri氏体是堆积的病毒核衣壳；疱疹病毒感染形成的"猫头鹰眼"是感染细胞的染色质浓缩。

空斑形成单位可以纯化病毒，对病毒进行定量。

【例题1】必须用活细胞才能培养的微生物是（C）。

A. 霉菌　B. 放线菌　C. 病毒　D. 支原体　E. 酵母菌

【例题2】SPF鸡胚分离新城疫病毒最适宜的接种部位是（D）。

A. 羊膜　B. 羊膜腔　C. 尿囊膜　D. 尿囊腔　E. 卵黄囊

【例题3】可用于纯化病毒的试验是（A）。

A. 空斑试验　B. 凝集试验　C. 耐酸性试验

D. 免疫转印试验　E. 血凝抑制试验

【例题4】不适于培养病毒的是（E）。

A. 鸡胚　B. 易感动物　C. 传代细胞

D. 二倍体细胞　E. 肉汤培养基

考点5：病毒感染的类型★★

病毒的感染分为急性感染和持续性感染。

急性感染：又称病原消灭型感染，是指病毒侵入机体后，在细胞内增殖，经数日乃至数周的潜伏期后发病，导致靶细胞损伤和死亡。

持续性感染：指病毒在机体持续存在数月至数年，甚至数十年，可出现症状，也可不出现症状而长期带毒，成为重要的传染源。病毒持续性感染分为以下4种类型。

1）潜伏感染：某些病毒在显性或隐性感染后，病毒基因存在于细胞内，有的病毒潜伏于某些组织器官内而不复制。但在一定条件下，病毒被激活又开始复制，使疾病复发。

2）慢性感染：病毒在显性或隐性感染后未完全清除，血中可持续检测出病毒，患病动物可表现轻微或无临床症状，常反复发作而不愈。

3）长程感染：又称慢发病毒感染，是慢性发展的进行性加重的病毒感染，较为少见，后果严重。病毒感染后有很长的潜伏期，如绵羊痒病的朊病毒。

4）迟发型临床症状的急性感染：此类病毒的持续性复制与疾病的进程无关，如猫泛白细胞减少症病毒。

【例题1】朊病毒对动物的感染过程属于（D）。

A. 急性感染　B. 潜伏感染　C. 慢性感染

D. 慢发病毒感染　E. 迟发性临床症状的急性感染

【例题2】属于慢发病毒感染类型的病原是（C）。

A. 轮状病毒　B. 细小病毒　C. 朊病毒　D. 冠状病毒　E. 痘病毒

第七章 病毒的检测

轻装上阵

如何学？

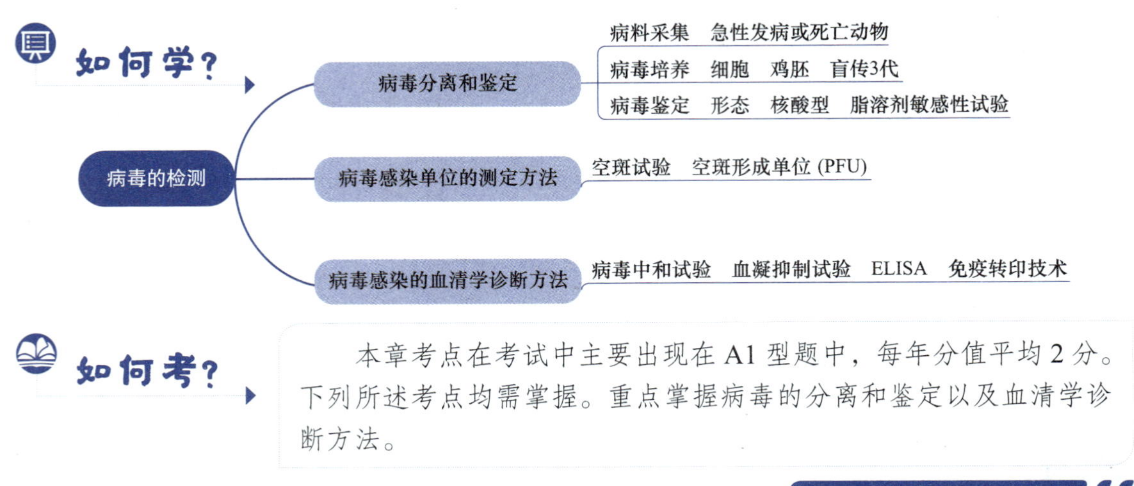

如何考？

本章考点在考试中主要出现在A1型题中，每年分值平均2分。下列所述考点均需掌握。重点掌握病毒的分离和鉴定以及血清学诊断方法。

考点冲浪

考点1：病毒的分离和鉴定★★★

病料采集是否适当，直接影响病毒的检测结果。一般可以采集急性发病或死亡动物的组织病料、分泌物或粪便等，加入含有青霉素、链霉素的Hanks溶液，离心取上清液，接种细胞、鸡胚或动物，进行病毒的分离鉴定。

病毒的分离与培养：细胞、鸡胚和实验动物均可用于病毒的分离与培养。其中细胞培养是用于病毒分离与培养最常用的方法。采用细胞培养进行病毒分离时，应盲传3代，仔细观察细胞病变。

病毒的鉴定：主要方法有病毒形态学鉴定、病毒的血清学鉴定、分子生物学鉴定和病毒特性的鉴定。其中病毒形态学鉴定可以通过电子显微镜观察病毒的大小和形态；病毒血清学鉴定可以确定病毒的种类、血清型和血清亚型，常用的血清学试验有血清中和试验、血凝抑制试验等；病毒的特性是病毒鉴定的重要依据，一般应进行病毒核酸型鉴定、耐酸性试验、脂溶剂敏感性试验、耐热性试验、胰蛋白酶敏感试验以及血凝特性（正黏病毒、副黏病毒、腺病毒）试验等。

【例题1】用于分离病毒，采集病料不宜的做法是（B）。

A. 急性期采集病料　　B. 康复期采集病料　　C. 病料低温保藏
D. 采集新鲜病料　　E. 抗生素处理病料

【例题2】病毒的形态学鉴定方法是（D）。

A. PCR　　B. 中和试验　　C. 耐酸性试验
D. 电子显微镜观察　　E. 光学显微镜观察

【例题3】鉴定病毒血清型常用的方法是（D）。

A. 耐酸试验　　B. 脂溶剂敏感试验　　C. 胰蛋白酶敏感试验

D. 中和试验　　E. 耐热试验

考点 2：病毒感染单位的测定方法★★

空斑试验是一种可靠的病毒滴度测定方法。根据样本的稀释度和空斑数，计算每毫升含有的空斑形成单位（PFU），即可确定病毒的滴度。空斑试验是克隆纯化病毒和滴定病毒的一个重要手段。

一般是将 10 倍梯度稀释的病毒样本接种于单层细胞，然后在细胞上覆盖一层含营养液的琼脂，以防止游离的病毒通过营养液扩散，经一段时间培养后染色，原先感染病毒的细胞及病毒扩散的周围细胞会形成一个近似圆形的斑点，称为空斑。

终点稀释法用于测定几乎所有种类的病毒滴度，用以确定病毒对动物的毒力或毒价，表示方法有半数细胞感染量（$TCID_{50}$）、半数感染量（ID_{50}）等。

【例题 1】用空斑试验进行病毒定量时，应选用（B）。

A. 鸡胚　B. 细胞　C. 实验动物　D. 宿主动物　E. 合成培养基

【例题 2】测定病毒 $TCID_{50}$ 时，需要观察（A）。

A. 细胞病变　B. 病毒血凝性　C. 凋亡小体　D. 包涵体　E. 合胞体

考点 3：病毒感染的血清学诊断方法★★

病毒感染的血清学诊断方法主要有病毒中和试验、血凝抑制试验、免疫组化技术、免疫转印技术、酶联免疫吸附试验（ELISA）等。

病毒中和试验具有很强的特异性，是检测病毒感染动物血清中抗体的最经典的方法。血凝抑制试验可以检测和鉴定具有血凝特性的病毒，也可用于检测动物血清中的血凝抑制抗体。免疫转印技术是一种蛋白质组分分析的主要方法，可以用于病毒蛋白和基因表达重组蛋白的分析，是用已知抗体检测转移至滤膜上病毒蛋白的方法。

【例题 1】测定病毒抗体水平最适用的方法是（C）。

A. 免疫组化试验　B. 免疫转印技术　C. 中和试验

D. 空斑试验　E. 血凝试验

【例题 2】用抗体检测转移至滤膜上病毒蛋白的方法是（A）。

A. 免疫转印技术　B. 免疫荧光抗体技术　C. 对流免疫电泳

D. 酶联免疫吸附试验　E. 血凝抑制试验

第八章　主要的动物病毒

轻装上阵

如何学？

如何考？

本章考点在考试中主要出现在A1、A2、B1型题中，每年分值平均6分。下列所述考点均需掌握。重点掌握主要动物病毒的基本特征和所致疾病，可以结合兽医传染病学相关内容进行复习。

考点冲浪

考点 1：痘病毒科所致疾病★★★

绵羊痘病毒与山羊痘病毒：呈卵圆形，为双股 DNA 病毒，分别导致绵羊和山羊皮肤及黏膜形成疱疹，逐渐发展成化脓、结痂并引起全身痘疹，死亡率很高。在自然条件下，绵羊痘病毒仅感染绵羊，山羊痘病毒仅感染山羊。绵羊痘病毒可致全身性疱疹，肺常出现特征性干酪样结节。

黏液瘤病毒：为兔痘病毒属成员，吸血昆虫的机械传递更为重要。兔感染后头部广泛肿胀，呈特征性的"狮子头"。

【例题】绵羊，高热稽留，眼周围、唇、鼻、四肢、乳房等处出现痘疹。取病料电镜观察，可见卵圆形或砖形病毒粒子。该病例最可能的病原是（C）。

A. 朊病毒　B. 蓝舌病病毒　C. 绵羊痘病毒
D. 伪狂犬病病毒　E. 小反刍兽疫病毒

考点 2：疱疹病毒科的特征和所致疾病★★★

伪狂犬病病毒：双股 DNA 病毒，只有一种血清型，导致猪伪狂犬病。临床特征为妊娠母猪发生流产、产死胎或木乃伊胎，仔猪主要表现为发热及典型神经症状。世界上第一个 TK^-/gE^- 双基因缺失疫苗是国际通用的较为理想的预防用疫苗。检测 gE 抗体可以区分野毒感染和疫苗接种动物。

马立克病病毒：属于疱疹病毒 2 型，病毒基因组为线状双股 DNA，是鸡的重要的传染病病原，具有致肿瘤特性。马立克病分为 4 种临床类型，即内脏型、神经型、皮肤型、眼型，主要特性是外周神经发生淋巴样细胞浸润和肿大，引起单侧或双侧肢体麻痹；各种脏器、性腺、虹膜、肌肉和皮肤发生同样病变并形成淋巴细胞性肿瘤病灶。

鸭瘟病毒：只有一个血清型，主要危害家鸭等水禽，引起鸭瘟。鸭感染引起肠炎、脉管炎及广泛的局灶性坏死。采取病死鸭组织进行荧光抗体染色，或检测包涵体进行诊断。

【例题 1】引起母猪繁殖障碍的疱疹病毒是（D）。

A. 猪传染性胃肠炎病毒　B. 猪细小病毒　C. 猪圆环病毒 1 型
D. 伪狂犬病病毒　E. 猪繁殖与呼吸综合征病毒

【例题 2】病鸡垂翅，渐进性消瘦，陆续死亡。死后剖检，脾脏和肝脏有肿瘤样结节，羽毛囊上皮超薄切片电镜观察，可见有囊膜的病毒粒子。引起本病的病原可能是（B）。

A. 新城疫病毒　B. 马立克病病毒　C. 传染性法氏囊病病毒
D. 禽传染性支气管炎病毒　E. 禽传染性喉气管炎病毒

【例题 3】鸭瘟病毒在分类上属于（B）。

A. 痘病毒科　B. 疱疹病毒科　C. 腺病毒科　D. 细小病毒科　E. 副黏病毒科

【例题 4】目前鸭瘟病毒的血清型有（E）。

A. 5 个　B. 4 个　C. 3 个　D. 2 个　E. 1 个

考点 3：腺病毒科所致疾病★★★

产蛋下降综合征病毒：属于禽腺病毒属成员，基因组由线状双股 DNA 组成，导致鸡产蛋下降综合征。感染禽产褪色蛋、软壳蛋或无壳蛋。病毒可以凝集红细胞，确诊可做病毒分离或 HA-HI 检测抗体。

犬传染性肝炎病毒：具有腺病毒典型的形态结构特征，无囊膜，线状双股 DNA，导致犬传染性肝炎。临床表现为黏膜苍白，扁桃体肿大，体温升高，呈“马鞍形”体温曲线，多有腹泻和呕吐症状。在自然感染的康复期，由于产生抗原 - 抗体复合物致角膜水肿和肾小球肾炎，导致犬“蓝眼”。犬传染性肝炎免疫预防可以形成高水平群体免疫。

【例题 1】产蛋下降综合征病毒在分类上属于（A）。

A. 腺病毒科　B. 副黏病毒科　C. 正黏病毒科　D. 疱疹病毒科　E. 冠状病毒科

【例题 2】贵宾犬，腹泻，头眼部出现水肿。经治疗好转，康复期出现“蓝眼”症状。取体温升高阶段的血液接种 MDCK 细胞，分离得到一种具有血凝活性的 DNA 病毒。该病例最可能的病原是（D）。

A. 犬细小病毒　B. 犬瘟热病毒　C. 狂犬病病毒
D. 犬传染性肝炎病毒　E. 伪狂犬病病毒

考点 4：细小病毒科的特征和所致疾病★★★★

猪细小病毒：呈六角形或圆形，无囊膜，具有凝集红细胞的特性，具有血凝特性的血凝部位分布在 VP2 蛋白上。猪细小病毒病的主要特征是初产母猪发生流产、死产、胚胎死亡、胎儿木乃伊化和病毒血症，母猪不表现临床症状。

犬细小病毒：病毒粒子较小，呈现单分子线状单股 DNA，具有血凝特性。犬细小病毒病具有很高的发病率与死亡率。临床上以呕吐、腹泻、血液白细胞显著减少、出血性肠炎和严重脱水为特征。最简便的诊断方法是 HA-HI 试验。犬细小病毒与猫细小病毒、貂细小病毒能够产生交叉免疫。

鹅细小病毒又名小鹅瘟病毒，属细小病毒科，主要侵害小鹅，临床上以严重下痢和渗出性肠炎为特征。

猫泛白细胞减少症病毒，又称猫瘟热病毒，属于细小病毒科成员，可以引起猫小脑发育不全，导致猫运动失调症。

【例题 1】无血凝素纤突但有血凝性的病毒是（D）。

A. 禽流感病毒　B. 猪圆环病毒　C. 鹅细小病毒　D. 猪细小病毒　E. 犬瘟热病毒

【例题 2】引起小鹅瘟的病原属于（B）。

A. 正黏病毒科　B. 细小病毒科　C. 疱疹病毒科　D. 副黏病毒科　E. 冠状病毒科

【例题 3】导致幼猫小脑发育不全的病毒是（E）。

A. 狂犬病病毒　B. 猫嵌杯病毒　C. 猫白血病病毒
D. 猫冠状病毒　E. 猫泛白细胞减少症病毒

【例题 4】犬，6 周龄，呕吐，排番茄汁样稀粪，有难闻的腥臭味，体温 40.5℃，听诊心音快而弱，心律不齐。该病例最可能的病原是（D）。

A. 腺病毒　B. 链球菌　C. 葡萄球菌　D. 犬细小病毒　E. 犬恶丝虫

考点 5：圆环病毒科的特征和所致疾病★★★

猪圆环病毒（PCV）是在猪肾细胞系 PK15 中发现的第一个与动物有关的圆环病毒，命名为 PCV1，是目前发现的最小的动物病毒。1997 年在法国首次分离到 PCV2，与 PCV1 抗原性有差异，引起断奶猪多系统衰竭综合征。PCV2 感染还可致繁殖障碍、皮炎与肾病综合征、呼吸道疾病等。猪皮炎与肾病综合征表现为消瘦、腹泻、黄疸、呼吸困难、淋巴结肿大、眼睑水肿等，有的病猪表现双侧肾脏肿大、苍白，表面出现白色斑点。

PCV2 属圆环病毒属成员，基因组为共价闭合环状的单股 DNA，感染能使猪的免疫功能受到抑制，与猪细小病毒、猪繁殖与呼吸综合征病毒、猪肺炎支原体、猪多杀巴氏杆菌等具有协同致病作用。

【例题】某保育猪群，生长整齐度差，少数仔猪消瘦，皮肤苍白，眼睑水肿，腹泻，黄疸。剖检见间质性肺炎，淋巴结肿大，肾脏表面有白斑。本病最可能的病原是（E）。

A. 猪繁殖与呼吸综合征病毒　　B. 猪瘟病毒
C. 日本脑炎病毒　　D. 猪水疱病病毒
E. 猪圆环病毒 2 型

考点 6：双 RNA 病毒科的特征和所致疾病★★

传染性法氏囊病毒是引起鸡传染性法氏囊病的病原体。病毒有两个血清型，二者有较低的交叉保护。1 型为鸡源毒株，2 型为火鸡源毒株，无致病性。

传染性法氏囊病是幼龄鸡的一种急性、高度接触性传染病，发病率高，病程短，主要侵害鸡的中枢免疫器官法氏囊，导致免疫抑制。一般用法氏囊组织的悬液做琼脂扩散试验进行诊断；用鸡胚分离病毒较为敏感，取 9~11 日龄鸡胚，接种绒毛尿囊膜即可。

【例题】鸡，3 周龄，排白色稀粪；剖检可见法氏囊肿大，腺胃和肌胃交界处有条状出血；法氏囊组织悬液接种鸡胚，可见鸡胚绒毛尿囊膜水肿。本病最可能的病原是（C）。

A. 禽传染性支气管病毒　　B. 禽传染性喉气管炎病毒　　C. 传染性法氏囊病病毒
D. 马立克病毒　　E. 新城疫病毒

考点 7：副黏病毒科的特征和所致疾病★★★★

新城疫病毒：又称禽副黏病毒 1 型，主要导致禽新城疫。新城疫病毒粒子具有多形性，一般近似球形，外部是双层脂质囊膜，表面带有纤突。纤突具有两种糖蛋白，即血凝素神经氨酸酶（HN）及融合蛋白（F），病毒的毒力取决于两种糖蛋白的裂解及活化。病毒分离可采取脾脏、脑或肺组织匀浆，接种 10 日龄鸡胚尿囊腔分离病毒，病毒能凝集鸡、人和小鼠等红细胞，做血凝抑制试验（HI）进行鉴别。

犬瘟热病毒：血凝素蛋白（H）和融合蛋白（F）构成囊膜上的两种纤突，H 纤突只有血凝素活性，而无神经氨酸酶活性。

犬瘟热病毒引起犬瘟热，具有高度传染性，是犬的最重要的病毒性传染病。临床特征表现为双相热、急性胃肠卡他性炎症和神经症状。急性型有两个阶段的体温升高（双相热），在第二阶段的体温升高时伴有严重的白细胞减少症，并有呼吸道症状或胃肠道症状。

【例题 1】可以用血凝抑制试验检测的病毒是（A）。

A. 新城疫病毒　　B. 鹅细小病毒　　C. 禽白血病病毒
D. 传染性法氏囊病毒　　E. 鸭甲型肝炎病毒

【例题 2】鸡，2 月龄，嗉囊积液，排黄绿色稀粪；剖检可见盲肠扁桃体出血。脑组织匀浆接种鸡胚，鸡胚尿囊液可以凝集鸡红细胞。本病最可能的病原是（E）。

A. 禽传染性支气管病毒　B. 禽传染性喉气管炎病毒　C. 传染性法氏囊病病毒
D. 马立克病毒　E. 新城疫病毒

【例题3】能致犬肠炎，可引起双相热病症的病毒是（B）。
A. 犬细小病毒　B. 犬瘟热病毒　C. 狂犬病病毒
D. 伪狂犬病病毒　E. 犬传染性肝炎病毒

【例题4】牧羊犬，突然发病，表现为双相热型，腹泻，眼、鼻流出脓性分泌物。取鼻分泌物接种 Vero 细胞，分离到一种具有血凝活性的 RNA 病毒。该病例最可能的病原是（B）。
A. 犬细小病毒　B. 犬瘟热病毒　C. 狂犬病病毒
D. 犬传染性肝炎病毒　E. 伪狂犬病病毒

考点8：正黏病毒科的特征和所致疾病★★★★

禽流感病毒：有囊膜，单负股 RNA 病毒，分 8 个节段，表面有两种纤突，即血凝素（HA）和神经氨酸酶（NA），可组合成多种亚型病毒。甲型流感病毒分为 16 个 HA 亚型和 9 个 NA 亚型。HA 具有血凝性，并能被相应抗血清所抑制；HA 具有免疫原性，抗血凝素抗体可以中和流感病毒。

高致病性毒株主要有 H5N1 和 H7N7 亚型的某些毒株。高致病性毒株的分离鉴定需送国家参考实验室完成。一般从泄殖腔采样，接种 8~10 日龄鸡胚尿囊腔，取尿囊液用鸡红细胞作 HA-HI、ELISA 或 RT-PCR。

高致病性禽流感鉴定标准：静脉内接种 4~8 周龄 SPF 鸡 8 只，死亡超过 6 只；或 HA 裂解位点氨基酸序列高度相似，判为高致病性毒株。

【例题1】基因组有 8 个节段的病毒是（B）。
A. 马立克病毒　B. 禽流感病毒
C. 新城疫病毒　D. 禽传染性支气管炎病毒
E. 禽传染性喉气管炎病毒

【例题2】禽流感病毒 H 亚型分型的物质基础是（C）。
A. 核蛋白　B. 磷蛋白　C. 血凝素　D. 基质蛋白　E. 神经氨酸酶

【例题3】3 月龄鸡，呼吸困难，鸡冠、脚鳞出血，肛门拭子经抗生素处理后接种鸡胚，尿囊液具有血凝性。为确定该病原是否为高致病性毒株，OIE 规定的试验是（A）。
A. 雏鸡致病性试验　B. 鸡胚致病性试验　C. 细胞感染试验
D. 空斑试验　E. 唾液酶水解试验

考点9：冠状病毒科的特征和所致疾病★★★

冠状病毒科成员是已知 RNA 病毒中基因组最大的病毒。

禽传染性支气管炎病毒：最早发现的冠状病毒，有囊膜，囊膜表面有松散、均匀排列的花瓣样纤突，使整个病毒粒子呈皇冠状。

禽传染性支气管炎病毒引起传染性支气管炎，导致生长迟缓，成为侏儒。产蛋鸡影响显著，产蛋量下降或者停止，或产异常蛋。近年来还出现以肾脏、肠或腺胃病变为主的致病型。取病料匀浆上清液，接种鸡胚尿囊腔，绒毛尿囊膜血管肿胀，鸡胚出现蜷缩并矮小化。

猪传染性胃肠炎病毒、猪流行性腹泻病毒、猪血凝性脑脊髓炎病毒都属于猪冠状病毒，病毒呈花冠状，为正链单股 RNA 病毒。

猫传染性腹膜炎病毒为猫冠状病毒，引起致死率较高的猫传染性腹膜炎。

【例题 1】产蛋鸡轻微咳嗽，产蛋量下降，产软壳蛋、畸形蛋；剖检见卵泡充血、出血，输卵管发育不良。取病鸡输卵管接种鸡胚，导致胚体矮小。该病例最可能的致病病原是（C）。

A. 禽流感病毒　　B. 产蛋下降综合征病毒　　C. 传染性支气管炎病毒

D. 新城疫病毒　　E. 传染性喉气管炎病毒

【例题 2】7 日龄仔猪发病，病初呕吐，继而水样腹泻，粪便内含有未消化的凝乳块，病死率达 90%。取病猪粪便，经处理后电镜观察，可以见到表面具有花瓣状纤突的病毒颗粒。引起本病的病原可能是（E）。

A. 猪水疱病病毒　　B. 猪圆环病毒　　C. 猪细小病毒

D. 猪瘟病毒　　E. 猪传染性胃肠炎病毒

【例题 3】猫，1 月龄，厌食，发热，腹胀，有大量腹水。腹水电镜观察可见有囊膜及棒状纤突的球形病毒粒子。本病最可能的病原是（A）。

A. 猫传染性腹膜炎病毒　　B. 猫泛白细胞减少症病毒　　C. 猫疱疹病毒

D. 猫白血病病毒　　E. 猫免疫缺陷病毒

考点 10：动脉炎病毒科的特征和所致疾病★★★

猪繁殖与呼吸综合征病毒：有欧、美两个基因型，欧洲型的代表毒株是 Lelystad 病毒，北美洲型的代表毒株为 VR2332 病毒，二者的核苷酸序列同源性约为 60%。病毒培养困难，仅在猪肺泡巨噬细胞、MA-104、MAR-145 细胞中生长。病毒感染单核细胞和巨噬细胞，造成免疫抑制。

猪繁殖与呼吸综合征病毒引起母猪繁殖障碍和不同生长阶段猪的呼吸道疾病。母猪可见流产、早产、死产、产木乃伊胎、产弱仔；自主呼吸困难，出现"蓝耳"；间质性肺炎，肺门淋巴结肿大。

【例题】妊娠母猪流产，体温 41℃，耳部发绀。产出仔猪呼吸困难，剖检见间质性肺炎，肺门淋巴结肿大、出血，未见其他病变。本病最可能的病原是（A）。

A. 猪繁殖与呼吸综合征病毒　　B. 猪瘟病毒

C. 日本脑炎病毒　　D. 猪水疱病病毒

E. 猪圆环病毒 2 型

考点 11：微 RNA 病毒科的特征和所致疾病★★★★

口蹄疫病毒：有 7 个血清型，分别命名为 O、A、C、SAT1、SAT2、SAT3 及亚洲 1 型。由于不断发生抗原漂移，血清型之间无交叉免疫，同一血清型的亚型之间交叉免疫力较弱，从而给免疫预防工作带来很大困难。所致的口蹄疫是 OIE 规定的通报疫病。

OIE 推荐使用商品化及标准化的 ELISA 试剂盒用于诊断，通过检测 3ABC 抗体可以区分野毒感染和疫苗接种，免疫动物 3ABC 抗体阴性，感染动物为阳性。

猪水疱病病毒：只有一个血清型，与口蹄疫、水疱性口炎病毒无抗原关系。

【例题】能够区分口蹄疫病毒自然感染与疫苗免疫的抗体是（E）。

A. VP1 抗体　　B. VP2 抗体　　C. VP3 抗体　　D. VP4 抗体　　E. 3ABC 抗体

考点 12：黄病毒科的特征和所致疾病★★★

猪瘟病毒：世界范围内最重要的猪病病毒，为瘟病毒属成员。我国的猪瘟病毒流行株分为 2 个基因型，目前基因 2 群在我国占主导地位，作为参考株的石门系强毒株于 1945 年在我国分离，属基因 1 群。基因 2 群是引起猪产生保护性抗体的主要抗原，在猪瘟的诊断和新型疫苗研究中有重要作用。

猪瘟是 OIE 规定的通报疫病。扁桃体是病毒最先定居的器官，组织器官的出血病灶和脾梗死是特征性病变。肠黏膜的坏死性溃疡见于亚急性或慢性病例。病死的慢性病例最显著的病变是胸腺、脾脏及淋巴结生发中心完全萎缩。

牛病毒性腹泻病毒（BVDV）：引起的急性疾病称为病毒性腹泻，慢性持续性感染称为黏膜病。分为两个种 BVDV1 和 BVDV2，均可致病，BVDV2 毒力更强，与猪瘟病毒抗原性无交叉。主要以黏膜糜烂溃疡、白细胞减少、腹泻、咳嗽、母牛流产为特征。

日本脑炎病毒：黄病毒属成员，主要通过蚊虫传播，引起乙型脑炎（日本脑炎）。

鸭坦布苏病毒：黄病毒属成员，主要引起蛋鸭、种鸭和鹅产蛋量急剧下降，发生鸭出血性卵巢炎。

【例题】4 月龄猪高热稽留，四肢内侧皮肤有出血点。剖检可见脾脏边缘梗死，肾脏有出血点。扁桃体匀浆液接种 PK-15 细胞，可以分离到病毒。引起本病的病原可能是（C）。

A. 猪细小病毒　　B. 猪圆环病毒　　C. 猪瘟病毒
D. 伪狂犬病毒　　E. 猪繁殖与呼吸综合征病毒

考点 13：非洲猪瘟病毒科的特征和所致疾病★★

非洲猪瘟病毒科只有非洲猪瘟病毒一种，是唯一一种核酸为 DNA 的虫媒病毒，仅猪感染，以急性高热、全身出血、病程短、死亡率高为特征。病毒为单分子线状双股 DNA 病毒，中国流行的是基因 2 型，接种猪肺巨噬细胞产生细胞病变。

非洲猪瘟为一类动物疫病，诊断只能由官方规定机构进行，主要采用基于 p72 蛋白基因的免疫荧光法和 PCR 方法。

【例题】非洲猪瘟病毒的基因组是（A）。

A. 双股 DNA　　B. 单股 DNA　　C. 双股 RNA
D. 单股正链 RNA　　E. 单股负链 RNA

考点 14：呼肠孤病毒科的特征和所致疾病★★

蓝舌病毒：环状病毒属成员，通过吸血昆虫传播，引起蓝舌病。蓝舌病是绵羊的主要传染病之一，以高热、口鼻黏膜高度充血、口腔溃疡、骨骼肌变形、羊舌发绀为特征。

轮状病毒：可以感染多种动物，主要引起水样腹泻，免疫电镜检测是最理想的诊断方法。

家蚕质型多角体病毒：一种常见的昆虫病毒，引起家蚕质型多角体病，又称中肠型脓病。病毒感染家蚕中肠上皮圆筒形细胞，在细胞质内形成多角体，可见中肠呈乳白色。

【例题】绵羊，高热稽留，口唇肿胀糜烂，舌部青紫色，跛行。取该病羊全血，经裂解后接种鸡胚，分离到的病原能凝集绵羊和人 O 型血细胞。该病例最可能的病原是（B）。

A. 朊病毒　　B. 蓝舌病毒　　C. 绵羊痘病毒
D. 伪狂犬病病毒　　E. 小反刍兽疫病毒

考点 15：朊病毒的特征和所致疾病★★

朊病毒是动物与人传染性海绵状脑病（疯牛病）的病原，并非传统意义的病毒，它没有核酸，而具有传染性的蛋白质颗粒。

朊病毒的致病性在于正常的朊病毒蛋白（PrP^{c}）转变为致病性朊蛋白（PrP^{sc}），PrP^{sc} 是发病的直接原因。病毒感染后脑组织出现空泡变性、淀粉样蛋白斑块、胶质细胞增生，不引起炎症反应，不引起宿主免疫反应。

【例题 1】疯牛病的病原是（D）。

A. 牛传染性鼻气管炎病毒　B. 牛暂时热病毒　C. 小反刍兽疫病毒
D. 朊病毒　E. 伪狂犬病毒

【例题 2】朊病毒的主要组成成分是（B）。

A. 核酸　B. 蛋白质　C. 类脂　D. 糖类　E. 磷酸

考点 16：逆转录病毒科的特征和所致疾病★★

禽白血病病毒：分为 10 个亚群，可以引起淋巴细胞白血病，可发生肿瘤。

山羊关节炎 / 脑脊髓炎病毒：所致疾病有两种表现形式，2~4 月龄羔羊发生脑脊髓炎，1 岁左右的山羊发生多发性关节炎。

马传染性贫血病毒：慢病毒属成员，引起马属动物贫血、黄疸等，多数死亡。

【例题】复制周期中具有逆转录过程的病毒是（B）。

A. 蓝舌病毒　B. 马传染性贫血病毒　C. 口蹄疫病毒
D. 伪狂犬病病毒　E. 猫白细胞减少症病毒

第九章　抗原与抗体

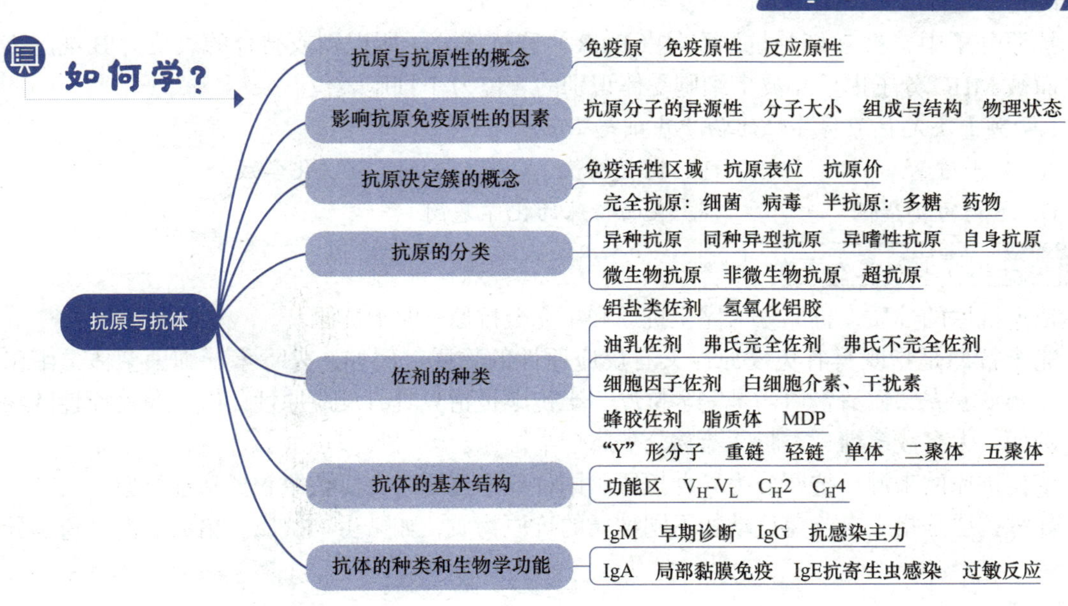

本章考点在考试中主要出现在 A1、B1 型题中，每年分值平均 3 分。下列所述考点均需掌握。对于重点内容，希望考生予以特别关注。

考点冲浪

考点 1：抗原与抗原性的概念★★

抗原是指凡是能刺激机体产生抗体和效应性淋巴细胞，并能与之结合引起特异性免疫反应的物质，又称为免疫原。

抗原性包括免疫原性与反应原性。免疫原性是指抗原能刺激机体产生抗体和效应淋巴细胞的特性；反应原性是指抗原与相应的抗体或效应淋巴细胞发生特异性结合的特性。

考点 2：影响抗原免疫原性的因素★★

影响抗原免疫原性的因素主要有抗原分子的特性、宿主特性以及免疫剂量和免疫途径。其中抗原分子的特性是影响免疫原性的关键因素，包括抗原分子的异源性、抗原分子的大小、抗原化学组成与结构、物理状态及对抗原加工的易感性等。分子质量越大，结构越复杂，免疫原性越强，蛋白质分子是良好的抗原。

【例题 1】下列免疫原性最强的物质是（C）。

A. 多糖　B. 核酸　C. 蛋白质　D. 类脂　E. 脂多糖

【例题 2】对动物具有良好免疫原性的物质是（C）。

A. 脂质　B. 青霉素　C. 蛋白质　D. 多糖　E. 寡核苷酸

考点 3：抗原决定簇的概念★

抗原决定簇，又称抗原表位，是指抗原分子中与淋巴细胞特异性受体和抗体结合，具有特殊立体构型的免疫活性区域。抗原分子抗原表位的数量称为抗原价。含有多个抗原表位的抗原称为多价抗原；只有一个抗原表位的抗原称为单价抗原。决定抗原特异性的物质是表面特殊的化学基团。

抗原分子中，被 B 细胞抗原受体（BCR）和抗体分子所识别或结合的表位为 B 细胞表位，而被 MHC 分子提呈并被 T 细胞受体识别的表位为 T 细胞表位。

【例题】决定抗原特异性的物质基础是（E）。

A. 分子质量　B. 物理性状　C. 化学成分

D. 结构的复杂性　E. 表面特殊的化学基团

考点 4：抗原的分类★★★

依据抗原的性质，抗原分为完全抗原和不完全抗原（即半抗原）。

完全抗原是指既具有免疫原性又有反应原性的物质。例如，外毒素、细菌菌体、细菌鞭毛、病毒衣壳、血清蛋白均是完全抗原。半抗原是指只具有反应原性而缺乏免疫原性的物质。例如，大多数多糖、类脂、药物分子属于半抗原。

依据抗原的来源，抗原分为异种抗原、同种异型抗原、自身抗原和异嗜性抗原。

异种抗原是指来自与免疫动物不同种属的抗原物质，如微生物抗原。猪的血清对兔是异种抗原。

同种异型抗原是指来自同种动物而基因型不同的个体的抗原物质，如人类红细胞血型抗原及其组织相容性抗原、同种移植物抗原等。

自身抗原是指能引起自身免疫应答的自身组织成分。

异嗜性抗原是指与种属特异性无关，存在于人、动物、植物及微生物之间的共同抗原。

另外对于动物来说，重要的抗原主要有以下几种。

微生物抗原：各类细菌、真菌、病毒等都具有较强的抗原性，能刺激机体产生抗体。细菌抗原结构复杂，是多种抗原的复合体，有菌体抗原、鞭毛抗原、荚膜抗原和菌毛抗原；病毒抗原有囊膜抗原、衣壳抗原、核蛋白抗原等。

非微生物抗原：主要有 ABO 血型抗原、动物血清与组织浸液、酶类物质和激素。

超抗原：指只需极低浓度即可诱发最大的免疫效应的抗原，如金黄色葡萄球菌分泌的肠毒素。

【例题 1】属于完全抗原的物质是（C）。

A. 寡核苷酸　B. 青霉素　C. 血清蛋白
D. 磺胺药　E. 肺炎链球菌荚膜多糖

【例题 2】属于半抗原的物质是（B）。

A. 外毒素　B. 青霉素　C. 细菌菌体　D. 细菌鞭毛　E. 病毒衣壳

【例题 3】属于同种异型抗原的物质是（A）。

A. 血型抗原　B. 免疫球蛋白　C. 灭活的细菌
D. 异嗜性抗原　E. 病毒衣壳蛋白

考点 5：佐剂的概念和种类★★★★

佐剂是指一种物质先于抗原或与抗原混合同时注入动物体内，能非特异性地改变或增强机体对该抗原的特异性应答，发挥辅佐作用。这类物质称为免疫佐剂。

目前常用的免疫佐剂主要有以下几种。

铝盐类佐剂：主要有氢氧化铝胶、明矾（钾明矾、铵明矾）和磷酸三钙，在疫苗制备上应用很广。

油乳佐剂：主要是用矿物油、乳化剂及稳定剂按一定比例混合制成。实验室常用的弗氏佐剂是用矿物油（液体石蜡）、乳化剂（羊毛脂）和杀死的结核分枝杆菌组成的油包水乳化佐剂，分为弗氏完全佐剂（含结核分枝杆菌）和弗氏不完全佐剂（不含结核分枝杆菌）。

微生物及其代表产物佐剂：某些杀死的菌体及其成分，如革兰氏阴性菌脂多糖（LPS）、分枝杆菌及组成成分、革兰氏阳性菌的脂磷壁酸、细菌的蛋白毒素等。

细胞因子佐剂：多种细胞因子，如白细胞介素 1、白细胞介素 2、干扰素 -γ 等都具有佐剂作用，可以提高和增强免疫效果。

此外，还有免疫刺激复合物（ISCOM，一种高免疫活性的脂质小体）、蜂胶佐剂、脂质体、人工合成的胞壁酰二肽（MDP）及其衍生物、海藻糖合成衍生物。

【例题 1】脂多糖佐剂在分类上属于（C）。

A. 铝盐类佐剂　B. 油乳佐剂　C. 微生物及其代谢产物佐剂
D. 细胞因子佐剂　E. 核酸及其类似物佐剂

【例题 2】弗氏佐剂在分类上属于（D）。

A. 核酸及其类似物佐剂　B. 细胞因子佐剂　C. 铝盐类佐剂
D. 油乳佐剂　E. 蜂胶佐剂

考点 6：抗体的概念和基本结构★★★

抗体是指动物机体受到抗原物质刺激后，由 B 淋巴细胞转化为浆细胞产生的，能与相应抗原发生特异性结合反应的免疫球蛋白。抗体主要存在于动物的血液（血清）、淋巴液、组织液及其他外分泌液中，因此抗体介导的免疫称为体液免疫。

抗体的基本结构：由两条相同的重链和两条相同的轻链（4 条肽链）构成的“Y”形的分子。IgG、IgE，血清型 IgA、IgD 均以单体分子形式存在，IgM 是以 5 个单体分子构成的五聚体，分泌型的 IgA（sIgA）是以两个单体构成的二聚体。除鱼链和轻链外，个别免疫球蛋白还具有一些特殊分子结构，如连接链（J 链）为 IgM 和 sIgA 特有，以形成 IgM 和 sIgA。

抗体的功能区：V_H-V_L 为抗体分子结合抗原所在部位；C_H1-C_L 为遗传标志所在；C_H2 为抗体分子的补体结合位点；C_H4 是 IgE 与肥大细胞、嗜碱性粒细胞的 Fc 受体的结合部位。

【例题 1】由 2 个单体分子聚合而成并存在于分泌液中的抗体是（B）。

A. IgD　B. sIgA　C. IgE　D. IgG　E. IgM

【例题 2】IgM 分子中将免疫球蛋白单体连接为五聚体的结构是（B）。

A. 分泌片　B. 连接链　C. 氢键　D. 二硫键　E. 离子键

【例题 3】IgG 分子中与肥大细胞或嗜碱性粒细胞的 Fc 受体结合的功能区是（E）。

A. V_H-V_L　B. C_H1-C_L　C. C_H2　D. C_H3　E. C_H4

考点 7：抗体的种类和生物学功能★★★★

抗原刺激机体，可以产生 IgM、IgG、IgA、IgE 等多种类型抗体。

IgM：动物机体初次体液免疫反应最早产生的免疫球蛋白，但持续时间短，不是机体抗感染免疫的主力，但在抗感染免疫的早期起着十分重要的作用。一般可通过检测 IgM 抗体进行疫病的血清学早期诊断。IgM 具有抗菌、中和病毒和毒素等免疫活性。

IgG：动物血清中含量最高的免疫球蛋白，是动物自然感染和人工主动免疫（肌内注射等途径）后所产生的主要抗体。在动物体内 IgG 不仅含量高，而且持续时间长，可以发挥抗菌、中和病毒和毒素、调理等免疫学活性作用，是动物机体抗感染免疫的主力，同时也是血清学诊断和疫苗免疫后监测的主要抗体。

IgA：分泌型 IgA 在机体呼吸道、消化道等局部黏膜免疫中起着相当重要的作用，特别是对于一些经黏膜途径感染的病原微生物。分泌型 IgA 是机体黏膜免疫的一道屏障。经滴鼻、点眼、饮水、喷雾等途径接种疫苗，均可产生分泌型 IgA。

IgE：IgE 在血清中的含量甚微，是一种亲细胞性抗体，在抗寄生虫感染中具有重要作用。同时易与皮肤组织、肥大细胞、嗜碱性淋巴细胞和血管内皮细胞结合，而介导 I 型过敏反应。

鸟类还有一种特殊的免疫球蛋白 IgY。

【例题 1】在机体抗感染免疫早期，发挥最主要作用的抗体是（E）。

A. IgA　B. IgD　C. IgE　D. IgG　E. IgM

【例题 2】肌内注射免疫后，动物体内抗体滴度最高的是（B）。

A. 肠液　B. 血液　C. 唾液　D. 尿液　E. 泪液

【例题 3】在机体黏膜免疫中发挥主要作用的抗体类型是（C）。

A. IgG　B. IgM　C. IgA　D. IgD　E. IgE

【例题 4】与肥大细胞或嗜碱性粒细胞结合，并介导Ⅰ型变态反应的抗体类型是（D）。

A. IgG　B. IgA　C. IgM　D. IgE　E. IgD

【例题 5】禽类卵黄中特有的抗体类型是（D）。

A. IgM　B. IgG　C. IgA　D. IgY　E. IgE

第十章　免疫系统

轻装上阵

如何学？

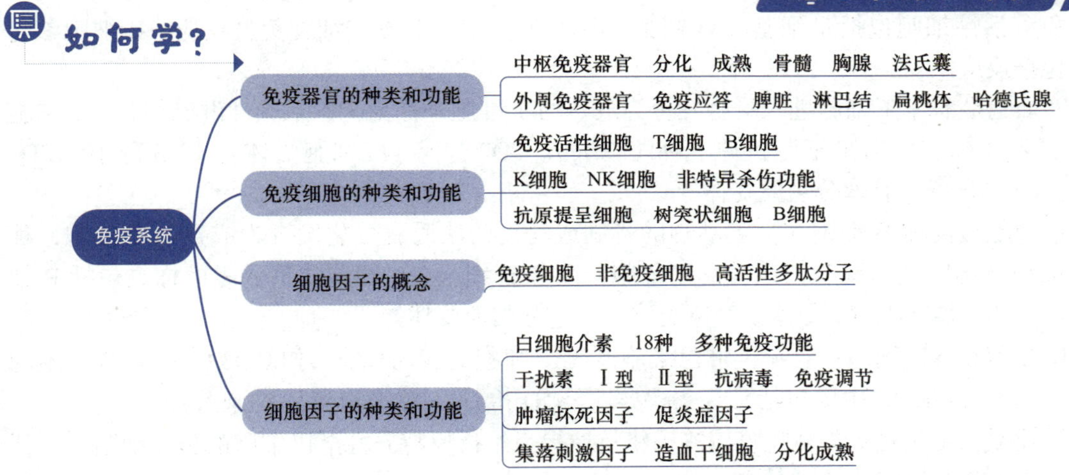

如何考？

本章考点在考试中主要出现在 A1、B1 型题中，每年分值平均 2 分。下列所述考点均需掌握。对于重点内容，希望考生予以特别关注。

考点冲浪

考点 1：免疫器官的种类和功能★★★

免疫器官是机体执行免疫功能的组织结构，是淋巴细胞和其他免疫细胞发生、分化成熟、定居和增殖以及产生免疫应答的场所。

根据其功能，免疫器官分为中枢免疫器官和外周免疫器官。

中枢免疫器官，又称初级免疫器官，包括骨髓、胸腺、法氏囊，胚胎发育早期出现，性成熟后退化，是淋巴细胞等免疫细胞发生、分化和成熟的场所。其中胸腺是 T 淋巴细胞分化成熟的中枢免疫器官，对诱导 T 细胞成熟有重要作用；法氏囊又称腔上囊，为禽类所特有的淋巴器官，位于泄殖腔背侧，并有短管与之相连，是诱导 B 细胞分化和成熟的场所。

外周免疫器官，又称次级或二级免疫器官，起源于中胚层，包括脾脏、淋巴结、扁桃体、哈德氏腺和存在于消化道、呼吸道和泌尿生殖道的淋巴小结等，是成熟的 T 淋巴细胞和 B 淋巴细胞栖居、增殖和对抗原刺激产生免疫应答的场所。哈德氏腺是存在于禽类眼窝内的腺体之一，能在抗原刺激下，产生免疫应答，分泌特异性抗体。

【例题 1】属于动物中枢免疫器官的是（E）。

A. 脾脏　B. 肝脏　C. 肠黏膜　D. 淋巴结　E. 胸腺

【例题 2】禽类特有的免疫器官是（B）。

A. 骨髓　B. 法氏囊　C. 胸腺　D. 扁桃体　E. 淋巴结

【例题 3】某鸡场，采用滴鼻点眼法对 7 日龄雏鸡接种新城疫疫苗，以刺激机体免疫器官产生局部黏膜免疫。该免疫器官是（E）。

A. 骨髓　B. 胸腺　C. 法氏囊　D. 扁桃体　E. 哈德氏腺

考点 2：免疫细胞的种类和功能★★★★

免疫细胞是指所有直接或间接参与免疫应答的细胞，分为淋巴细胞和辅助细胞两大类。

免疫活性细胞包括 T 细胞和 B 细胞。其中 T 细胞主要参与细胞免疫反应，B 细胞参与体液免疫反应。

T 细胞是前体 T 细胞进入胸腺发育为成熟的 T 细胞，称为胸腺依赖性淋巴细胞。T 细胞的重要表面标志包括 T 细胞抗原受体（TCR）、CD2 分子（红细胞受体）、CD3 分子、CD4 分子、CD8 分子、有丝分裂原受体等。

B 细胞是前体 B 细胞在哺乳动物的骨髓或鸟类的法氏囊分化发育为成熟的 B 细胞，称骨髓依赖性淋巴细胞或囊依赖性淋巴细胞，简称 B 细胞。B 细胞的重要表面标志包括 B 细胞抗原受体（BCR）、Fc 受体、补体受体、有丝分裂原受体等。

K 细胞和 NK 细胞：有一类淋巴细胞既无 T 细胞的表面标志（如 CD3），又无 B 细胞的表面标志（如 mIg），主要包括具有非特异性杀伤功能的 NK 细胞和 K 细胞。

抗原提呈细胞是一类在免疫应答中将抗原提呈给抗原特异性淋巴细胞的免疫细胞，包括单核吞噬细胞、树突状细胞和 B 细胞。

单核吞噬细胞：包括血液中的单核细胞和组织中的巨噬细胞。单核巨噬细胞主要功能有吞噬和杀伤作用、抗原加工和提呈作用、合成和分泌各种活性因子。

树突状细胞：简称 D 细胞，来源于骨髓和脾脏的红髓，成熟后主要分布在脾脏和淋巴结中，结缔组织中也广泛存在。树突状细胞表面伸出许多树突状突起，抗原加工和提呈功能强大，大多数 D 细胞可通过结合抗原 - 抗体复合物将抗原提呈给淋巴细胞。

B 细胞：也是一类重要的抗原提呈细胞，具有较强的抗原提呈功能。

【例题 1】细胞免疫应答的主要效应细胞是（C）。

A. 巨噬细胞　B. NK 细胞　C. T 细胞　D. B 细胞　E. 中性粒细胞

【例题 2】兼有吞噬和抗原提呈功能的免疫细胞是（B）。

A. 中性粒细胞　B. 巨噬细胞　C. 浆细胞　D. NK 细胞　E. B 细胞

【例题 3】初次免疫抗原提呈能力最强的细胞是（E）。

A. 自然杀伤细胞　B. T 细胞　C. 肥大细胞

D. B 细胞　E. 树突状细胞

考点3：补体的概念和功能★

补体是存在于动物血液中的一组不耐热、具有酶活性的球蛋白，经激活后可产生多种具有生物活性的物质，发挥细胞溶解、免疫调节、病毒中和、溶解清除免疫复合物等多种生物学作用。

考点4：细胞因子的概念和生物学特性★★

细胞因子是指由免疫细胞（T细胞、B细胞、NK细胞等）和某些非免疫细胞（血管内皮细胞、成纤维细胞等）合成和分泌的一类高活性多功能的蛋白质多肽分子。细胞因子多属小分子多肽或糖蛋白，作为细胞间信号传递分子，主要介导和调节免疫应答及炎症反应，刺激造血功能，并参与组织修复等。

细胞因子生物学特性具有激素样活性作用；通过细胞因子受体发挥效应、多效应、冗余性、协同性及拮抗性。

考点5：细胞因子的种类和功能★★★★

细胞因子种类多，功能复杂，主要有白细胞介素、干扰素、肿瘤坏死因子、集落刺激因子、生长因子和趋化因子等。

白细胞介素：有18种之多，来源于不同的免疫细胞，发挥多种免疫功能。

干扰素：包括Ⅰ型干扰素和Ⅱ型干扰素，是最早发现的细胞因子，是宿主细胞受到病毒感染后，由巨噬细胞、淋巴细胞和组织细胞等合成的一类具有广泛生物学效应的糖蛋白，干扰素本身对病毒无灭活作用，主要作用于正常细胞，使之产生抗病毒蛋白，从而抑制病毒的生物合成，使细胞获得抗病毒能力，发挥抗病毒作用和免疫调节功能。其中IFN-α来源于病毒感染的白细胞，IFN-β来源于病毒感染的成纤维细胞，IFN-γ由抗原刺激T细胞产生。IFN-α和IFN-β具有抗病毒作用，IFN-γ主要发挥免疫调节功能。

干扰素是动物机体抗病毒感染的主要非特异性防御因素，具有广谱抗病毒作用，在抗病毒感染免疫中，在病毒感染初期起主要的非特异性抗病毒作用。

肿瘤坏死因子：包括TNF-α和TNF-β，主要功能是参与机体防御反应，是重要的促炎症因子和免疫调节分子。

集落刺激因子：一组促进造血细胞，尤其是造血干细胞增殖、分化和成熟的因子。

【例题1】能够作用于正常细胞使之产生抗病毒蛋白的免疫分子是（E）。

A. 抗体　B. 补体　C. 抗菌肽　D. 穿孔素　E. 干扰素

【例题2】成纤维细胞分泌的具有直接抗病毒作用的细胞因子是（D）。

A. GM-CSF　B. TGF-β　C. IL-6　D. IFN-β　E. IFN-γ

【例题3】IFN-γ的主要生物学效应是（A）。

A. 免疫调节　B. 抗菌　C. 抗病毒
D. 刺激造血　E. 促进肥大细胞增生

【例题4】不属于细胞因子的是（C）。

A. 干扰素　B. 趋化因子　C. 主要组织相容性复合体
D. 肿瘤坏死因子　E. 白细胞介素

第十一章 免疫应答

轻装上阵

如何学？

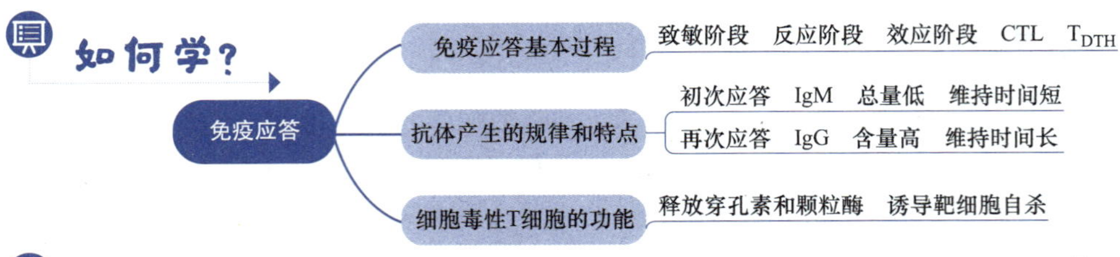

如何考？

本章考点在考试中主要出现在A1型题中，每年分值平均1分。下列所述考点均需掌握。对于重点内容，希望考生予以特别关注。

考点冲浪

考点1：免疫应答的概念和基本过程★★

免疫应答是指动物机体免疫系统在受到病原微生物感染或外来抗原物质刺激后，调动机体的先天性免疫和获得性免疫因素，启动一系列复杂的免疫连锁反应和特点的生物学效应，并清除病原微生物和外来抗原物质的过程。

免疫应答分为以下三个阶段。

致敏阶段：又称感应阶段，是抗原物质进入体内，抗原提呈细胞对其加以识别、捕获、加工处理和提呈以及抗原特异性淋巴细胞（T细胞和B细胞）对抗原的识别阶段。

反应阶段：又称增殖与分化阶段，是抗原特异性淋巴细胞识别抗原后活化，进行增殖与分化，以及产生效应性淋巴细胞和效应分子的过程。

效应阶段：由效应性细胞［细胞毒性T细胞（CTL）与T_{DTH}细胞］和效应分子（抗体和细胞因子）发挥细胞免疫效应和体液免疫效应的过程。这些效应细胞和效应分子共同作用，消除抗原物质。

考点2：抗体产生的一般规律和特点★★★

动物机体初次和再次接触抗原后，引起体内产生抗体的种类、抗体的水平等都有差异。

初次应答：指动物机体初次接触抗原时体内产生的抗体反应过程。初次应答的特点是具有潜伏期；最早产生的抗体为IgM；初次应答产生的抗体总量较低，维持时间较短。

再次应答：指动物机体第二次接触相同的抗原时体内产生的抗体反应过程。再次应答的特点是潜伏期显著缩短；抗体含量高，而且维持时间长；再次应答产生的抗体主要为IgG，而IgM很少。

抗体的免疫学功能主要有中和效应、免疫溶解作用、免疫调理作用、局部黏膜免疫作用、抗体依赖性细胞介导的细胞毒作用和对病原微生物生长的抑制作用。

【例题1】初次免疫应答过程中最早产生的抗体是（B）。

A. IgG　B. IgM　C. IgA　D. IgE　E. IgD

【例题 2】与初次应答相比，机体再次应答时产生抗体的特点是（B）。

A. IgM 产生需时长　B. 产生的 IgG 水平高
C. 产生的抗体大部分为 IgM　D. 抗体的特异性发生了改变
E. 抗体在体内持续时间短

考点 3：细胞毒性 T 细胞的功能★★★

细胞免疫在于 T 细胞分化成效应性 T 淋巴细胞，主要包括细胞毒性 T 细胞（CTL）和迟发型变态反应 T 细胞（T_{DTH}）。细胞毒性 T 细胞是特异性细胞免疫重要的一类效应细胞，其介导的免疫反应为细胞毒性 T 细胞的活化，识别特异性靶细胞，并释放穿孔素和颗粒酶，同时释放肿瘤坏死因子，诱导靶细胞自杀，导致靶细胞溶解。

细胞毒性 T 细胞在白细胞介素的作用下，分裂增殖，分化成具有杀伤能力的效应性 CTL，CTL 具有溶解活性，对病毒感染细胞和肿瘤细胞具有清除作用。

【例题 1】能直接杀伤病毒感染细胞的效应细胞是（C）。

A. 肥大细胞　B. 成纤维细胞　C. 细胞毒性 T 细胞
D. 浆细胞 E　E. 细胞

【例题 2】可产生颗粒酶的细胞是（E）。

A. B 细胞　B. 辅助性 T 细胞　C. 红细胞
D. 肥大细胞　E. 细胞毒性 T 细胞

【例题 3】由细胞毒性 T 细胞释放，能够溶解靶细胞的免疫分子是（D）。

A. 抗体　B. 补体　C. 抗菌肽　D. 穿孔素　E. 干扰素

第十二章　变态反应

如何学？

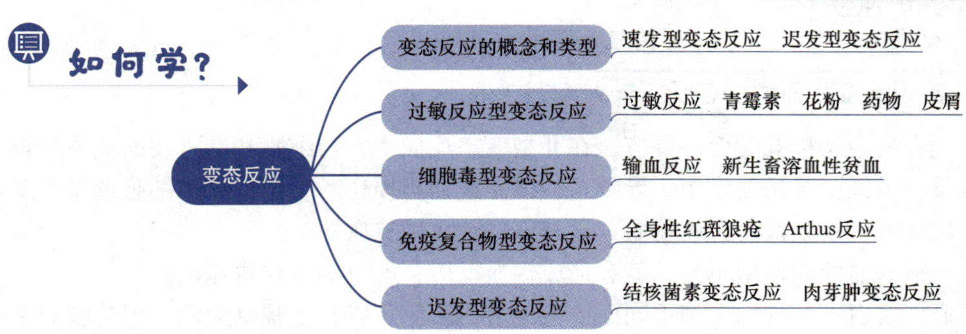

本章考点在考试中主要出现在 A1 型题中，每年分值平均 1 分。下列所述考点均需掌握。对于重点内容，希望考生予以特别关注。

考点 1：变态反应的概念和类型★★★

变态反应是指免疫系统对再次进入机体的抗原（变异原）做出过于强烈或不适当而导致组织器官损伤的一类反应。

变态反应分为Ⅰ～Ⅳ四个型，即过敏反应型（Ⅰ型）变态反应、细胞毒型（Ⅱ型）变态反应、免疫复合物型（Ⅲ型）变态反应和迟发型（Ⅳ型）变态反应。其中Ⅰ～Ⅲ型是由抗体（IgE）介导的，共同特点是反应发生快，又称为速发型变态反应；Ⅳ型则是细胞介导的，称为迟发型变态反应。

【例题】速发型过敏反应的抗体类型是（D）。

A. IgG　B. IgM　C. IgA　D. IgE　E. IgD

考点 2：临床常见的过敏反应型变态反应★★★

临床上常见的过敏反应有两类：一是因大量过敏原进入体内而引起的急性全身性反应，如青霉素过敏反应；二是局部的过敏反应，由霉菌、花粉等引起的呼吸系统（支气管和肺）和皮肤症状以及由药物、疫苗和蠕虫感染引起的反应。过敏原包括异源血清、疫苗、植物花粉、药物、食物、霉菌孢子、动物毛发和皮屑等。

过敏反应型（Ⅰ型）变态反应指机体再次接触抗原时引起的以急性炎症为特点的反应。过敏原首次进入体内引起免疫应答，机体分泌 IgE 抗体，IgE 与肥大细胞和嗜碱性粒细胞的表面 Fc 受体结合使之致敏，机体处于致敏状态。当过敏原再次进入机体与肥大细胞和嗜碱性粒细胞表面的特异性 IgE 抗体结合，细胞就被活化、脱颗粒，并释放药理活性物质，从而引起Ⅰ型变态反应。

【例题 1】青霉素引起全身性休克的变态反应类型是（A）。

A. 过敏反应型变态反应　B. 细胞毒型变态反应　C. 免疫复合物变态反应
D. 接触性型变态反应　E. 肉芽肿型变态反应

【例题 2】与 IgE 结合，参与Ⅰ型变态反应的细胞是（B）。

A. 嗜中性粒细胞　B. 肥大细胞　C. 巨噬细胞
D. T 淋巴细胞　E. B 淋巴细胞

考点 3：临床常见的细胞毒型变态反应★★★

细胞毒型变态反应又称Ⅱ型变态反应。在Ⅱ型变态反应中，与细胞和器官表面抗原结合的抗体与补体及吞噬细胞等相互作用，导致这些细胞或器官损伤。临床常见的细胞毒型变态反应主要有输血反应、新生畜溶血性贫血、自身免疫溶血性贫血等。

输血反应：输入血液的血型不同，就会造成输血反应，严重的可导致死亡。

新生畜溶血性贫血：一种因血型不同而产生的溶血反应。以新生骡驹为例，因为骡的亲代血型抗原差异较大，所以母马在妊娠期间或初次分娩时易被致敏而产生抗体，这种抗体通常经初乳进入新生驹的体内，从而引起溶血反应。

【例题 1】属于典型的细胞毒型（Ⅱ型）变态反应是（D）。

A. 血清病　B. 结核菌素肉芽肿　C. 青霉素过敏反应
D. 新生仔畜溶血性贫血　E. 自身免疫复合物病

【例题2】因亲代血型抗原差异较大，而易出现新生畜溶血性贫血的动物是（C）。

A. 马　B. 驴　C. 骡　D. 猪　E. 牛

【例题3】利用输血治疗犬细小病毒感染时，因受体与供体血型不一致而引起的变态反应应该属于（B）。

A. 免疫复合物型　B. 细胞毒型　C. 速发型

D. 迟发型　E. 免疫耐受型

考点4：临床常见的免疫复合物型变态反应★★

临床常见的免疫复合物疾病主要有血清病、自身免疫复合物病、Arthus反应等。

血清病：由于循环免疫复合物吸附并沉积于组织，导致血管通透性升高和形成炎症性反应，如肾炎和关节炎。

自身免疫复合物病：由于自身抗体和抗原以及相应的免疫复合物持续不断地生成，超过了单核巨噬细胞系统的清除能力，这些复合物吸附并沉积于周围的组织器官，如全身性红斑狼疮。

Arthus反应：皮下注射过多抗原，形成中等大小免疫复合物并沉积在注射部位的毛细血管壁上，激活补体系统，导致组织损伤。

考点5：临床常见的迟发型变态反应★★★

根据皮肤试验，观察出现皮肤肿胀的时间和程度以及其他指标，将迟发型变态反应分为Jones-mote反应、接触性变态反应、结核菌素变态反应和肉芽肿变态反应四种类型。

结核菌素变态反应：在患结核病动物皮下注射结核菌素48h后，观察到注射部位发生肿胀和硬变。

肉芽肿变态反应：在许多细胞介导的免疫反应中都产生肉芽肿，一般在14d以后出现。

【例题】用皮肤变态反应诊断牛结核病的原理基于（E）。

A. 速发型变态反应　B. Ⅰ型变态反应　C. Ⅲ型变态反应

D. Ⅱ型变态反应　E. Ⅳ型变态反应

第十三章　抗感染免疫

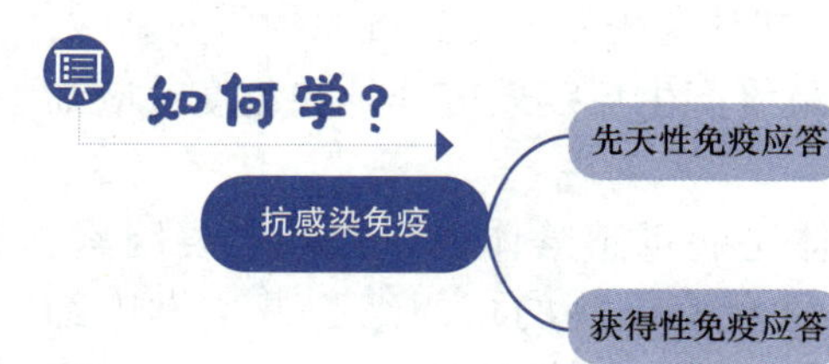

解剖屏障　黏膜屏障　血-脑屏障　胎盘屏障

可溶性分子　补体　溶菌酶　干扰素　乙型溶素

先天性免疫细胞　中性粒细胞　NK细胞

核心细胞　T淋巴细胞　B淋巴细胞　巨噬细胞　树突状细胞

特点　特异性　免疫期　免疫记忆

如何考？

本章考点在考试中主要出现在A1型题中，每年分值平均1分。下列所述考点均需掌握。对于重点内容，希望考生予以特别关注。

考点1：先天性免疫应答的概念和组成★★★

先天性免疫应答，又称非特异性免疫应答，是指动物体内的非特异性免疫因素介导的对所有病原微生物和外来抗原物质的免疫反应。

先天性免疫应答主要组成包括机体的解剖学屏障、可溶性分子与膜结合受体、炎症反应、NK细胞和吞噬细胞等。

机体的解剖学屏障主要有皮肤和黏膜屏障、血-脑屏障、胎盘屏障。

可溶性分子与膜结合受体：动物的血液、组织液及其他体液中存在有多种抗微生物物质，如补体、溶菌酶、乙型溶素、干扰素、抗菌肽（也称防御素）、C-反应蛋白、膜结合受体等。其中，补体、溶菌酶、乙型溶素、抗菌肽等存在于正常动物的血液、组织液和其他体液中，分别具有抑菌、杀菌和溶菌作用。

补体是体液中正常存在的一组具有酶原活性的蛋白质，由巨噬细胞、肠道上皮细胞以及肝、脾等细胞产生；溶菌酶主要源于吞噬细胞，广泛分布于血清及泪液、唾液、乳汁、肠液和鼻液等分泌物中，主要作用于革兰氏阳性菌，发挥杀菌作用；乙型溶素主要作用于革兰氏阳性菌细胞膜，发挥溶菌作用。干扰素本身对病毒无灭活作用，主要作用于正常细胞，使之产生抗病毒蛋白，从而抑制病毒的生物合成，使细胞获得抗病毒能力。

炎症反应：病原微生物突破机体固有性免疫的皮肤和黏膜屏障，引起感染和组织损伤，从而诱发炎症反应。

参与先天性免疫的细胞主要包括中性粒细胞、单核细胞与巨噬细胞、树突状细胞、自然杀伤细胞等。

先天性免疫是动物在发育和进化过程中建立起来的一系列天然防御功能，具有遗传性，只能识别自身与非自身，无特异性和记忆性。

【例题1】先天性免疫具有的特点是（B）。

A. 特异性　B. 遗传性　C. 高效性　D. 一定的免疫期　E. 记忆性

【例题2】参与先天性免疫的效应分子不包括（B）。

A. 补体　B. 外毒素　C. 防御素　D. 溶菌酶　E. 细胞因子

【例题3】正常组织和体液中存在的抗菌物质是（D）。

A. 脂多糖　B. 肠毒素　C. 干扰素　D. 乙型溶素　E. 溶血素

考点2：获得性免疫应答的概念和生物学作用★★

获得性免疫应答，又称特异性免疫应答，是指动物机体免疫系统受到抗原物质的刺激，免疫细胞对抗原分子进行加工、处理与提呈、识别，最终产生免疫效应分子和免疫效应细胞，并将抗原物质清除的过程。

获得性免疫应答分为体液免疫和细胞免疫。抗体是病毒感染体液免疫的主要因素，在机体抗病毒感染免疫中起着重要作用。参与获得性免疫应答的核心细胞是T淋巴细胞和B淋巴细胞，巨噬细胞、树突状细胞等是免疫应答的辅佐细胞。获得性免疫应答有三个特点，即特异性、耐受性和记忆性。此外，获得性免疫应答还具有一定的免疫期。

特异性的细胞免疫是指机体通过致敏阶段和反应阶段，T细胞分化成效应性T淋巴细胞，主要包括细胞毒性T细胞（CTL细胞）和迟发型变态反应T细胞（T_{DTH}细胞），并产生细胞因子，从而发挥免疫效应。迟发型变态反应T细胞引起迟发型变态反应，导致细胞内寄生菌的清除，如布鲁氏菌、结核分枝杆菌等。致敏淋巴细胞遇到真菌时，可以释放细胞因子，吸引吞噬细胞和加强吞噬细胞消灭真菌，产生迟发型变态反应。

【例题1】机体抵御病毒再感染的主要特异性效应分子是（C）。

A. 补体　B. 干扰素　C. 抗体　D. C-反应蛋白　E. 白细胞介素

【例题2】参与特异性细胞免疫应答的主要效应细胞是（E）。

A. 辅助性T细胞和浆细胞　B. 抑制性T细胞和浆细胞

C. 自然杀伤细胞和辅助性T细胞　D. 自然杀伤细胞和抑制性T细胞

E. 细胞毒性T细胞和迟发型变态反应T细胞

【例题3】需通过细胞免疫方式才可清除的细菌是（B）。

A. 嗜血杆菌　B. 分枝杆菌　C. 大肠杆菌　D. 巴氏杆菌　E. 链球菌

【例题4】在抗真菌特异性免疫中发挥主要介导作用的物质是（B）。

A. 皮肤分泌的脂肪酸　B. 致敏淋巴细胞释放的细胞因子

C. 血清中的补体　D. 组织液中的溶菌酶

E. 组织液中的C-反应蛋白

【例题5】具有免疫记忆功能的细胞是（A）。

A. B细胞　B. 巨噬细胞　C. 肥大细胞　D. NK细胞　E. 中性粒细胞

第十四章　免疫防治

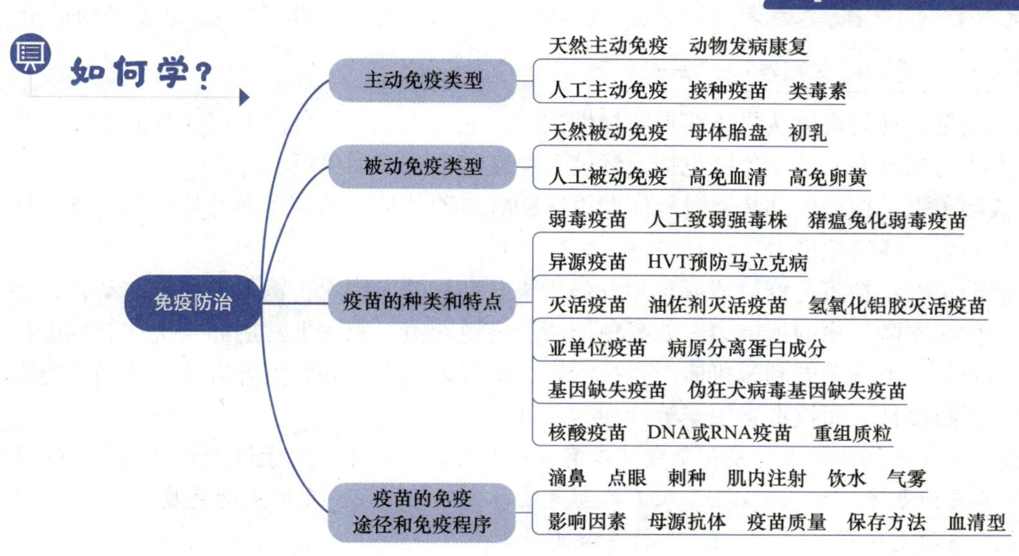

本章考点在考试中主要出现在A1、B1型题中，每年分值平均2分。下列所述考点均需掌握。对于重点内容，希望考生予以特别关注。

考点冲浪

考点1：主动免疫的概念和类型★★★

免疫预防是通过应用疫苗免疫的方法使动物获得针对某种传染病的特异性抗体，增强机体对本病的抵抗力，以达到控制疫病的目的。机体获得特异性免疫力的途径主要有主动免疫和被动免疫。

主动免疫是指动物机体免疫系统对自然感染的病原微生物或疫苗接种产生免疫应答，获得对某种病原微生物的特异性抵抗力。主动免疫包括天然主动免疫和人工主动免疫。

天然主动免疫：动物机体自然感染病毒后，耐过发病过程而康复，从而获得对本病毒的特异性抵抗力。

人工主动免疫：给动物接种疫苗，刺激机体免疫系统发生应答反应，产生特异性免疫力。与人工被动免疫不同，其所接种的物质不是现成的免疫血清或卵黄抗体，而是刺激机体产生免疫应答的各种疫苗制品，包括疫苗、类毒素等。人工主动免疫具有一定的诱导期，但所产生的免疫力持续时间较长，免疫期可达数月甚至数年。

【例题1】监测免疫效果最常测定的是（A）。

A. 特异性抗体水平　　B. 疫苗抗原含量　　C. 疫苗稳定性
D. 排毒（菌）时间　　E. 疫苗佐剂含量

【例题2】机体自然感染病毒后产生的免疫力属于（B）。

A. 天然被动免疫　　B. 天然主动免疫　　C. 人工主动免疫
D. 人工被动免疫　　E. 自身免疫

【例题3】可以用于人工主动免疫的物质是（B）。

A. 抗毒素　　B. 类毒素　　C. 内毒素　　D. 卵黄抗体　　E. 康复动物血清

考点2：被动免疫的概念和类型★★★

被动免疫是指动物机体从母体获得特异性抗体，或经人工给予免疫血清，从而获得对某种病原微生物的抵抗力。被动免疫包括天然被动免疫和人工被动免疫。

天然被动免疫：指新生动物通过母体胎盘、初乳或卵黄从母体获得某种特异性抗体，从而获得对某种病原体的免疫力。

人工被动免疫：指将免疫血清或自然发病后康复动物的血清人工输入未免疫的动物，使其获得对某种病原微生物的抵抗力，如高免血清、高免卵黄。家禽上常用卵黄抗体制剂进行某些疫病的防治。类毒素能刺激机体产生抗毒素，抗毒素具有中和游离外毒素的作用，类毒素可以用于预防接种，而抗毒素用于治疗和紧急预防。

【例题1】在母猪产前进行疫苗免疫可以有效保护仔猪，此方法对于仔猪来说属于（D）。

A. 人工主动免疫　　B. 人工被动免疫　　C. 天然主动免疫
D. 天然被动免疫　　E. 非特异性免疫

【例题 2】鸡群暴发传染性法氏囊病时，控制本病最好紧急注射（E）。

A. 疫苗　B. 中药制剂　C. 抗生素　D. 白细胞介素　E. 高免卵黄抗体

【例题 3】可以用于人工被动免疫的物质是（E）。

A. 内毒素　B. 外毒素　C. 抗生素　D. 类毒素　E. 抗毒素

考点 3：疫苗的种类和特点★★★★

疫苗分为传统疫苗与基因工程疫苗两大类。

传统疫苗目前应用最为广泛，包括活疫苗、灭活疫苗、代谢产物和亚单位疫苗；基因工程疫苗包括基因工程重组亚单位疫苗、基因工程重组活载体疫苗、基因缺失疫苗以及核酸疫苗、合成肽疫苗、抗独特型疫苗等。

弱毒疫苗：又称减毒活疫苗，是目前生产中使用最广泛的疫苗。大多数弱毒疫苗是通过人工致弱强毒株而制成的，也有的是自然分离的弱毒株或低致病性毒株。例如，猪瘟兔化弱毒疫苗。

异源疫苗：用具有共同保护性抗原的不同病毒制成的疫苗。例如，用火鸡疱疹病毒（HVT）接种，预防鸡马立克病；用鸽痘病毒预防鸡痘等。

灭活疫苗：病原微生物经理化方法灭活后，仍然保持免疫原性，接种后使动物产生特异性抵抗力的疫苗。由于灭活疫苗接种后，不能再在动物体内繁殖，接种剂量大，免疫期短，其优点是使用安全，易于保存。目前所使用的灭活疫苗主要是油佐剂灭活疫苗和氢氧化铝胶灭活疫苗等。

类毒素疫苗：将细菌外毒素经甲醛疫苗，保留免疫原性的疫苗，如肉毒类毒素、白喉类毒素、破伤风类毒素。

亚单位疫苗：从细菌或病毒抗原中分离出蛋白质成分，除去核酸等其他成分而制成的疫苗。亚单位疫苗使用安全，效果较好，但成本较高。

基因缺失疫苗：用基因工程技术将强毒株毒力相关基因切除构建的活疫苗。伪狂犬病毒基因缺失疫苗是目前最成功且应用最广的基因缺失疫苗。

核酸疫苗：包括 DNA 疫苗和 RNA 疫苗，是将基因片段与质粒载体重组，制成重组质粒，经常规注射或基因枪注射免疫。

传统疫苗和基因工程疫苗均可制成多价苗与联苗。例如，由不同类型的致病性大肠杆菌引起的大肠杆菌病，一般采用基因工程多价苗或灭活苗。

【例题 1】与活疫苗相比，灭活疫苗的优点是（A）。

A. 安全性高　B. 用量少　C. 免疫期长

D. 免疫途径多样化　E. 主要产生细胞免疫

【例题 2】预防鸡马立克病的火鸡疱疹病毒疫苗属于（C）。

A. 灭活疫苗　B. 核酸疫苗　C. 异源疫苗

D. 亚单位疫苗　E. 基因工程重组活载体疫苗

【例题 3】预防大肠杆菌感染最好使用（C）。

A. 类毒素　B. 多联疫苗　C. 多价疫苗

D. 基因工程活载体疫苗　E. 提纯的大分子疫苗

【例题 4】从细菌或病毒中提取蛋白成分制备的疫苗属于（D）。

A. 重组疫苗　B. 弱毒活疫苗　C. 基因缺失苗　D. 亚单位疫苗　E. 合成肽疫苗

考点 4：疫苗的免疫途径和免疫程序★★★

疫苗的免疫途径包括滴鼻、点眼、刺种、肌内注射、皮下注射、饮水和气雾等。应根据疫苗的类型、疫病的特点和免疫程序来选择疫苗的接种途径。

灭活疫苗、类毒素疫苗和亚单位疫苗不能经消化道接种，一般进行肌内或皮下注射。禽类滴鼻与点眼免疫效果较好，仅用于接种弱毒疫苗。饮水免疫是最方便的疫苗接种方法，适用于大型鸡群接种。刺种适用于某些弱毒疫苗，如鸡痘疫苗，效果确实。气雾免疫不仅可诱导产生循环抗体，也可产生局部黏膜免疫。

免疫程序的制定应根据实际情况进行，主要考虑畜禽种类、年龄、饲养管理水平、母源抗体水平、疫苗的类型和性质、免疫途径等。

影响疫苗免疫效果的因素主要有动物品种、营养状况、母源抗体、疫苗质量、保存方法、病原的血清型与变异、动物健康状况、病原疫苗之间的干扰等。

【例题 1】规模化鸡场禽流感灭活疫苗免疫首选途径是（E）。

A. 滴鼻　B. 点眼　C. 饮水　D. 刺种　E. 注射

【例题 2】接种鸡痘疫苗最常用的方法是（D）。

A. 滴鼻　B. 饮水　C. 气雾　D. 刺种　E. 点眼

第十五章　免疫学技术

轻装上阵

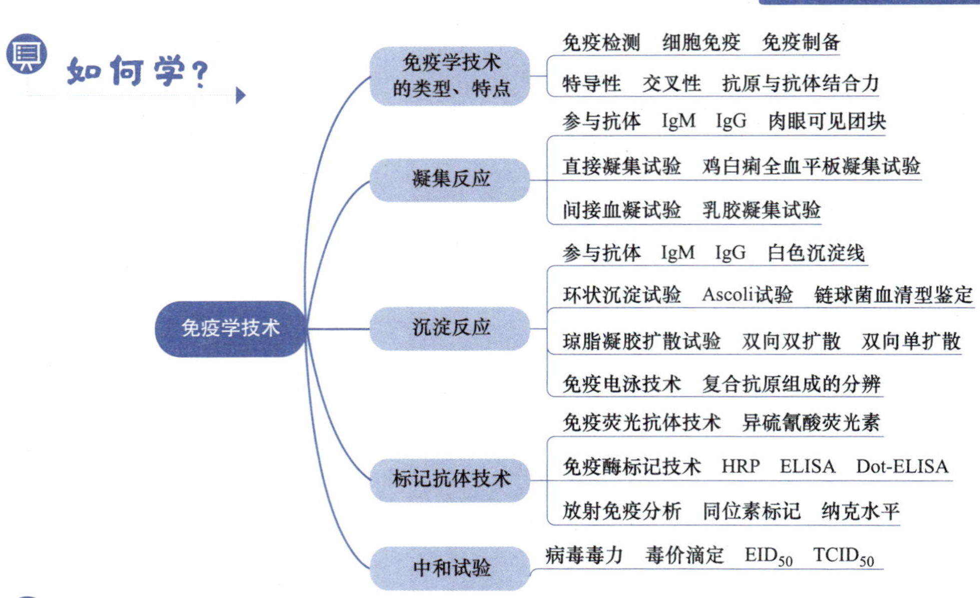

如何考？

本章考点在考试中主要出现在 A1 型题中，每年分值平均 2 分。下列所述考点均需掌握。对于重点内容，希望考生予以特别关注。

考点 1：免疫学技术的概念和类型★★

免疫学技术是指利用免疫反应的特异性原理，建立各种检测与分析技术以及建立这些技术的各种制备方法。免疫学技术包括免疫检测技术、细胞免疫技术和免疫制备技术。

免疫检测技术又称免疫血清学技术，是指用于抗原或抗体检测的体外免疫反应技术，这类技术需要用血清进行试验。细胞免疫技术是指用于检测机体细胞免疫功能与状态的技术。免疫制备技术是指用于建立免疫检测方法的技术，如抗体纯化技术、抗体标记技术等。

考点 2：免疫学技术的特点和发展趋势★★

免疫学技术的一般特点是特异性与交叉性、抗原与抗体结合力、最适比例性和反应阶段性。其中免疫血清学反应只有在抗原抗体最适比例时，反应最明显。凝集反应时，抗原多为大颗粒抗原，抗体过多时会出现前带现象，需将抗体倍比稀释，而固定抗原浓度；沉淀反应的抗原为可溶性抗原，抗原过量会出现后带现象，应稀释抗原。抗原和抗体的结合力取决于抗体的抗原结合位点与抗原表位之间形成的非共价键的数量、性质和距离。

免疫学技术的发展趋势是高度特异性、高度敏感性、精密的分辨能力、反应微量化、方法标准化、试剂商品化、操作快速化等。

【例题 1】免疫血清学技术的原理主要基于抗原抗体反应的（C）。

A. 疏水性　　B. 阶段性　　C. 特异性　　D. 可逆性　　E. 可变性

【例题 2】抗原抗体反应的特异性主要取决于（E）。

A. 抗原的分子量　　B. 抗体所带电荷　　C. 抗体的独特性

D. 抗原的亲水性　　E. 抗原表位和抗体可变区构型

考点 3：凝集反应的原理和类型★★★★

凝集反应是指细菌、红细胞等颗粒性抗原，或吸附在红细胞、乳胶颗粒性载体表面的可溶性抗原，与相应抗体结合，在适当电解质存在下，经过一定时间，形成肉眼可见的凝集团块的反应。参与凝集试验的抗体主要为 IgG 和 IgM。

凝集反应一般用于检测抗体。凝集反应分为直接凝集试验和间接凝集试验。

直接凝集试验：当颗粒性抗原直接与相应的特异性抗体结合，反应达到最适比，使颗粒性抗原相互聚集，形成肉眼可见的凝集团块，称为直接凝集试验。

直接凝集试验分为玻片法和试管法。玻片法一般用于新分离细菌的鉴定，是一种定性试验，如布鲁氏菌的玻板凝集试验和鸡白痢全血平板凝集试验等；试管法是一种定量试验，用以检测待测血清中是否存在相应抗体和测定血清的抗体效价（滴度）。

间接凝集试验：可溶性抗原分子与颗粒性载体结合，与相应的抗体结合，形成肉眼可见的凝集团块，称为间接凝集试验。应用较多的是间接血凝试验和乳胶凝集试验，即以红细胞或乳胶颗粒为载体，将可溶性抗原或抗体致敏于红细胞或乳胶颗粒表面，用以检测相应的抗体或抗原。

【例题 1】参与凝集试验的抗体主要是（C）。

A. IgA和IgM　B. IgA和IgG　C. IgG和IgM　D. IgG和IgE　E. IgM和IgE

【例题2】可用于检测抗体的方法是（C）。

A. PCR技术　B. 空斑试验　C. 血凝试验
D. 补体结合反应　E. 淋巴细胞增殖反应

【例题3】需颗粒性抗原参与的免疫血清学反应是（D）。

A. 环状沉淀试验　B. 对流免疫电泳　C. 火箭免疫电泳
D. 直接凝集反应　E. 补体结合反应

【例题4】乳胶凝集试验属于（A）。

A. 间接凝集试验　B. 协同凝集试验　C. 反向间接凝集试验
D. 琼脂凝胶扩散试验　E. 直接凝集试验

考点4：沉淀反应的原理和类型★★★★

沉淀反应是指可溶性抗原与相应抗体结合，在适量电解质存在下，形成肉眼可见的白色沉淀。参与沉淀反应的抗体主要是IgM和IgG。

沉淀试验包括环状沉淀试验、琼脂凝胶扩散试验、免疫电泳技术。

环状沉淀试验：最简单、最古老的一种沉淀试验，在小口径试管两层液面交界处出现白色环状沉淀，主要用于抗原的定性检测，如诊断炭疽的Ascoli试验、链球菌血清型鉴定、血迹鉴定等。

琼脂凝胶扩散试验：利用可溶性抗原和抗体在半固体琼脂凝胶中进行反应，抗原抗体互相结合、凝聚，出现白色的沉淀线，从而判定相应的抗原和抗体。最常用的是双向双扩散和双向单扩散，如鸡马立克病的诊断。

免疫电泳技术：由琼脂双扩散试验与琼脂电泳技术结合而成，是用于分析抗原组成的一种定性免疫技术。不同的带电荷颗粒在同一电场中，其泳动的速度不同，可以通过电泳将复合的蛋白质分开；同时电泳迁移率相近而不能分开的抗原物质，可按扩散系数不同，形成不同的沉淀带，加强了对复合抗原组成的分辨能力。

【例题1】诊断炭疽的Ascoli试验属于（D）。

A. 直接凝集试验　B. 协同凝集试验　C. 间接凝集试验
D. 环状沉淀试验　E. 琼脂扩散试验

【例题2】琼脂扩散试验中，需用8%~10%氯化钠溶液稀释血清的待检动物是（E）。

A. 猪　B. 马　C. 牛　D. 羊　E. 禽

【例题3】可能会出现带现象的免疫学方法是（E）。

A. 酶联免疫吸附试验　B. 间接免疫荧光试验　C. 免疫酶组化染色
D. 放射免疫分析　E. 免疫电泳技术

【例题4】最适于对混合抗原组分进行鉴定的方法是（A）。

A. 免疫电泳　B. 絮状沉淀试验　C. 环状沉淀试验
D. 琼脂双向双扩散　E. 琼脂双向单扩散

考点5：标记抗体技术的原理和类型★★★

标记抗体技术是指根据抗原抗体结合的特异性和标记分子的敏感性建立的技术，高敏感性的标记分子主要有荧光素、酶和放射性同位素。主要方法有：免疫荧光抗体技术、免疫酶标记技术和放射免疫分析。

免疫荧光抗体技术：指用荧光素对抗体或抗原进行标记，然后用荧光显微镜观察荧光，以分析和示踪相应的抗原或抗体的方法。可用于标记的荧光素有异硫氰酸荧光素（FITC）。

免疫酶标记技术：根据抗原抗体反应的特异性和酶催化反应的高敏感性建立起来的免疫检测技术。常用的酶有辣根过氧化物酶（HRP）、碱性磷酸酶、葡萄糖氧化酶等，其中以辣根过氧化物酶应用最广，是目前应用最广的免疫检测方法之一。常用的免疫酶标记技术有免疫酶组化染色技术、酶联免疫吸附试验（ELISA）和斑点-酶联免疫吸附试验（Dot-ELISA）。酶联免疫吸附试验是将抗原或抗体吸附在固相载体，进行免疫酶反应，底物显色后用肉眼或分光光度计判定结果的一种免疫学方法，是一种既能检测抗原又可检测抗体的免疫学技术。

放射免疫分析（RIA）：指将放射性同位素测量的高度敏感性和抗原抗体反应的高度特异性结合起来建立的一种免疫分析技术。RIA 具有特异性强、灵敏度高、准确性和精密度好等优点，是目前其他分析方法所无法比拟的。而且该方法操作简便，便于标准化，其灵敏度可达纳克（ng）至皮克（pg）级水平，主要用于各种生物活性物质以及药物残留的检测。

【例题 1】属于标记抗体技术的是（D）。

A. 琼脂扩散试验　B. 免疫电泳试验　C. 玻片凝集试验
D. 酶联免疫吸附试验　E. 补体结合试验

【例题 2】既能检测抗原又可检测抗体的免疫学技术是（E）。

A. 血凝试验　B. 溶血试验　C. 空斑减少试验
D. 脂溶剂敏感试验　E. 酶联免疫吸附试验

【例题 3】检测敏感度可达到皮克（pg）级水平的免疫学技术是（D）。

A. 对流免疫电泳　B. 免疫荧光抗体技术　C. SPA 协同凝集试验
D. 放射免疫分析技术　E. 免疫酶组化染色技术

考点 6：中和试验的原理和类型★★

根据抗体能否中和病毒的感染性而建立的免疫学试验称为中和试验。中和试验的特异性强、敏感性高，是病毒学研究中十分重要的技术手段。

病毒中和试验涉及对病毒的毒力或毒价的滴定，一般采用半数致死量（LD_{50}）表示毒价单位。以感染或发病为指标时，用半数感染量（ID_{50}）。用鸡胚测定时，使用鸡胚半数致死量（ELD_{50}）；用组织或细胞测定时，使用组织细胞半数感染量（$TCID_{50}$）。用 Reed-Muench 法或 Karber 法计算血清的中和滴度。

考点 7：补体参与的检测技术原理和临床应用★★

补体是存在于正常动物血清中，具有类似酶活性的一组蛋白质。利用补体能与抗原-抗体复合物结合的性质，建立检测抗原或抗体的免疫学试验，即所谓补体参与的检测技术。该方法可用于人和动物一些传染病的诊断与流行病学调查。其中的补体主要来源于豚鼠的血液。

补体结合试验具有高度的特异性和一定的敏感性，是诊断人畜传染病常用的血清学诊断方法之一。该方法不仅可用于诊断传染病，如结核、副结核、鼻疽、牛肺疫、马传染性贫血、日本脑炎、布鲁氏菌病、钩端螺旋体病、锥虫病等；也可用于鉴定病原体，如对流行性乙型脑炎病毒的鉴定和口蹄疫病毒的定型等。

【例题 1】补体结合反应中，提供补体的血清常来源于（A）。

A. 豚鼠　B. 小鼠　C. 大鼠　D. 鸡　E. 兔

【例题 2】可用于体外抗原或抗体检测的免疫学技术是（C）。

A. 淋巴细胞分离　B. 淋巴细胞分类　C. 补体结合反应
D. 单克隆抗体制备　E. 多克隆抗体制备

第二篇

兽医传染病学

第一章 总论

轻装上阵

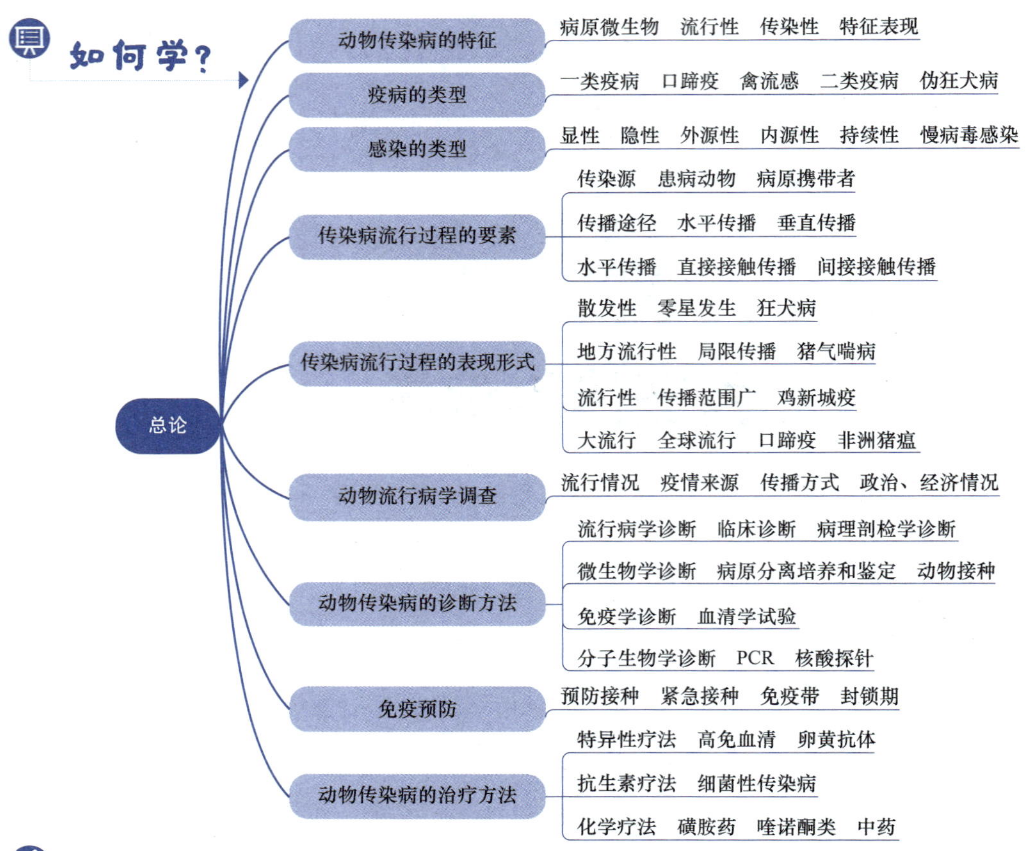

如何考？

本章考点在考试中主要出现在A1型题中，每年分值平均2分。下列所述考点均需掌握。对于重点内容，希望考生予以特别关注。

考点冲浪

考点1：动物传染病的概念和特征★

动物传染病是指由病原微生物感染动物引起，具有一定的潜伏期和发病表现，并具有传染性的疾病。

传染病的特征主要包括由病原微生物与机体相互作用所引起；具有传染性和流行性；被感染的动物机体发生特异性反应；耐过动物能获得特异性免疫；具有特征性的发病表现；具有一定的流行规律。

【例题】动物传染病的特征不包括（D）。

A. 特定的病原微生物引起

B. 传染性

C. 流行性

D. 世代交替

E. 具有一定的流行规律

考点 2：疫病的类型★★

根据动物疫病对人和动物危害的严重程度、造成损失的大小和国家扑灭疫病的要求等，我国政府将动物疫病分为三大类。

一类疫病：对人和动物危害严重，需采取紧急、严厉的强制性预防、控制和扑灭措施的疾病，大多为发病急、死亡快、流行广、危害大的急性、烈性传染病或人兽共患传染病，如口蹄疫、猪瘟、蓝舌病、小反刍兽疫、绵羊痘和山羊痘、高致病性禽流感和鸡新城疫等。此类疫病一旦暴发，应在疫区采取以封锁、扑杀和销毁动物为主的扑灭措施。

二类疫病：可造成重大经济损失，需要采取严格控制、扑灭措施的疾病。该类疫病的危害性、暴发强度、传播能力以及控制和扑灭的难度比一类疫病小，如伪狂犬病、猪乙型脑炎、鸭瘟、小鹅瘟、禽霍乱。法律规定发现二类疫病时，应根据需要采取必要的控制、扑灭措施，不排除采取与一类疫病相似的强制性措施。

三类疫病：常见多发、可造成重大经济损失，需要控制和净化的动物疫病，如牛流行热、猪传染性胃肠炎、鸡病毒性关节炎、犬瘟热等。

【例题 1】当前，我国列为一类动物疫病的是（A）。

A. 绵羊痘和山羊痘　B. 布鲁氏菌病　C. 牛流行热
D. 牛病毒性腹泻 / 黏膜病　E. 牛传染性鼻炎

【例题 2】发生一类动物疫病时，不得采取的措施是（D）。

A. 立即报告疫情　B. 隔离发病动物　C. 环境消毒
D. 对症治疗　E. 扑杀发病动物

考点 3：感染的类型★★

感染的类型很多，主要包括单纯感染和混合感染；外源性感染和内源性感染；显性感染和隐性感染；最急性、急性、亚急性和慢性感染；持续性感染和慢病毒感染等。其中最重要的是持续性感染和慢病毒感染。

持续性感染：动物长期持续处于感染状态。由于入侵的病毒不能杀死宿主细胞而使两者之间形成共生平衡，感染动物可长期或终生携带病原，并经常不定期地向体外排出病原，但常缺乏或出现免疫病理反应相关的症状。例如，猪瘟病毒、猪繁殖与呼吸综合征病毒等感染猪后表现为持续性感染。

慢病毒感染：潜伏期长、发病呈进行性经过，最后常以死亡为转归的病毒感染。与持续性感染的不同点在于疾病过程缓慢，病情不断发展并最终引起死亡。包括反转录病毒科慢病毒属的病毒（寻常病毒）和亚病毒中朊病毒（非寻常病毒），如马传染性贫血病毒、免疫缺陷病毒Ⅰ型、牛海绵状脑病病原等。

显性感染：出现本病所特有的明显临床症状的感染。

隐性感染：在感染后无明显临床症状而呈隐蔽经过的感染。隐性感染在机体抵抗力降低时，也能转变为显性感染。

【例题 1】动物出现某种传染病特有症状的感染称为（C）。

A. 外源性感染　B. 内源性感染　C. 显性感染　D. 隐性感染　E. 继发感染

【例题 2】感染动物临床症状消失后，仍长期或终身携带病毒并不定期排毒的感染类型是（E）。

A. 隐性感染　B. 局部感染　C. 继发感染　D. 内源性感染　E. 持续性感染

考点4：传染病流行过程的要素★★★

动物传染病在畜群中蔓延流行，必须具备三个相互连接的基本条件，即传染源、传播途径与易感动物。这三个条件又称为传染病流行过程的三个基本环节，当这三个环节同时存在并相互联系时，就会引起传染病的发生或流行。

传染源：指某种病原体在其中寄居、生长、繁殖，并能排出体外的动物机体。传染源就是受感染的动物，包括患病动物和病原携带者。病原携带者一般分为潜伏期病原携带者、恢复期病原携带者和健康病原携带者。

传播途径：包括水平传播和垂直传播。

水平传播：传染病在群体之间或个体之间以横向方式传播，包括直接接触传播和间接接触传播两种方式。

直接接触传播：病原体通过被感染的动物与易感动物直接接触、不需要任何外界条件因素的参与而引起的传播方式。其流行的特点是一个接一个地发生，形成明显的连锁状，一般不造成疾病的广泛流行，如狂犬病。

间接接触传播：病原体通过传播媒介使易感动物发生传染的方式。传播媒介包括空气、饲料、水、土壤、器械、节肢动物、野生动物、人、体温计、注射针头等。大多数传染病如口蹄疫、牛瘟、猪瘟、鸡新城疫等均通过间接接触传播。

垂直传播：从亲代到其子代之间的纵向传播形式。传播途径包括经胎盘传播、经卵传播和经产道传播，如猪瘟、禽白血病、鸡沙门菌病等。

【例题1】传染病的流行过程主要是（C）。

A. 传染源—传播媒介—易感动物　　B. 传染源—传播方式—易感动物
C. 传染源—传播途径—易感动物　　D. 传播途径—传染源—易感动物
E. 传染媒介—易感动物—污染源

【例题2】属于垂直传播的是（D）。

A. 空气传播　B. 土壤传播　C. 咬伤传播　D. 胎盘传播　E. 饮水传播

【例题3】可以垂直传播的疾病是（B）。

A. 口蹄疫　B. 鸡白痢　C. 鸭病毒性肝炎
D. 牛流行热　E. 犬细小病毒病

考点5：传染病流行过程的表现形式★★

在动物传染病流行过程中，传染病的表现形式主要分为下列四种类型。

散发性：疾病无规律性随时发生，局部地区病例零星散在出现，在发病时间和地点上无明显的关系，如破伤风、狂犬病等。

地方流行性：在一定地区和畜群中带有局限性传播特征，并且是小规模的流行，如炭疽、猪气喘病等。

流行性：在一定时间内一定畜群出现比寻常多的病例。流行性疾病的传播范围广、发病率高，能以多种方式传播，如猪瘟、鸡新城疫等。

大流行：一种规模非常大的流行，流行范围可扩大至数省和全国，甚至涉及多个国家，如口蹄疫、非洲猪瘟和流感等都出现过大流行。

【例题1】某种疫病在某个畜禽群体或一定地区范围内，短时间内突然出现很多病例的流行方式称为（B）。

A. 散发性流行　B. 地方流行性　C. 流行性　D. 爆发性　E. 大流行

【例题 2】不属于动物传染病流行过程的表现形式是（E）。

A. 散发性　B. 地方流行性　C. 流行性　D. 大流行　E. 潜伏期

考点 6：自然疫源性疾病★

自然疫源性人畜共患传染病主要有狂犬病、伪狂犬病、犬瘟热、流行性乙型脑炎、口蹄疫、布鲁氏菌病、李氏杆菌病、钩端螺旋体病等。

考点 7：发病率、死亡率、病死率的概念★

发病率是指发病动物群体中，在一定时间内具有发病症状的动物数占该群体总动物数的百分比。

死亡率是指发病动物群体中，在一定时间内，发病死亡的动物数占该群体总动物数的百分比。

病死率是指发病动物群体中，在一定时间内，发病死亡的动物数占该群体中发病动物总数的百分比。

【例题 1】某 1000 只鸡群，1 周内发病 100 只，病死 10 只，其病死率为（B）。

A. 1%　B. 10%　C. 11%　D. 20%　E. 30%

【例题 2】某猪场 100 头仔猪中，2 周内有 40 头发病，其中 20 头死亡，其死亡率为（A）。

A. 20%　B. 40%　C. 50%　D. 60%　E. 80%

考点 8：动物流行病学调查★★

动物流行病学调查内容包括疾病流行情况、疫情来源情况、传播途径和方式及该地区的政治、经济情况。

疾病流行情况包括动物发病的时间、地点、发病的数量、发病动物的种类等，疫情来源情况主要有本地过去是否发生过类似疫病，是否免疫接种，附近地区是否发生过类似疫病，是否引进家畜、是产品或饲料，输出地有无类似疫病，是否有外来人员进入等。

【例题 1】流行病学调查中，不能为疫情来源提供线索的是（A）。

A. 养殖场规模　B. 近期是否从外地引种　C. 近期免疫接种情况

D. 周边地区有无疫情　E. 是否有外来人员参观

【例题 2】动物流行病学调查不包括（A）。

A. 动物品种的选育　B. 动物发病的时间　C. 动物发病的地点

D. 动物发病的数量　E. 发病动物种类

考点 9：动物传染病的诊断方法★★

动物传染病诊断时，一般要求采集新鲜、症状明显病例的病料，或者濒死动物的而且未经治疗的动物病料，尽量减少杂菌感染。

动物传染病的诊断方法包括：流行病学诊断、临床诊断、病理解剖学诊断、病理组织学诊断、微生物学诊断、免疫学诊断（血清学试验、变态反应）和分子生物学诊断。其中微生物学诊断和血清学试验是最重要的诊断方法。

微生物学诊断程序主要包括病料采集、病料涂片镜检、病原的分离培养和鉴定、动物接种试验等。

血清学试验是指用已知抗原来测定被检动物血清中的特异性抗体，或用已知的抗体来测定被检材料中的抗原。常用的血清学方法有中和试验、凝集试验（直接凝集试验、间接凝集试验、协同凝集试验和血细胞凝集抑制试验）、琼脂扩散沉淀试验、补体结合试验、免疫荧光试验、ELISA 等，这些方法已成为传染病快速诊断的重要工具。

分子生物学诊断又称基因诊断，主要包括 PCR 技术、核酸探针技术和 DNA 芯片技术，是针对病原微生物的诊断技术。这些技术具有很高的特异性和敏感性。

【例题 1】不属于动物传染病现场诊断的是（E）。

A. 调查发病情况　B. 调查患病动物来源　C. 观察临床症状
D. 病理剖检　E. 病理组织学检查

【例题 2】不属于动物传染病实验室诊断方法的是（E）。

A. 病理组织学诊断　B. 微生物学诊断　C. 免疫学诊断
D. 分子生物学诊断　E. 流行病学调查

【例题 3】下列诊断动物传染病的方法中，均为血清学试验的是（A）。

A. 中和试验和凝集试验　B. 核酸探针和荧光抗体试验
C. 中和试验和核酸探针　D. PCR 和补体结合试验
E. 免疫酶技术和 PCR

【例题 4】基因检测属于（D）。

A. 临床学诊断　B. 流行病学诊断　C. 病理学诊断
D. 病原学诊断　E. 免疫学诊断

【例题 5】动物疫病诊断时不宜采集（D）。

A. 新鲜病料　B. 症状明显病例的病料　C. 濒死动物的病料
D. 经过治疗的动物病料　E. 未经治疗的动物病料

考点 10：免疫预防常用术语★★

疫苗是指用于人工主动免疫的生物制剂，包括用细菌、支原体、螺旋体和衣原体等制成的菌苗、用病毒制成的疫苗和用细菌外毒素制成的类毒素。

免疫接种是指用人工方法将疫苗引入动物体内，刺激动物机体产生特异性免疫力，使该动物对某种病原体从易感转为不易感的一种疫病预防措施。

免疫接种包括预防接种和紧急接种。

预防接种：在经常发生某些传染病的地区，或有某些传染病潜在的地区，或经常受到邻近地区某些传染病威胁的地区，为了防患于未然，在平时有计划地给健康畜群进行的疫苗免疫接种。

紧急接种：在发生传染病时，为了迅速控制和扑灭疫情而对疫区和受威胁区尚未发病的畜禽进行的应急性免疫接种。

免疫接种方法主要有皮下、皮内、肌内注射或皮肤刺种、点眼、滴鼻、喷雾、口服等。

影响疫苗免疫接种效果的因素有疫苗和动物两方面因素，疫苗因素主要有疫苗抗原性差、疫苗株与流行株血清型不符、疫苗保存不当、疫苗稀释错误、免疫程序不合理、接种剂量小等，动物因素主要有动物健康状态、母源抗体存在、免疫抑制性疾病等。

【例题 1】可用于制备疫苗的物质是（C）。

A. 抗生素　B. 内毒素　C. 外毒素　D. 白细胞介素　E. 干扰素

【例题 2】直接影响初生仔猪接种活疫苗免疫效果的最主要因素是（E）。

A. 饲料中氨基酸水平　B. 饲料中维生素含量　C. 饲料中微量元素水平
D. 种公猪免疫状况　E. 母源抗体水平

【例题 3】导致免疫接种失败的动物因素是（C）。

A. 疫苗抗原性差　B. 疫苗株与流行株血清型不符　C. 母源抗体干扰
D. 疫苗保存不当　E. 疫苗稀释错误

【例题 4】动物传染病的预防措施中，属于预防接种的措施是（B）。

A. 对健康动物注射高免血清　B. 对健康动物进行疫苗接种
C. 对健康动物进行药物预防　D. 对发病动物注射高免血清
E. 对发病动物进行疫苗接种

考点 11：免疫带建立的目的★

对于某些流行性强大的重要传染病，如禽流感和口蹄疫等，其疫点周围 5~10km 以上为受威胁区，必须进行紧急接种，其目的是建立“免疫带”，以包围疫区，提高动物特异性免疫力，防止病原扩散。

【例题】建立免疫带是为了（D）。

A. 对传染源进行紧急隔离　B. 对传染源进行免疫标识
C. 对未发病动物进行药物预防　D. 提高动物特异性免疫力，防止病原扩散
E. 提高动物非特异性免疫力，防止病原扩散

考点 12：动物传染病防疫工作的指导方针★★

动物传染病防疫工作的基本原则是贯彻“预防为主”的方针，搞好饲养管理、防疫卫生、预防接种、检疫、隔离、消毒等综合性防疫措施，以提高动物的健康水平和抗病能力，控制和杜绝传染病的传播蔓延，降低发病率和死亡率。

【例题】我国动物传染病防疫工作的指导方针是（B）。

A. 检疫为主　B. 预防为主　C. 治疗为主　D. 抗病育种为主　E. 扑杀为主

考点 13：动物疫病封锁期时间的确定★

确定某种动物疫病封锁期长短，主要根据该种传染病的潜伏期长短而定。一般传染病在潜伏期内的任何时间，都有可能出现新的感染病例，只有在一个潜伏期以上的时间内没有新的感染病例，才能证明在被封锁的区域已没有该种传染病存在，解除封锁后才能保证该区域不会有新的疫情暴发，达到疫病扑灭的目的。因此确定某种动物疫病封锁期长短的重要依据是最长潜伏期。

【例题】确定某种动物疫病封锁期长短的重要依据是（A）。

A. 最长潜伏期　B. 最短潜伏期　C. 平均潜伏期　D. 传染期　E. 转归期

考点 14：动物传染病的治疗方法★

动物传染病的治疗方法分为特异性疗法、抗生素疗法和化学疗法等。

特异性疗法：应用针对某种传染病的高免血清、痊愈血清（或全血）、卵黄抗体等特异性生物制品进行治疗的方法。高免血清主要用于某些急性病毒性传染病的治疗，如小鹅瘟、

猪瘟、鸡传染性法氏囊病、破伤风等。

抗生素疗法：抗生素为细菌性传染病的主要治疗药物，在兽医实践中应用日益广泛。但使用抗生素时，一定要掌握抗生素的适应证，选择合适的抗生素，合理使用。例如，细菌弱毒菌对抗生素极为敏感，不易采用此疗法。

化学疗法：治疗家畜传染病最常用的化学药物有磺胺类药物、抗菌增效剂、喹诺酮类和中药抗菌药物（大蒜素）等。抗病毒感染药物主要包括黄芪多糖、板蓝根、干扰素、白介素等。

【例题】使用细菌弱毒苗时，对动物不宜同时采用的措施是（A）。

A. 使用抗生素　　B. 实施环境消毒　　C. 使用抗应激药物

D. 饲料中添加维生素　　E. 饲料中补充微量元素

第二章　人兽共患传染病

轻装上阵

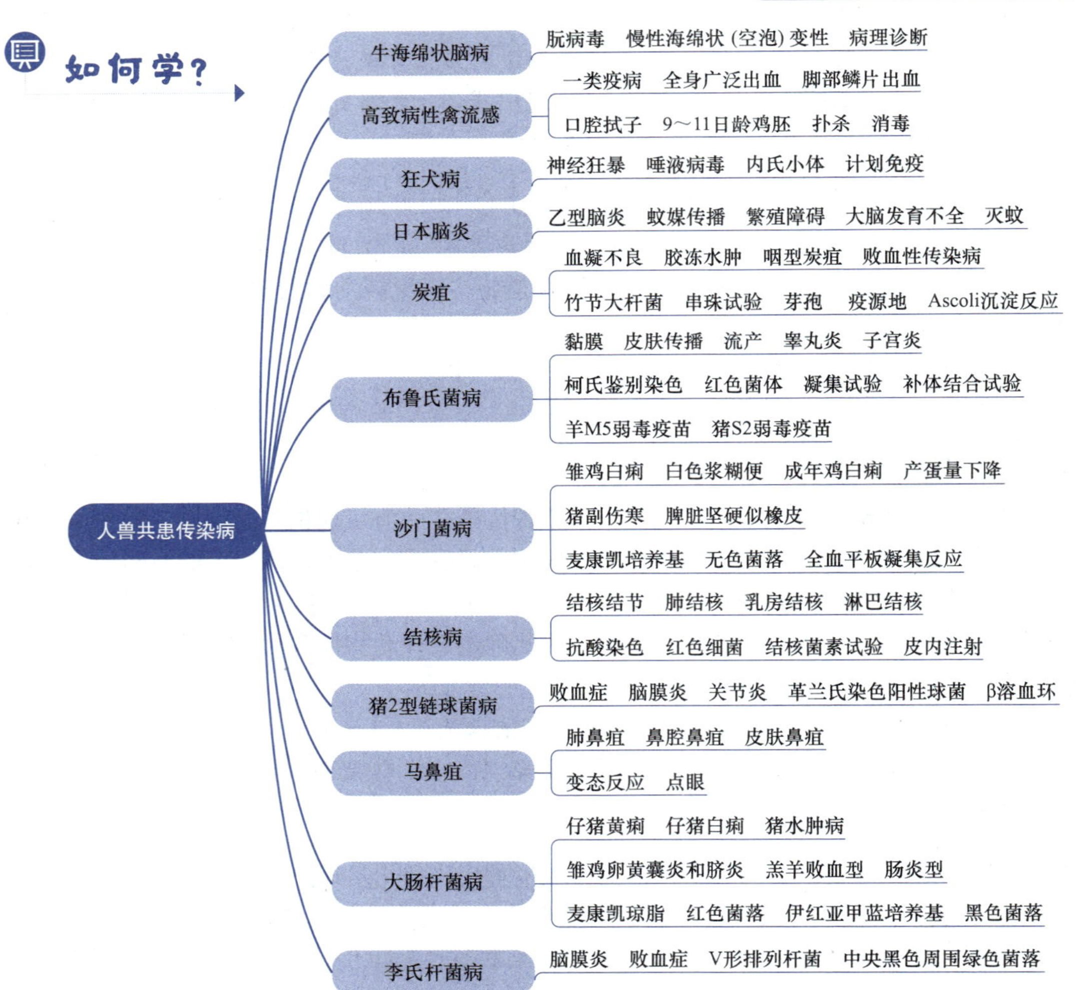

本章考点在考试四种题型中均会出现，每年分值平均4分。下列所述考点均需掌握。禽流感、炭疽、大肠杆菌病、结核病是考查最为频繁的内容，希望考生予以特别关注。可以结合兽医微生物学相关内容进行学习。

考点冲浪

考点1：牛海绵状脑病的病原特征、病变特征和诊断方法★★

牛海绵状脑病（BSE）俗称疯牛病，潜伏期长，以脑组织发生慢性海绵状（空泡）变性，功能退化，精神错乱，死亡率高为特征。致病因子不同于一般的细菌、病毒，而是一种具有生物活性的蛋白质，称为朊病毒。

病变特征：病理组织学检查中枢神经组织（特别是脑），可见神经细胞皱缩和大小空泡形成，呈海绵状样变性，无发炎现象。

诊断方法：目前主要根据现场诊断资料，对疑似疯牛病病牛的大、小脑组织做病理组织切片和染色，显微镜观察发现海绵状变性即可确诊。

防治措施：严禁从发病国家和地区引进牛或牛的肉骨粉、内脏、副产物等。发病地区应扑杀并销毁全部病牛和可疑患病牛。杜绝食用患疯牛病的牛肉和牛肉制品。

【例题1】牛海绵状脑病俗称（C）。

A. 库鲁病　B. 痒病　C. 疯牛病　D. 克雅二氏病　E. 蓝舌病

【例题2】怀疑奶牛发生疯牛病，实验室确诊的方法是（D）。

A. 检测血清抗体　B. 病原分离鉴定　C. 检测病原基因

D. 脑组织病理学检查　E. 病料接种小白鼠，观察症状

考点2：高致病性禽流感的流行特点、临床特征和病变特征★★★★★

高致病禽流感（简称AI）是由正黏病毒科、流感病毒属的A型流感病毒引起的以禽类为主的烈性传染病。

流行特点：发病急骤、传播迅速、感染谱广、流行范围广，引起鸡和火鸡的大批死亡。世界动物卫生组织（OIE）将其列为必须报告的动物传染病，我国将其列为一类动物疫病。

临床特征：体温升高，产蛋量大幅度降低，头面部水肿，无毛处皮肤和鸡冠、肉髯等出血、发绀，呼吸困难，排黄白或黄绿色稀粪。

病变特征：皮下、浆膜下、黏膜、肌肉及内脏器官的广泛性出血，尤其是腺胃黏膜呈点状或片状出血，腺胃与食道交界处有出血带或溃疡。头部皮下水肿，腿部可见充血、出血，脚部鳞片瘀血、出血、呈紫黑色，脚趾肿胀。

【例题】商品鸡群，50日龄，流泪，呼吸困难，叫声沙哑。发病后期死亡鸡头部肿胀，肉冠、肉髯出血、坏死、发绀，头颈震颤，胫部鳞片出血。剖检见多器官出血、坏死，尤其是肌胃、腺胃。本病最可能感染的病原是（A）。

A. 高致病性禽流感病毒　B. 新城疫病毒　C. 禽多杀性巴氏杆菌

D. 传染性法氏囊病病毒　E. 禽脑脊髓炎病毒

考点3：高致病性禽流感的鉴定和防控措施★★★★★

病毒分离与鉴定：取禽类的泄殖腔或口腔拭子，病料悬液经0.2μm滤膜过滤后，接种9~11日龄鸡胚尿囊腔或羊膜腔内，取鸡胚尿囊液做血凝试验和血凝抑制试验，进行病毒型和亚型的鉴定。鉴于禽流感病毒高致病性毒株的潜在危险，禽流感病毒的分离鉴定需送国家参考实验室，主要采用静脉内接种致病指数的方法进行病毒致病性的检测，以确定高致病性毒株。

防控措施：我国对高致病性禽流感实行强制免疫制度，免疫密度必须达到100%。一旦发生高致病性禽流感，应立即封锁疫区，对所有感染禽只和可疑禽只一律进行扑杀、焚烧，封锁区内严格消毒。

【例题1】某鸡场产蛋鸡突然发病，闭目昏睡，头面部水肿，脚部鳞片出血。剖检见皮下、黏膜及内脏广泛出血。病料悬液经0.2μm滤膜过滤后，滤液接种鸡胚可致鸡胚死亡，能鉴定该病原的方法是（E）。

A. 生化试验　　B. 细菌分离培养　　C. 光学显微镜观察
D. 脂溶剂敏感试验　　E. 血凝和血凝抑制试验

【例题2】禽流感病毒分离鉴定时首先应测定分离病毒的（D）。

A. 致病性　　B. 血凝性　　C. 颅内接种致病指数
D. 静脉内接种致病指数　　E. 半数致死量

【例题3】常用于实验室分离高致病性禽流感病毒的是（A）。

A. 鸡胚　　B. 小鼠　　C. 大鼠　　D. 豚鼠　　E. 乳兔

【例题4】肉鸡，70日龄，突然发病，排黄绿色稀粪，头部肿胀，5d内死亡率90%。脚部鳞片发绀，腺胃乳头、胰腺、小肠、胸肌、腿肌出血，肾脏肿大。本病的正确处理措施是（A）。

A. 全群扑杀、无害化处理　　B. 注射干扰素　　C. 注射青霉素
D. 扑杀病鸡　　E. 口服磺胺类药物

考点4：狂犬病的临床特征和诊断方法★★

狂犬病又称恐水病，是由狂犬病病毒引起人和动物的一种接触性传染病，特征是患病动物出现极度的神经兴奋、狂暴和意识障碍，最后全身麻痹而死亡。疾病的传播具有明显的连锁性。在患病动物体内，以中枢神经组织、唾液腺和唾液中的含毒量最高。

临床特征：初期病犬精神沉郁，不愿和人接近，意识模糊，食欲反常，喜吃异物，或性情狂暴，常攻击人和动物；后期尾巴下垂，流涎，恐水，最后衰竭死亡。

诊断方法：将病犬脑组织、猫大脑海马角和小脑以及延脑组织作切片，进行组织学检查，观察有无内基小体，若在神经元细胞质内发现特殊的嗜酸性包涵体（内氏小体、内基小体），即可确诊。将脑组织触片浸入塞莱氏染色液，进行染色、镜检，发现内氏小体呈樱桃红色，细胞核呈深蓝色，细胞质呈粉红色。

由于病初不容易找到内基小体，常用病犬脑组织作肌内接种家兔，接种后14~21d麻痹死亡，死前1~2d发生兴奋和麻痹。

防控措施：及时发现并扑杀患病动物，对犬、猫进行计划免疫。若人被咬伤，先用肥皂水处理伤口，迅速紧急接种狂犬病疫苗。

【例题 1】牧羊犬，雌性，1 岁，后躯麻痹，流涎，恐水，脑组织检查发现大脑海马角神经细胞质内出现内基小体。本病可诊断为（A）。

A. 狂犬病　B. 犬瘟热　C. 犬传染性肝炎
D. 犬细小病毒病　E. 犬流感

【例题 2】对狂犬病病犬做病理检查，能在细胞质内见到嗜酸性包涵体的是（C）。

A. 肌细胞　B. 肝细胞　C. 脑神经细胞　D. 脾细胞　E. 肾细胞

【例题 3】预防狂犬病的首选措施是（C）。

A. 扑杀　B. 环境消毒　C. 免疫接种　D. 隔离　E. 药物预防

考点 5：日本脑炎的流行特征、临床特征和防控措施★★★★

日本脑炎又称日本乙型脑炎、猪乙型脑炎、流行性乙型脑炎，简称乙脑，是由黄病毒科乙型脑炎病毒引起的经蚊媒传播的猪繁殖障碍性疾病，临床表现为母猪流产、产死胎、木乃伊胎，公猪出现睾丸炎。猪是主要扩增宿主和传染源。

流行特征：本病的发生与蚊虫的活动季节具有明显的相关性，流行地区的吸血昆虫，特别是库蚊属和伊蚊属体内常能分离出猪乙型脑炎病毒，是典型的蚊传传染病，约有 90% 的病例发生在 7~9 月。

临床特征：妊娠母猪突然发生流产，流产胎儿多数为死胎、木乃伊胎，或濒于死亡，流产后体温、食欲恢复正常；公猪的突出表现是在发热后出现睾丸炎，一侧睾丸明显肿大，阴囊皱褶消失，局部温度高，有痛感，另一侧萎缩。

流产胎儿可见脑水肿、脑膜充血，肝脏和脾脏内有坏死灶，部分胎儿大脑和小脑发育不全，肌肉褪色，似煮肉样外观。

诊断方法：采取脑组织、流产胎儿、胎盘，研磨匀浆后脑内和皮下同时接种乳鼠，进行病毒分离和鉴定。其中血凝抑制试验最为常用，可以检测 IgM，用于早期诊断。

防控措施：消灭传播媒介和控制传播源，加强防蚊和灭蚊，接种猪乙型脑炎活疫苗。

【例题 1】公猪患乙型脑炎常出现的症状是（E）。

A. 阴囊炎　B. 尿道炎　C. 尿道结石　D. 膀胱炎　E. 睾丸炎

【例题 2】猪乙型脑炎的主要传播途径是经（B）。

A. 饲料传播　B. 蚊媒传播　C. 鼠类传播　D. 空气传播　E. 土壤传播

【例题 3】乙型脑炎的流行病学特点是（B）。

A. 蚊虫传播、无季节性　B. 蚊虫传播、有季节性　C. 飞沫传播、有季节性
D. 飞沫传播、无季节性　E. 垂直传播、无季节性

【例题 4】炎热季节，某规模化猪场母猪发热，流产，产死胎，发病率为 10%；公猪一侧睾丸肿大，具有传染性。可能的疾病是（B）。

A. 猪瘟　B. 猪乙型脑炎　C. 猪伪狂犬病
D. 猪细小病毒病　E. 猪繁殖与呼吸综合征

考点 6：炭疽的临床特征、病变特征和诊断方法★★★★

炭疽是由炭疽杆菌引起的多种家畜、野生动物和人的一种急性、热性、败血性传染病。绵羊和牛最易感，猪表现为咽型炭疽，家禽一般不感染。发病动物以急性死亡为主，脾脏高度肿大、皮下和浆膜下有出血性胶冻样浸润、血液凝固不良呈煤焦油样、尸体极

易腐败。

病变特征：主要为败血症变化，尸僵不全，血液凝固不良，天然孔有黑色血液流出，黏膜发绀，血液呈煤焦油样。全身多发性出血，皮下、肌间、浆膜下胶冻样水肿。脾脏肿大2~5倍，软化如糊状，切面呈樱桃红色，有出血，淋巴结出血。

诊断方法：取血液制成涂片，使用瑞氏染色，发现带有荚膜、菌体两端平直的粗大杆菌，新鲜血液中呈现竹节样大杆菌，即可诊断为炭疽。必要时也可利用炭疽杆菌对青霉素敏感的特性进行串珠试验。

炭疽每年进行预防接种，疫苗有无毒炭疽芽孢苗或炭疽二号芽孢苗。

【例题1】对炭疽杆菌最易感的动物是（B）。

A. 猪　B. 牛　C. 犬　D. 鸡　E. 貂

【例题2】猪炭疽特征性病变不包括（D）。

A. 脾脏变性、肿大和出血　B. 血凝不良

C. 天然孔流出黑色血液　D. 纤维素性胸膜炎

E. 皮下、肌肉、浆膜下、结缔组织水肿

考点7：炭疽的传播方式和检疫方法★★★

传播方式：炭疽是由炭疽杆菌引起的多种家畜和人的一种急性、热性、败血性传染病，主要经消化道感染，也可通过蜱等吸血昆虫经皮肤感染。炭疽杆菌一旦形成芽孢，可以在土壤中长期存活而成为长久的疫源地，随时可以传播给易感动物。芽孢形成的疫源地难以根除。

检疫方法：对于炭疽芽孢杆菌的检验，常以已知炭疽芽孢杆菌抗体来检查被检的抗原。其中Ascoli沉淀反应是用加热抽提的待检炭疽芽孢杆菌多糖抗原与已知抗体进行的沉淀试验（环状沉淀试验），适用于各种病料、动物皮张、严重腐败污染的尸体材料的检疫。

【例题1】育肥猪，6月龄，突然发病，高热。剖检可见淋巴结、肾脏点状出血，脾脏充血、肿胀，为原来的6倍，呈紫黑色。本病传播媒介可能是（E）。

A. 按蚊　B. 库蚊　C. 蝇　D. 螨　E. 钝缘蜱

【例题2】容易形成长久疫源地并难以根除的疫病是（B）。

A. 链球菌病　B. 炭疽　C. 猪乙型脑炎　D. 禽流感　E. 狂犬病

【例题3】诊断炭疽简便快捷的血清学方法是（A）。

A. Ascoli试验　B. 免疫荧光试验　C. 琼脂扩散试验

D. ELISA　E. HA和HI

考点8：布鲁氏菌病的临床特征、诊断方法和免疫预防★★★★

布鲁氏菌病简称布病，是由布鲁氏菌引起的人兽共患传染病，牛、绵羊、山羊、猪、犬等家养动物和人均可感染发病，动物发生流产、不育、生殖器官和胎膜发炎，人感染后引起波浪热。一般经消化道、呼吸道、生殖系统黏膜及损伤甚至未损伤的皮肤等传播。

临床特征：主要表现为流产、睾丸炎、附睾炎、乳腺炎、子宫炎、关节炎、后肢麻痹或跛行等。妊娠母牛体温升高，阴道流出黏液样的灰色分泌物。猪感染布病表现为不孕，后肢麻痹及跛行。

诊断方法：将流产胎儿的胃内容物、肺、肝和脾以及流产胎儿胎盘和羊水等直接涂片，革兰氏染色和柯兹洛夫斯基鉴别染色，发现球杆状的红色菌体，即可做出初步诊断。将标本划线接种于10%马血清的马丁琼脂培养基进行细菌分离。血清凝集试验，包括玻片凝集试验和试管凝集试验，是我国牛布鲁氏菌病监测的法定试验，用于早期诊断。而补体结合试验是国际贸易指定的牛羊布鲁氏病诊断的确诊试验，不适合作为猪的个体诊断。

免疫预防：接种疫苗是预防本病的重要措施。目前国内外常用的疫苗主要有猪布鲁氏菌S2株疫苗、羊型5号（M5）弱毒活菌疫苗、牛布鲁氏菌19号疫苗、羊种布鲁氏菌Rev.1株疫苗和牛种布鲁氏菌RB51株疫苗。我国主要使用S2和M5疫苗。

布鲁氏菌在牛、绵羊、山羊之间可发生交叉感染，鹿布鲁氏菌病主要由猪布鲁氏菌、牛布鲁氏菌、羊布鲁氏菌等引起。而布鲁氏菌M5弱毒活疫苗系用羊种布鲁氏菌M5菌株致弱而成，可以用于预防绵羊、山羊、牛和鹿布鲁氏菌病，不能用于预防猪布鲁氏菌病。

【例题1】国际贸易中用于确诊牛羊布鲁氏菌病的方法是（E）。

A. PCR　　B. 现场诊断　　C. 玻片凝集试验
D. 试管凝集试验　　E. 补体结合试验

【例题2】布鲁氏菌病隐性感染牛群的主要检疫方法是（B）。

A. 细菌分离鉴定　　B. 血清凝集试验　　C. 变态反应
D. PCR技术　　E. 核酸杂交

【例题3】青年母牛妊娠至4个月，发生流产，体温39.3℃，阴道流出黏液样的灰色分泌物，取流产胎儿的肝脏和脾脏直接涂片，革兰氏染色和柯兹洛夫斯基鉴别染色后，镜检见菌体呈红色、球杆状，最可能发生的传染病是（C）。

A. 结核病　　B. 衣原体病　　C. 布鲁氏菌病　　D. 李氏杆菌病　　E. 沙门菌病

【例题4】布鲁氏菌M5弱毒活疫苗不能用于哪种动物的免疫接种（A）。

A. 猪　　B. 牛　　C. 绵羊　　D. 山羊　　E. 鹿

考点9：沙门菌病的临床特征和诊断方法★★★★

沙门菌病是由沙门菌属中多种细菌引起的疾病的总称，猪和鸡的沙门菌病最常见、危害最大。

由鸡白痢沙门菌引起的鸡白痢，在雏鸡中流行最为广泛，多发生于孵出不久的雏鸡，通过带菌卵传播。

鸡白痢分为雏鸡白痢、育成鸡白痢和成年鸡白痢。

第2~3周龄是雏鸡白痢发病和死亡高峰，病雏表现为羽毛松乱，两翼下垂，不愿走动，闭眼昏睡，排白色浆糊样粪便，肛门周围的绒毛被粪便污染，干涸后封住肛门周围，影响排粪。剖检可见肝脏有大小不等的坏死点，卵黄吸收不良，内容物呈奶油状或干酪样黏稠物。心脏可见有坏死或结节，略突出于脏器表面。

成年鸡白痢一般无明显症状，主要影响产蛋量和产蛋高峰，死淘率升高。有的感染鸡可因卵黄性腹膜炎，而成“垂腹”现象。剖检可见多数卵巢仅有少量接近成熟的卵子。脱落的卵子进入腹腔，可引起广泛的腹膜炎及腹腔脏器粘连。

猪沙门菌病，又称猪副伤寒，主要发生于20日龄至4月龄的小猪。急性型呈败血症变化，表现为弥漫性纤维素性坏死肠炎，临床表现为腹泻，有时发生卡他性或干酪样肺炎；剖检可见脾脏肿大，色暗带蓝，坚硬似橡皮；肝脏、肾脏有不同程度的肿大、充血和出血，肝脏实质可见灰黄色坏死小点，肠系膜淋巴结肿大。全身各黏膜、浆膜均有不同程度的出血斑或出血点，胃肠黏膜可见急性卡他性炎症。

诊断方法：病料接种麦康凯培养基，生长出无色菌落，革兰氏染色阴性。一般使用凝集反应进行疾病诊断。凝集反应分为全血平板凝集反应和血清平板凝集反应。通过全血平板凝集反应进行全面检疫，淘汰阳性鸡和可疑鸡，建立健康种鸡群。

【例题1】鸡白痢的病原属于（C）。

A. 链球菌　　B. 大肠杆菌　　C. 沙门菌　　D. 葡萄球菌　　E. 李氏杆菌

【例题2】成年鸡感染鸡白痢沙门菌后的病理损害部位常见于（A）。

A. 生殖系统　　B. 消化系统　　C. 呼吸系统　　D. 神经系统　　E. 免疫系统

【例题3】鸡白痢检疫常用的方法是（B）。

A. 中和试验　　B. 平板凝集试验　　C. 试管凝集试验

D. 补体结合试验　　E. 琼脂扩散试验

【例题4】某仔猪群45日龄后陆续出现腹泻症状，剖检见全身黏膜不同程度的出血；脾脏肿大、呈蓝紫色，坚实似橡皮；肝脏有灰黄色的坏死点；肾脏肿大；胃肠黏膜卡他性炎症，肠系膜淋巴结肿大，该病猪最可能患的疫病是（E）。

A. 猪痢疾　　B. 仔猪白痢　　C. 仔猪黄痢　　D. 仔猪红痢　　E. 沙门菌病

考点10：结核病的临床特征、病变特征和诊断方法★★★

结核病是由结核分枝杆菌引起的一种慢性消耗性疾病，病理特征是在多种组织器官形成结核性肉芽肿（结核结节），继而结节中心干酪样坏死或钙化。病原是牛型分枝杆菌、人型分枝杆菌及部分禽型分枝杆菌。

临床特征：一般呈慢性经过，以肺结核、淋巴结核、乳房结核和肠结核最为常见，生殖器官结核也时有发生。

肺结核病牛病初有短促干咳，清晨时症状最为明显，随着病程的发展变为湿咳，咳嗽加重、频繁，并有浅黄色黏稠脓性鼻液流出。呼吸次数增加，甚至呼吸困难。生殖器官结核表现为性机能紊乱，发情频繁、性欲亢进、流产、不孕，从阴道、子宫内流出脓性分泌物。乳房结核表现为乳房出现局限性或弥漫性硬结，硬结无热、无痛，乳房表面凹凸不平，乳量减少，乳汁稀薄，混有脓液。肠结核表现为腹泻与便秘交替，继而发生顽固性腹泻。

诊断方法：取结核病病料进行细菌分离培养，抗酸染色，发现形态平直或微弯的红色细菌，即可确诊。

结核菌素试验是目前诊断结核病最常用、最有诊断意义的标准方法，以结核菌素皮内注射法（皮内变态反应法）和点眼法同时进行，任何一种呈阳性反应者，即可确诊。

【例题1】经产母牛发情频繁，性欲亢进，体温39.2℃，从阴道流出脓性分泌物，取分泌物进行细菌分离培养，分离菌革兰氏染色阳性，抗酸染色菌体为红色，形态平直或微弯，最可能发生的传染病是（A）。

A. 结核病　　B. 衣原体病　　C. 布鲁氏菌病　D. 李氏杆菌病　E. 沙门菌病

【例题 2】诊断牛结核病常用的方法是（D）。

A. ELISA　　B. PCR 诊断　　C. 细菌分离鉴定

D. 皮内变态反应法　　E. IFN-γ 体外释放法

考点 11：猪 2 型链球菌病的临床特征和诊断方法★★★

猪链球菌病是由多种不同群的链球菌引起的不同临床类型传染病的总称。急性病例表现为败血症和脑膜炎，C 群链球菌引起的病例发病率高，病死率高，危害大；慢性病例则为关节炎、心内膜炎及组织化脓性炎，以 E 群链球菌引起的淋巴脓肿最为常见。猪 2 型链球菌病已成为我国一种新的人兽共患病。人感染后主要出现败血症型和脑膜炎型，其中败血症型常发生链球菌中毒性休克。

临床特征：突然发病，体温升高达 41.5℃，呼吸促迫，颈下、腹下及四肢末端等处皮肤有紫红色出血斑点。胸腔有大量黄色或混浊液体，含微黄色纤维素絮片样物质。心外膜与心包膜常粘连。脾脏明显肿大，边缘有出血梗死区，脑膜和脊髓软膜充血，关节多有浆液纤维素性炎症，含有黄白色奶酪样块状物。

诊断方法：取肝脏、脾脏、肾脏、血液、关节液、脑脊髓液及脑组织等，进行涂片、染色、镜检，可见大量革兰氏染色阳性球菌；接种血液琼脂培养基，37℃培养 24h 后，可见菌落周围有 β 溶血环。

对于人的猪 2 型链球菌感染，需要及早、足量使用抗生素治疗，可以治愈。

【例题 1】某猪场 4 月龄育肥猪突然发病，体温 41℃，呼吸急促；腹下及四肢皮肤有出血点，死前口鼻流出暗红色凝固不良血液。病猪血液涂片，染色镜检，可见大量革兰氏阳性球菌。本病可能是（A）。

A. 猪 2 型链球菌病　　B. 猪肺疫　　C. 猪支原体肺炎

D. 猪传染性胸膜肺炎　　E. 猪传染性萎缩性鼻炎

【例题 2】某猪场猪突然死亡，剖检见胸腔内有大量黄色混浊液体，脾脏肿大，其他脏器出血，水肿。取心血抹片镜检，见有革兰氏染色阳性菌，接种血液琼脂培养基，37℃培养 24h 后，可见菌落周围有 β 溶血环。初步诊断是（C）。

A. 猪肺疫　　B. 副伤寒　　C. 猪链球菌病

D. 副猪嗜血杆菌病　　E. 猪传染性胸膜肺炎

考点 12：马鼻疽的临床特征和诊断方法★★★

马鼻疽是由鼻疽杆菌引起的一种人兽共患传染病，临床特征是鼻腔、喉头和气管黏膜以及皮肤上形成鼻疽结节、溃疡和瘢痕，在肺、淋巴结或其他实质脏器中形成特异性的鼻疽结节。本病的临床特征与马腺疫极为相似，应注意鉴别诊断。我国已基本控制本病。

易感动物：本病主要在马、骡、驴等单蹄动物中传播蔓延，以马属动物最易感。

临床特征：急性型鼻疽分为肺鼻疽、鼻腔鼻疽和皮肤鼻疽。鼻腔鼻疽表现为鼻腔黏膜形成灰白色圆形结节，结节坏死后形成溃疡，溃疡瘢痕呈星芒状；皮肤鼻疽表现皮肤结节，沿淋巴管向周围组织蔓延，形成念珠状的索状肿，破溃后形成火山口样溃疡。

诊断方法：慢性马鼻疽的诊断以变态反应诊断为主。变态反应诊断方法有鼻疽菌素点眼法、鼻疽菌素皮下注射法、鼻疽菌素眼睑皮内注射法。常用的方法是鼻疽菌素点眼法。

开放性和急性马鼻疽一般不予治疗，必要时使用磺胺和土霉素治疗。

【例题 1】除马以外，马鼻疽的最易感动物是（E）。

A. 牛　B. 羊　C. 猪　D. 犬　E. 骡

【例题 2】应用鼻疽菌素变态反应检疫马鼻疽，常用的方法是（C）。

A. 耳部皮下注射法　B. 眼睑皮内注射法　C. 点眼法

D. 颈部皮内注射法　E. 尾根注射法

【例题 3】诊断马鼻疽，应特别注意鉴别的疫病是（E）。

A. 马传染性贫血　B. 李氏杆菌病　C. 副结核病　D. 布鲁氏菌病　E. 马腺疫

【例题 4】病马一侧后肢发生浮肿，沿淋巴管出现念珠样结节，随后结节破溃，排出脓液，长期不愈。本病可能是（D）。

A. 炭疽　B. 结核病　C. 马传染性贫血　D. 马鼻疽　E. 马腺疫

考点 13：大肠杆菌病的临床特征和诊断方法★★★★

大肠杆菌病是指由致病性大肠杆菌引起多种动物不同疾病或病型的统称。猪大肠杆菌病分为仔猪黄痢、仔猪白痢和猪水肿病。

仔猪黄痢：初生仔猪的一种急性、致死性疾病，主要发生于1~3日龄的仔猪，发病率高，病死率高。临床上以食欲废绝、腹泻、排黄色或白色粪便为特征。病猪排出黄色浆状稀粪，内含凝乳小片，很快消瘦、昏迷死亡；剖解可见胃肠道膨胀，有大量黄色液体内容物和气体，内有酸臭凝乳块，肠黏膜呈急性卡他性炎症变化，肠系膜淋巴结充血水肿。

仔猪白痢：由致病性大肠杆菌引起的2~4周龄仔猪的一种急性肠道传染病，多发生于10~30日龄的仔猪，病死率低。临床上以突然发生腹泻，排乳白色或灰白色、腥臭、浆糊状稀粪为特征。剖检可见肠黏膜卡他性炎症。病猪很少死亡，能自行康复，但仔猪生长发育迟缓，育肥周期延长。

猪水肿病：由某些溶血性大肠杆菌引起的断奶后仔猪的一种毒血症，主要发生于断奶后1~2周的仔猪，发病率低，但病死率高。临床特征是突然发病，病程短促，体温一般无变化，神经症状明显，头部和胃壁等处出现水肿，肌肉震颤，抽搐，四肢划动作游泳状，共济失调，麻痹等。

诊断方法：一般是取新鲜死猪小肠前段内容物或小肠黏膜，接种于麦康凯琼脂培养基上，挑取红色菌落进行形态染色和生化试验，或接种伊红亚甲蓝培养基，挑取黑色带金属光泽菌落；或用大肠杆菌因子血清鉴定血清型。

【例题 1】仔猪黄痢多发于（A）。

A. 1~3日龄　B. 7~10日龄　C. 11~15日龄

D. 16~25日龄　E. 25~30日龄

【例题 2】某猪场20日龄仔猪，陆续出现腹泻症状，排出灰白色浆液状、腥臭粪便。发病率为30%，病死率为10%。剖检见肠黏膜卡他性炎症病变。取病猪小肠前段内容物接种麦康凯培养基，见圆形红色菌落生长，该病猪最可能患的疫病是（B）。

A. 猪痢疾 B. 仔猪白痢 C. 仔猪黄痢 D. 仔猪红痢 E. 沙门菌病

【例题 3】某 4~5 周龄猪群发病，眼睑周围皮下水肿，倒地后四肢划动如游泳状，1~2d 死亡，剖检可见胃壁及肠系膜水肿。本病最可能是（E）。

A. 猪链球菌病 B. 李氏杆菌病 C. 猪副伤寒

D. 猪伪狂犬病 E. 仔猪大肠杆菌病

【例题 4】某猪场 3 日龄仔猪发病，主要表现精神沉郁，食欲废绝，排黄色水样稀粪，肠系膜淋巴结充血水肿。细菌分离首选的培养基是（E）。

A. 营养肉汤 B. 营养琼脂培养基 C. 血清琼脂培养基

D. 血液琼脂培养基 E. 麦康凯琼脂培养基

考点 14：鸡、羔羊大肠杆菌病的临床类型和临床特征★★★

禽大肠杆菌病是由致病性大肠杆菌引起各种禽类的急性或慢性的细菌性传染病，临床类型包括急性败血症、气囊炎、肝周炎、卵黄性腹膜炎、输卵管炎、滑膜炎、眼炎、关节炎、脐炎、肉芽肿以及肺炎等，最常见的是急性败血症和卵黄性腹膜炎。

急性败血症：发病率和病死率都较高。病变特征主要为纤维素性心包炎、纤维素性肝周炎、纤维素性气管炎。

卵黄囊炎和脐炎：雏鸡的卵黄囊、脐部及其周围组织的炎症，主要发生于孵化后期的胚胎及 1~2 周龄幼雏，死亡率为 3%~10%，有时高达 40%。临床表现为蛋黄吸收不良、脐部闭合不全、腹部胀大下垂。部分病死雏脐带处可见绿豆大、黄白色包囊状物，卵黄囊呈黄绿色，吸收稍差，肠道和器官相互粘连。病死鸡剖检可见肺、肾脏、肝脏、心潮红湿润。

羔羊大肠杆菌病：由特定血清型病原性大肠杆菌引起的急性传染病，分为败血型和肠炎型，临床表现为败血症和剧烈腹泻。其中败血型多见于 1~3 月龄的羔羊，出现明显的神经系统紊乱，病羊口吐白沫，四肢僵硬，视力障碍，头向后仰，四肢泳动；肠炎型多见于 7 日龄内羔羊，呈灰白色糊状、液状下痢，带气泡，有时混有血液。

【例题 1】引起雏鸡卵黄囊炎和脐炎最常见的病原是（A）。

A. 大肠杆菌 B. 巴氏杆菌 C. 副猪嗜血杆菌

D. 鸡败血支原体 E. 新城疫病毒

【例题 2】某鸡场，1~3 日龄雏鸡死亡率为 3%，病死鸡剖检可见肺、肾脏、肝脏、心潮红湿润，部分病死雏脐带处可见绿豆大、黄白色包囊状物，卵黄囊呈黄绿色，吸收稍差。诊断本病可能是（D）。

A. 新城疫 B. 药物中毒 C. 饲料中毒

D. 大肠杆菌感染 E. 维生素 A 缺乏症

【例题 3】某羊场 2 月龄山羊发病，体温 42℃，精神委顿，结膜充血，随后出现明显的神经症状。剖检见心包和胸腔积液，内含纤维蛋白，用庆大霉素治疗有效。本病最可能的诊断是（A）。

A. 羔羊大肠杆菌病 B. 羊猝狙 C. 羊肠毒血症

D. 羔羊痢疾 E. 羊李氏杆菌病

考点15：李氏杆菌病的临床特征和诊断方法★★

李氏杆菌病是由产单核细胞增多性李氏杆菌引起的动物和人的一种食源性、散发性人兽共患传染病，本病致死率高。病畜主要表现为脑膜炎、败血症和妊娠流产；病禽主要表现为坏死性肝炎和心肌炎。

临床特征：断奶仔猪及哺乳仔猪多表现为脑膜炎症状。有的头颈后仰，前肢或后肢张开，呈典型的“观星”姿势；有的肌肉震颤、强硬，口吐白沫，倒卧地上，四肢呈游泳状。家禽一般无特殊症状，多死于败血症，心肌、肝脏见到小点状坏死或多发性脓肿。绵羊、山羊会出现类似症状。

诊断方法：取病料染色镜检，发现呈V形排列或并列的革兰氏阳性细小杆菌，即可初步确诊；接种于亚硝酸钠胰蛋白胨琼脂平板，培养平板的细菌菌落呈典型的中央黑色而周围为绿色的特征。

【例题】断奶仔猪运动失调，有的转圈，有的倒地，四肢划动，后期体温下降到36.5℃以下，很快死亡。采病猪血液，接种葡萄糖琼脂平板，长出中央黑色周围绿色的菌落，革兰氏染色镜检，见V形排列的革兰氏阳性小杆菌，血液检查可见（A）。

A. 单核细胞升高　　B. 嗜酸性粒细胞降低　　C. 嗜酸性粒细胞升高
D. 嗜碱性粒细胞降低　　E. 嗜碱性粒细胞升高

第三章　多种动物共患传染病

轻装上阵

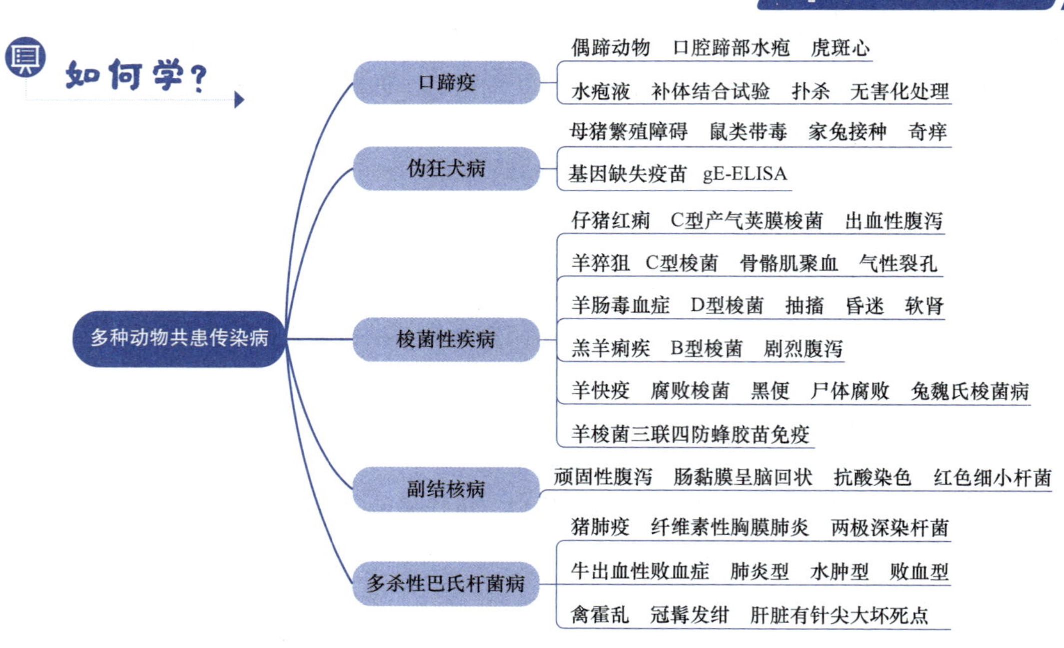

本章考点在考试四种题型中均会出现，每年分值平均3分。下列所述考点均需掌握。口蹄疫、巴氏杆菌病是考查最为频繁的内容，希望考生予以特别关注。可以结合兽医微生物学相关内容进行学习。

考点冲浪

考点1：口蹄疫的易感动物和临床特征★★★★★

口蹄疫是由口蹄疫病毒引起偶蹄兽的一种急性、热性、高度接触性传染病。临床特征是传播速度快、流行范围广，以口腔黏膜、蹄部和乳房等处皮肤发生水疱和溃疡为特征，幼龄动物多因心肌炎死亡。

易感动物：口蹄疫病毒可感染的动物种类多达30余种，但以偶蹄动物的易感性较高。易感性的高低依次为黄牛、牦牛、犏牛、水牛、骆驼、绵羊、山羊和猪。野猪和象等也可感染本病，人对本病也具有易感性。马对口蹄疫具有极强的抵抗力。

临床特征：在蹄冠、蹄叉、蹄踵等部位出现红、热、痛或敏感区域，不久形成米粒大至蚕豆大的水疱，水疱破裂后表面出血，形成糜烂。如果继发细菌感染，导致蹄匣脱落，使患肢不能着地，病猪常卧地不起，吮乳仔猪多呈现急性胃肠炎和心肌炎而突然死亡，病死率高达60%~80%。

在患病动物的口腔、蹄部、乳房和前胃黏膜发生水疱、圆形烂斑和溃疡。具有重要诊断意义的是心脏病变，心包膜有弥漫性点状出血，心肌切面有灰白色或浅黄色的斑点或条纹，似老虎斑纹，称为虎斑心。心肌松软似煮肉样。牛羊瘤胃肉柱出现烂斑和溃疡。

【例题1】不感染口蹄疫病毒的动物是（B）。

A. 绵羊　B. 马　C. 猪　D. 牛　E. 山羊

【例题2】骆驼感染口蹄疫病毒最可能出现的症状为（D）。

A. 贫血　B. 间歇热　C. 神经症状　D. 运动障碍　E. 呼吸困难

【例题3】犊牛和仔猪口蹄疫的主要病理变化是（A）。

A. 心肌炎　B. 关节炎　C. 间质性肺炎　D. 脾梗死　E. 脑膜出血

考点2：口蹄疫的诊断方法和防控措施★★★★★

诊断方法：猪口蹄疫临床上表现为口腔黏膜和鼻盘周围形成水疱，有些病猪在蹄冠、蹄叉、蹄壁等部位出现水疱。对于口蹄疫的诊断，一般采取水疱液、水疱皮、脱落的表皮组织等病料，接种易感动物，进行病毒的分离鉴定，同时进行补体结合试验等确定流行毒株的血清型和血清亚型。送检病料时，除血清外，可将病料浸入50%的甘油磷酸盐缓冲液中，经密封包装运送。

防控措施：由于口蹄疫为国家法定的一类动物疫病。发生口蹄疫，必须立即上报疫情，确切诊断，划定疫点、疫区和受威胁区，并分别进行封锁和监督，禁止人、动物和物品的流动。在严格封锁的基础上，病死猪、可疑病猪进行扑杀与无害化处理，污染的圈舍、垫草和粪便等污染物进行无害化处理，污染的环境进行彻底消毒；周围受威胁猪群应建立免疫带，加强饲养管理，进行紧急免疫接种。猪口蹄疫一般不宜采取治疗措施。

【例题 1】在口蹄疫病原学诊断中，宜采取的组织和器官是（A）。

A. 水疱皮　B. 脾脏　C. 心脏　D. 肝脏　E. 淋巴结

【例题 2】送检病料用于分离口蹄疫病毒时，常在其中加入的保存液是（C）。

A. 无菌蒸馏水　B. 70% 乙醇　C. 50% 甘油磷酸盐缓冲液

D. 0.1% 硫柳汞　E. 0.1% 叠氮钠

【例题 3】某猪场部分猪发病，体温升高至 40~41℃，口腔黏膜、鼻及蹄周围形成小水疱，有的水疱破裂、出血、糜烂，有的蹄壳脱落。对病猪正确的处理方法是（B）。

A. 化制　B. 焚毁　C. 盐腌　D. 治疗　E. 接种疫苗

【例题 4】一猪群发病，体温为 40~41℃，口腔黏膜及鼻盘周围形成水疱，有些病猪在蹄冠、蹄叉、蹄壁等部位出现水疱。防控本病的措施不包括（B）。

A. 封锁　B. 治疗　C. 隔离　D. 免疫接种　E. 加强饲养管理

考点 3：伪狂犬病的临床特征、诊断方法和预防措施★★★

伪狂犬病是由疱疹病毒科伪狂犬病病毒引起猪、马、牛、羊、犬、猫等多种动物的一种传染病。猪是本病毒的自然宿主，临床特征为妊娠母猪繁殖障碍，初生仔猪出现神经症状，育肥猪出现呼吸道症状，生长不良等。其他动物感染后出现奇痒和脑脊髓炎。鼠类带毒是猪场中最为常见和最难清除的传染源。

临床特征：新生仔猪体温升高，呼吸困难，继而出现神经症状，转圈运动，死亡前四肢呈划水状运动或倒地抽搐，衰竭而死亡，15 日龄前的小猪死亡率可高达 100%。

妊娠母猪出现咳嗽、发热，继而流产、产死胎和木乃伊胎等繁殖障碍，以产死胎为主。后备母猪和空怀母猪表现为不发情。死亡母猪肾脏有针尖大小出血点，脑膜充血、出血和水肿，扁桃体、肝脏和脾脏均有散在灰白色坏死点。子宫壁增厚和水肿。

育肥猪症状轻微，表现一过性发热、咳嗽、便秘，多数猪出现呼吸道症状。

其他动物感染后，均出现奇痒和神经症状，以死亡为结局。

诊断方法：一般采取脑组织、脊髓、扁桃体等组织，做冰冻切片，用直接荧光抗体法检查神经细胞病毒抗原，同时制备匀浆接种家兔进行诊断，接种兔出现奇痒症状后死亡。

预防措施：免疫接种是预防和控制本病的主要措施。伪狂犬病基因缺失疫苗是世界首选使用的疫苗。gE-ELISA 标准化试剂盒可以用于区分野毒感染和疫苗免疫动物。

【例题】某猪场部分断奶仔猪咳嗽，有时呕吐，有的仔猪共济失调、间歇发生四肢痉挛，有的猪顽固性腹泻。病猪脑组织接种家兔，家兔出现奇痒死亡，本病最可能是（E）。

A. 仔猪沙门菌病　B. 仔猪大肠杆菌病　C. 仔猪梭菌性肠炎

D. 猪传染性胃肠炎　E. 猪伪狂犬病

考点 4：梭菌性疾病的疾病类型、临床特征和防控措施★★★★

梭菌性疾病是由产气荚膜杆菌（也称魏氏梭菌）引起的多种动物的一类传染病的总称，主要包括仔猪梭菌性肠炎、羊肠毒血症、羊猝狙、羔羊痢疾、羊快疫、兔魏氏梭菌病等。

仔猪梭菌性肠炎：又称仔猪传染性坏死性肠炎，俗称仔猪红痢，是由 C 型或 A 型产气荚膜梭菌引起的 1 周龄以内仔猪高度致死性的肠毒血症，特征为出血性腹泻，病程短，病死率高，小肠后段出现弥漫性出血或坏死性变化，肠系膜淋巴结呈鲜红色。

羊猝狙：羊梭菌性疾病中的一种，是由C型魏氏梭菌（产气荚膜梭菌）的毒素所引起，以溃疡性肠炎和腹膜炎为特征。本病发生于成年绵羊，以1~2岁绵羊发病较多。病程较短，常未见到症状即突然死亡。病死羊骨骼肌肌间隔积聚血样液体，细菌厌氧增殖，出现气性裂孔。

羊肠毒血症：由D型产气荚膜梭菌引起的一种急性毒血症疾病，2~12月龄羔羊最易感。本病多呈散发性，绵羊发生较多，山羊较少。病羊表现突然发病，突然死亡。本病分为两种类型，一种以抽搐为特征，另一种以昏迷和安静死亡为特征。可见左心室心内外膜下有多数小点出血，胸腺出血。本病死亡的羊肾组织易于软化，又称为软肾病。在症状上类似羊快疫，故又称类快疫。

羔羊痢疾：由B型产气荚膜梭菌所引起的初生羔羊的一种急性毒血症。本病以剧烈腹泻、小肠发生溃疡和羔羊发生大批死亡为特征。本病主要危害7日龄以内的羔羊，其中又以2~3日龄的发病最多。

羊快疫：由腐败梭菌引起，临床表现为排黑色稀粪，间带血液，病羊死亡后迅速腐败，腹部膨胀，皮下组织胶冻样，皱胃出现出血性坏死性炎症。

兔魏氏梭菌病：又称兔梭菌性肠炎、兔黑痢，由A型魏氏梭菌引起的中毒性传染病，特征为急性腹泻，排黑褐色粪便，腥臭，带血，呈胶冻样。

防控措施：由于这类疾病发病迅速，病程短，常常未见到临床症状，即突然死亡。因此防控梭菌性疾病的关键措施是定期进行疫苗免疫接种。一般春、秋两季定期注射羊梭菌三联四防蜂胶灭活浓缩疫苗。

【例题1】某猪场2日龄仔猪腹泻，排出含组织碎片的红褐色稀粪，病猪脱水，死亡。剖检可见空肠呈暗红色，肠腔充满含血液的稀粪，肠系膜淋巴结呈鲜红色。本病最可能是（C）。

A. 仔猪大肠杆菌病　　B. 仔猪沙门菌病　　C. 仔猪梭菌性肠炎
D. 猪传染性胃肠炎　　E. 猪伪狂犬病

【例题2】某羊场5只1~2岁绵羊发病，卧地，腹胀，痉挛，眼球突出，发病数小时内死亡。剖检见十二指肠和空肠黏膜严重充血、糜烂，死后8h剖检，肌肉切面有气性裂孔，流出带气泡的血样液体，有酸腐味。本病最可能的诊断是（B）。

A. 羔羊大肠杆菌病　　B. 羊猝狙　　C. 羊肠毒血症
D. 羔羊痢疾　　E. 羊李氏杆菌病

【例题3】羊肠毒血症的流行病学特点是（A）。

A. 2~12月龄羔羊最易感　　B. 无明显的季节性　　C. 仅山羊感染
D. 仅绵羊感染　　E. 常呈流行性发生

【例题4】防控羊梭菌性疾病的关键措施是（A）。

A. 定期进行免疫接种　　B. 抓膘保膘，合理哺乳
C. 发病季节进行药物预防　　D. 发病季节少抢青，少抢茬
E. 发病时转移羊群至高燥牧场

考点5：副结核病的临床特征★★★★★

副结核病又称副结核性肠炎，是由副结核分枝杆菌引起的牛的一种慢性传染病，偶见于

羊、骆驼和鹿。本病潜伏期很长，可达6~12个月。临床特征是慢性卡他性肠炎、顽固性腹泻和逐渐消瘦，剖检可见肠黏膜增厚并形成皱襞，呈脑回状，肠系膜淋巴管肿大呈索状，淋巴结肿大变软，有黄白色病灶，一般没有干酪样病变。

取直肠黏膜或粪便黏液，抗酸染色见到成堆的红色细小杆菌，即可确诊。也可进行变态反应诊断。

【例题1】奶牛副结核病的潜伏期通常是（E）。

A. 1~2d　B. 5~6d　C. 7~14d　D. 1~2个月　E. 6~12个月

【例题2】副结核病的主要临床特征是（B）。

A. 便秘　B. 顽固性腹泻　C. 呼吸困难　D. 心跳加快　E. 体温升高

【例题3】牛副结核病引起肠系膜淋巴结的主要病理变化是（D）。

A. 充血　B. 出血　C. 瘀血　D. 肿大　E. 萎缩

【例题4】疑似牛副结核病病料涂片镜检常用的染色方法是（C）。

A. 革兰氏染色　B. 瑞氏染色　C. 抗酸染色

D. 吉姆萨染色　E. 柯兹洛夫斯基染色

【例题5】副结核分枝杆菌感染后主要存在于（D）。

A. 肺　B. 脾脏　C. 血液　D. 肠绒毛　E. 肝脏

考点6：多杀性巴氏杆菌病的临床类型和临床特征★★★★

多杀性巴氏杆菌病是由多杀性巴氏杆菌引起多种动物的传染病，多种动物之间可以相互感染。本病多数呈急性败血症，可见内脏器官广泛出血，包括有猪肺疫、牛出血性败血症、禽霍乱。

猪肺疫分为最急性型、急性型和慢性型。急性型病猪表现为呼吸高度困难，呈犬坐姿势，皮下、浆膜和黏膜有大量出血点，多呈纤维素性胸膜肺炎症状。

牛出血性败血症分为急性败血型、肺炎型和水肿型。肺炎型表现为纤维素性胸膜肺炎，肺与胸膜、心包粘连，肺组织肝样变。水肿型表现为胸前和头颈部水肿，舌咽高度肿胀，呼吸困难，皮肤黏膜发绀，因窒息死亡。

禽霍乱分为最急性型、急性型和慢性型。急性型表现为呼吸困难，冠、髯发绀呈黑紫色，肝脏表面广泛分布针尖大小、灰黄色的大小一致的坏死点，病变具有特征性。病鸭肠道淋巴结环状出血。

诊断方法：病料涂片，经瑞氏染色镜检，可见两极深染的卵圆形杆菌。

【例题1】可传染给水牛的猪传染病是（D）。

A. 猪繁殖与呼吸综合征　B. 猪瘟　C. 非洲猪瘟

D. 猪巴氏杆菌病　E. 猪水疱病

【例题2】猪，26周龄，排黄绿色稀粪，口流泡沫状黏液，2d后剖检肝脏有针尖大小灰白色坏死点，肝脏涂片，瑞氏染色呈两极着染的细菌。本病最可能的病原是（D）。

A. 链球菌　B. 大肠杆菌　C. 沙门菌　D. 巴氏杆菌　E. 波氏菌

【例题3】某产蛋鸡群中部分鸡呼吸困难，剧烈腹泻，剖检可见肝脏表面广泛分布针尖大小灰白色坏死点，本病最可能的诊断是（B）。

A. 鸡白痢　B. 禽霍乱　C. 禽流感　D. 新城疫　E. 马立克病

第四章　猪的传染病

轻装上阵

如何学？

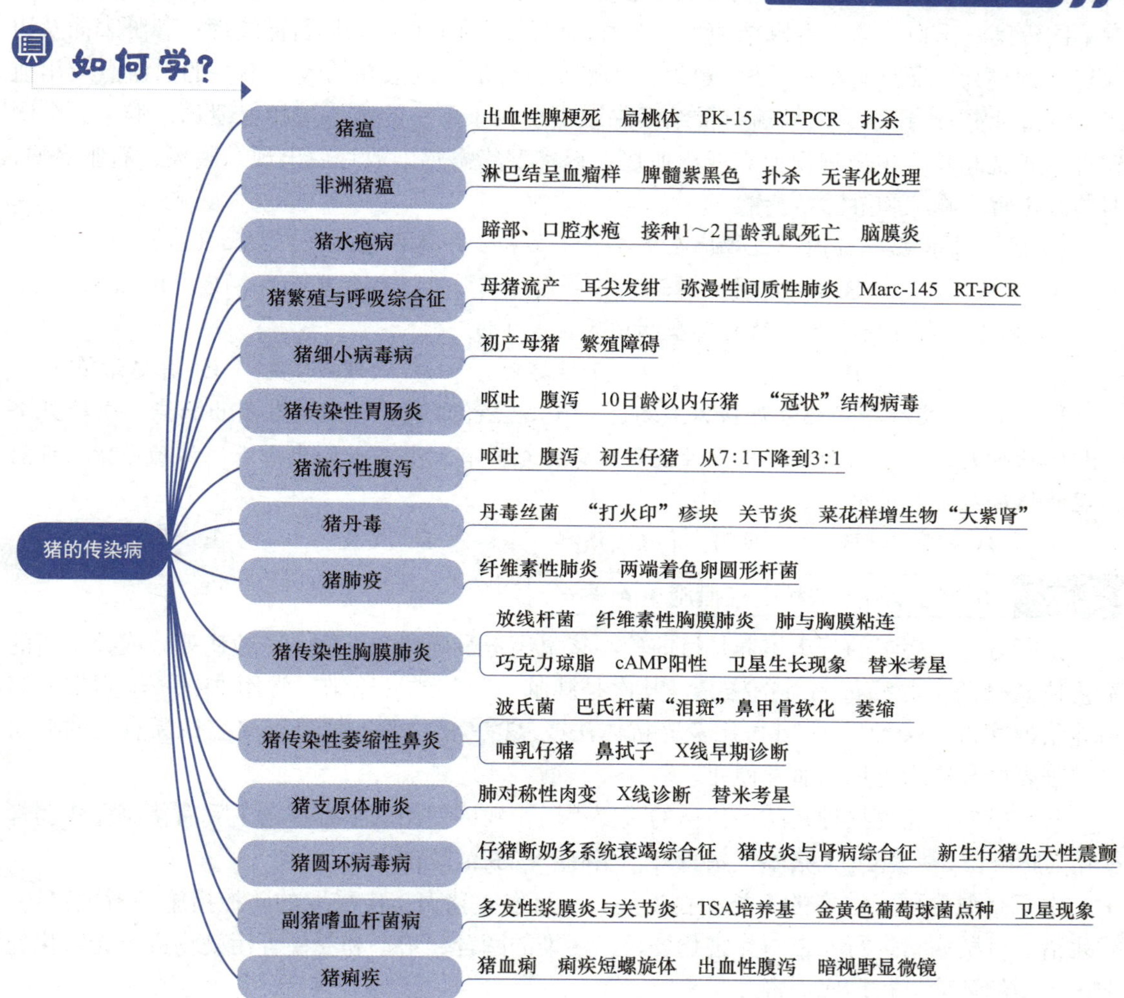

如何考？

本章考点在考试四种题型中均会出现，每年分值平均6分。下列所述考点均需掌握。猪瘟、猪繁殖与呼吸综合征、圆环病毒病、副猪嗜血杆菌病、猪丹毒、传染性胸膜肺炎等是考查最为频繁的内容，希望考生予以特别关注。可以结合兽医微生物学相关内容进行学习。

考点冲浪

考点1：猪瘟的病原特征和临床特征★★★★

猪瘟是由黄病毒科瘟病毒属的猪瘟病毒引起的猪的高度致死性、烈性传染病，可以通过精液或胎盘传播。其特征是病猪高热稽留、全身广泛性出血，呈现败血症状或者母猪发生繁殖障碍。我国将其列为一类动物疫病。猪瘟病毒能够通过母猪胎盘屏障而感染胎儿。猪瘟病毒可以感染绵羊、山羊、黄牛等动物，不表现症状，呈现一过性感染，病毒可以在动物体内存活 1 个月左右。

临床特征：病猪高热稽留，出现神经症状，表现磨牙、转圈和强直，病初便秘，后期腹泻，妊娠母猪表现流产、产死胎或外观健康带毒的仔猪。全身皮肤、浆膜、黏膜和内脏器官有不同程度的出血。全身淋巴结肿大，充血，切面周围出血，大理石样纹理；脾脏表面及边缘出血性梗死（最具有猪瘟诊断意义）；肾脏表面有密集或散在的大小不一的出血点或出血斑（麻雀蛋肾）；盲肠、回肠瓣口及结肠黏膜出现大小不一的圆形纽扣状溃疡；喉头、会厌软骨、膀胱黏膜等也出现出血点或出血斑。迟发型猪瘟感染数月后出现结膜炎，后躯麻痹，但体温正常，胸腺和淋巴结萎缩。

【例题 1】猪瘟病毒能一过性地在绵羊、山羊和黄牛体内增殖并可存活（D）。

A. 1 周　B. 8~10 周　C. 5~6 周　D. 2~4 周　E. 11~13 周

【例题 2】急性猪瘟淋巴结的典型病理变化是（D）。

A. 水肿　B. 萎缩　C. 干性坏死　D. 大理石样变　E. 肿瘤结节

【例题 3】某种猪场部分母猪体温高达 41℃，呈稽留热，四肢皮肤有出血点。剖检见全身淋巴结肿大，脾脏切面边缘出血性梗死，肾脏表面有大小不一的出血点。该场母猪还可能出现的临床症状是（A）。

A. 繁殖障碍　B. 水样腹泻　C. 瘙痒　D. 皮炎　E. 黄疸

考点 2：猪瘟的诊断方法和防控措施★★★★

诊断方法：病毒的分离培养是目前检测猪瘟病毒最确切的方法。一般病死猪或扑杀猪的扁桃体是分离培养病毒的首选样品，其次是脾脏、肾脏或淋巴结。常用 PK-15 细胞来分离培养猪瘟病毒，接种后 1~3d 可用荧光抗体法或 RT-PCR 检测。最具有猪瘟诊断意义的症状是脾脏表面及边缘可见出血性梗死。

防控措施：免疫接种是防治猪瘟的重要手段。我国使用的猪瘟疫苗主要有猪瘟兔化弱毒疫苗（脾淋苗 / 乳兔苗），猪瘟、猪丹毒、猪肺疫三联活疫苗。

由于猪瘟为国家法定的一类动物疫病。一旦发生猪瘟，应采取的防控措施是封锁猪场，病死猪、可疑病猪进行扑杀与无害化处理，污染的圈舍、垫草和粪便等污染物进行无害化处理，污染的环境进行彻底消毒。

【例题 1】某猪场 4 月龄猪急性发病，体温 41℃，呈稽留热，四肢末端有出血点。剖检可见全身淋巴结肿大，周边出血；脾脏表面及边缘见出血性梗死，肾脏表面有出血点或出血斑。最可能的疾病是（A）。

A. 猪瘟　B. 猪肺疫　C. 猪丹毒　D. 猪链球菌病　E. 猪沙门菌病

【例题 2】3 月龄猪群中部分猪厌食，不喜运动，后躯麻痹，结膜发炎，衰竭死亡，组织病理学变化为胸腺萎缩，外周淋巴器官中严重缺乏淋巴细胞。本病最可能的诊断是（C）。

A. 急性猪瘟　B. 慢性猪瘟　C. 迟发型猪瘟　D. 急性猪丹毒　E. 慢性猪丹毒

考点 3：非洲猪瘟的临床特征和防控措施★★★

非洲猪瘟是由非洲猪瘟病毒引起的猪的急性、热性、高度接触性传染病，主要特征为高热、皮肤发绀、淋巴结和全身内脏器官严重出血，后期表现为出血性肠炎，腹泻、呕吐，粪便带血，呼吸困难和消瘦，死亡率达 100%。我国将此病列为一类动物疫病。

临床特征：急性型食欲废绝，体温升高，腹泻，全身皮肤可见充血、紫斑和出血，关节肿胀；妊娠母猪流产，死胎；胎儿全身水肿。特征性病理变化表现为内脏器官严重出血，淋巴结肿大出血，呈血瘤样，脾脏显著肿大，脾髓呈紫黑色。

防控措施：按一类动物疫病进行处理。

【例题 1】急性型非洲猪瘟在发病后期最可能发生（C）。

A. 融合性支气管炎　B. 出血性角膜炎　C. 出血性肠炎
D. 化脓性关节炎　E. 化脓性脑炎

【例题 2】目前我国防控非洲猪瘟的主要措施是（B）。

A. 环境消毒　B. 扑杀病猪　C. 免疫预防
D. 使用抗病毒药物　E. 严格入境检疫

考点 4：猪水疱病的临床特征和诊断方法★★

猪水疱病是由猪水疱病病毒引起的猪的一种急性、热性和接触性传染病，本病传染性强，发病率高，主要临床特征是在猪的蹄部、鼻端、口腔黏膜、乳房皮肤发生水疱，严重的蹄壳脱落，因疼痛而跛行。体温升高，水疱破裂后体温恢复正常。组织学变化为非化脓性脑膜炎和脑脊髓炎，脑膜中含大量的淋巴细胞。本病症状与口蹄疫类似，但只引起猪发病，对其他家畜无致病性。

诊断方法：将病料分别接种 1~2 日龄和 7~9 日龄乳鼠，如 2 组乳鼠均死亡者为口蹄疫；1~2 日龄乳鼠死亡，而 7~9 日龄乳鼠不死亡者，为猪水疱病；病料经 pH 3~5 缓冲液处理后，接种 1~2 日龄乳鼠死亡者为猪水疱病，反之则为口蹄疫。

【例题 1】猪水疱病猪脑膜中大量出现的细胞是（A）。

A. 淋巴细胞　B. 巨噬细胞　C. 中性粒细胞
D. 嗜酸性粒细胞　E. 嗜碱性粒细胞

【例题 2】常用于诊断猪水疱病的实验动物是（D）。

A. 家兔　B. 犬　C. 大鼠　D. 小鼠　E. 豚鼠

【例题 3】接种猪水疱病的病料后，可以致死的实验动物是（A）。

A. 1~2 日龄小鼠　B. 7~9 日龄小鼠　C. 2 周龄小鼠
D. 2 周龄家兔　E. 2 周龄雏鸡

考点 5：猪繁殖与呼吸综合征的临床特征和诊断方法★★★★

猪繁殖与呼吸综合征（PRRS），俗称猪蓝耳病，是由动脉炎病毒科猪繁殖与呼吸综合征病毒引起的一种猪的高度接触性传染病，可以通过呼吸道、精液和生殖道传播，以妊娠母猪和仔猪最为常见。本病以母猪发生流产，产死胎、弱胎、木乃伊胎以及仔猪呼吸困难、高死亡率等为主要特征。由猪繁殖与呼吸综合征病毒变异株引起的“高热综合征”呈现高发病率和高死亡率的特点，我国将其列入一类动物疫病。

临床特征：病程通常为 3~4d。母猪出现体温升高，食欲不振，四肢末端、尾、乳头、阴户和耳尖发绀，其中以耳尖发绀最为常见；妊娠晚期发生流产、产弱仔、死胎、木乃伊胎。主要病变为弥漫性间质性肺炎，肺门淋巴结出血，呈大理石样外观。

仔猪体温升高至 40℃以上，呼吸困难，3 周内死亡率达 70%，出现腹式呼吸及眼睑水肿，腹泻，耳尖至耳根皮肤发绀。后期出现神经症状，如肌肉震颤，前肢呈八字脚，运动失调和后躯麻痹。

诊断方法：取病猪的肺、死胎儿的肠和腹水、母猪血液、鼻拭子，处理好的病料接种猪肺泡巨噬细胞或 Marc-145 细胞培养，用间接荧光抗体试验或中和试验鉴定病毒。实验室一般采用 RT-PCR 检测病毒的方法进行确诊。

防控措施：对于猪繁殖与呼吸综合征的防控，应加强生物安全体系建设，采取综合防治措施。提倡自繁自养，新引进的猪要隔离饲养，观察 1 个月无异常后方可混群。

【例题 1】猪繁殖与呼吸综合征的主要病理变化是（E）。

A. 纤维素性肺炎　B. 纤维素性肝周炎　C. 纤维素性心包炎
D. 纤维素性胸膜炎　E. 弥漫性间质性肺炎

【例题 2】某母猪发热，流产，产死胎，部分仔猪耳部皮肤变蓝。同场的保育猪有发热症状。分离病毒可以使用的细胞是（D）。

A. Vero 细胞　B. PK-15 细胞　C. BHK-21 细胞
D. Marc-145 细胞　E. 鸡胚成纤维细胞

【例题 3】为避免猪繁殖与呼吸综合征传入猪场，引进猪隔离饲养观察的最短时间是（E）。

A. 5d　B. 7d　C. 10d　D. 15d　E. 30d

【例题 4】某规模化种猪场母猪出现体温升高，食欲不振，弱仔、死胎率达 60%；哺乳仔猪体温升高至 40℃以上，呼吸困难，耳朵发紫，眼结膜炎，3 周内死亡率达 70%。如果进一步诊断，首先采用的方法是（E）。

A. 病理剖检　B. 病毒分离鉴定　C. 细菌分离鉴定
D. ELISA 检测抗体　E. RT-PCR 检测病毒

考点 6：猪细小病毒病的发病日龄和临床特征★★★★

猪细小病毒病是由细小病毒科猪细小病毒引起的母猪繁殖障碍性疾病，主要发生于初产母猪，特征为流产，产死胎、木乃伊胎及病弱仔猪，但母猪不表现其他临床症状。

【例题 1】猪细小病毒主要发生于（A）。

A. 初产母猪　B. 经产母猪　C. 后备母猪　D. 育肥猪　E. 公猪

【例题 2】初产母猪感染猪细小病毒后，主要临床症状是（B）。

A. 腹泻　B. 繁殖障碍　C. 呼吸困难　D. 神经症状　E. 运动失调

考点 7：猪细小病毒病的临床类型和诊断方法★★★★

不同妊娠期感染猪细小病毒病，对胎儿的影响有所不同。主要临床类型如下：

妊娠后 30d 内感染，表现为胎儿死亡，死亡的胚胎被母体迅速吸收，母猪有可能重新发情；妊娠后 30~50d 感染，主要表现为产木乃伊胎；妊娠后 50~60d 感染，主要表现为产死胎；妊娠后 70d 内感染，出现流产；妊娠 70d 之后感染，母猪多能正常产仔。

诊断方法：从死胎肝脏中可以分离出具有血凝活性的病毒。采取流产或死产胎儿的脏器，研磨冻融后，取上清接种 PK-15 细胞，进行血凝或血凝抑制试验进行确诊。豚鼠红细胞血凝试验和血凝抑制试验是常用的血清学诊断方法。

预防措施：猪细小病毒病尚无有效的治疗方法，预防原则是不引进带毒猪，以免疫预防接种为主。一般疫苗注射可选在配种前几周进行，以使妊娠母猪保持坚强的免疫力。

【例题 1】猪细小病毒病的主要预防措施是（E）。

A. 杀虫 B. 灭鼠 C. 消毒 D. 注射高免血清 E. 疫苗接种

【例题 2】用免疫接种法预防猪细小病毒病，母猪的免疫时间是（A）。

A. 配种前 B. 发情期 C. 妊娠后 45d D. 妊娠后 60d E. 妊娠后 90d

考点 8：猪传染性胃肠炎的临床特征和诊断方法★★★★

猪传染性胃肠炎是由冠状病毒科猪传染性胃肠炎病毒引起的猪的一种高度接触性肠道疾病，临床上以呕吐、严重腹泻和脱水为特征。各种年龄猪均可发生，但主要影响 10 日龄以内的仔猪，病死率可达 100%。5 周龄以上的猪死亡率很低。

临床特征：仔猪突然发病，先呕吐，继而水样腹泻，粪便为黄色、绿色或白色等，含有未消化的乳凝块。本病主要发生在空肠和回肠。10 日龄以内的仔猪多在出现症状后 2~7d 死亡。

诊断方法：一般用 PBS 缓冲液稀释病猪粪便样品，取上清，电镜观察，发现病毒表面具有放射状纤突的“冠状”结构，即可确诊。

【例题 1】易发生呕吐的仔猪疾病是（D）。

A. 猪瘟 B. 猪痢疾 C. 猪气喘病
D. 猪传染性胃肠炎 E. 猪繁殖与呼吸综合征

【例题 2】猪群发生猪传染性胃肠炎，病死率最高的是（A）。

A. 10 日龄以内仔猪 B. 5 周龄猪 C. 育肥猪
D. 初产母猪 E. 经产母猪

【例题 3】某猪场，3~4 日龄仔猪群突然出现呕吐，水样腹泻，含未消化的凝乳块，产病死仔猪的母猪泌乳下降，但无其他临床症状。用于荧光抗体染色检查最适宜的组织是（C）。

A. 胃 B. 十二指肠 C. 空肠和回肠 D. 盲肠 E. 直肠

【例题 4】某猪场 7 日龄哺乳仔猪发病，病初呕吐，继而水样腹泻，粪便内含有未消化的凝乳块，病死率达 90%；取病猪粪便经处理后电镜观察，可见表面具有放射状纤突的病毒。该猪群感染的病原可能是（E）。

A. 猪瘟病毒 B. 猪细小病毒 C. 猪圆环病毒
D. 猪水疱病病毒 E. 猪传染性胃肠炎病毒

考点 9：猪流行性腹泻的临床特征和病变特征★★

猪流行性腹泻是由猪流行性腹泻病毒引起的猪的一种高度接触性肠道传染病，临床上主要表现为呕吐、腹泻、脱水等特征，其流行特点、临床特征与猪传染性胃肠炎相似。

病理特征主要限于小肠，可见小肠扩张，充满黄色液体，肠系膜淋巴结水肿，小肠上皮细胞脱落，小肠绒毛显著缩短，绒毛长度与肠腺隐窝深度的比值可由正常的 7∶1 下降到 3∶1。胃排空或充满胆汁样黄色液体。

免疫接种是预防本病的主要手段。由于本病对新生仔猪危害最大，而仔猪依靠自身的主动免疫往往来不及保护，因此主要通过免疫母猪，依靠母源抗体保护仔猪。

【例题 1】与猪流行性腹泻在流行特点、临床症状和病理变化方面相似的疾病是（E）。

A. 猪瘟　　B. 仔猪白痢　　C. 猪沙门菌病
D. 猪圆环病毒病　　E. 猪传染性胃肠炎

【例题 2】对猪流行性腹泻最有效的防控措施为（C）。
A. 隔离　B. 封锁　C. 免疫接种　D. 加强饲养管理　E. 检疫

考点 10：猪丹毒的临床类型和主要特征★★★

猪丹毒是由红斑丹毒丝菌引起的猪的一种急性、热性传染病，主要通过细菌污染的饲料、饮水、土壤、用具等经消化道感染，也可以通过损伤的皮肤或吸血昆虫传播。本病的主要特征为败血症、皮肤疹块、慢性疣状心内膜炎、皮肤坏死和多发性非化脓性关节炎。

临床上主要表现为急性型、亚急性型和慢性型。急性型主要表现为败血症，呈现急性经过和高死亡率，死前病猪皮肤可见不同区域不同程度的红色斑块，多于 2~4d 内死亡，仔猪发生猪丹毒时，抽搐，倒地死亡；亚急性型又称疹块型，俗称“打火印”，主要呈现全身不同部位，如胸部、背部、颈部出现不同形状的红色疹块，指压褪色，疹块突出于皮肤表面，干枯后形成棕色痂皮；慢性型主要呈现为多发性慢性关节炎、关节肿胀变性和跛行，以及慢性心内膜炎、心脏听诊有杂音、心瓣膜有菜花样增生物，以及皮肤坏死。

病理特征主要表现为消化道出血性炎症；脾脏肿大、充血，呈樱桃红色，呈典型的败血脾；肾脏肿大，呈花斑状，有“大紫肾”之称；心瓣膜可见有灰白色菜花样增生物。

可以给予青霉素类和头孢类药物足够剂量治疗，效果较好。

【例题 1】猪丹毒传播途径不包括（E）。
A. 饲料传播　B. 饮水传播　C. 伤口传播　D. 土壤传播　E. 胎盘传播

【例题 2】架子猪，体温升高，胸、腹、背、肩及四肢外侧等部位皮肤出现大量方形、菱形或圆形，大小不等，稍凸起于皮肤表面的紫红色或黑红色疹块。本病最可能的病原是（C）。
A. 巴氏杆菌　B. 猪瘟病毒　C. 丹毒梭菌　D. 炭疽杆菌　E. 猪圆环病毒

考点 11：猪肺疫的病变特征和诊断方法★★★

猪肺疫又称猪巴氏杆菌病，是由多杀性巴氏杆菌引起的急性或散发性传染病。急性病例呈出血性败血症、咽喉炎和纤维素性肺炎症状；慢性病例主要表现为慢性肺炎。

病变特征：急性型较为常见，特征病变为纤维素性肺炎，肺有出血、水肿、气肿、红色和灰黄色肝变，切面呈大理石状样，胸膜常有纤维素性附着物，严重时胸膜与肺粘连。

诊断方法：将病料涂片，瑞氏染色或吉姆萨染色镜检，可见两端着色的卵圆形杆菌。

【例题 1】急性猪肺疫的主要病理变化是（D）。
A. 出血性肠炎　　B. 坏死性鼻炎　　C. 间质性肾炎
D. 纤维素性肺炎　　E. 化脓性脑膜炎

【例题 2】猪巴氏杆菌病急性型的重要病理特征是（E）。
A. 全身性出血 + 胃肠炎　B. 全身性出血 + 浆膜炎　C. 全身性出血 + 关节炎
D. 全身性出血 + 淋巴结炎　E. 全身性出血 + 纤维素性肺炎

考点 12：猪传染性胸膜肺炎的临床特征和诊断方法★★★

猪传染性胸膜肺炎是由胸膜肺炎放线杆菌引起的一种高度接触性呼吸道传染病，以生长阶段和育肥阶段的猪多发，优势血清型为 1、2、3 和 7。急性型呈现高度呼吸困难而急性死亡。病理特征是胸膜炎和出血性坏死性肺炎。病原产生的毒素能杀死巨噬细胞和中性粒细胞，从而降低机体抵抗力。

临床特征：表现为呼吸困难，呈腹式呼吸，并伴有阵发性咳嗽，濒死前口鼻流出带血的泡沫样分泌物。病理变化主要在胸腔与肺，肺炎病变多是双侧性的，与正常组织界线分明，呈现纤维素性胸膜炎，纤维素性胸膜炎蔓延至整个肺，使肺和胸膜粘连，以致难以将肺与胸膜分离。

诊断方法：取病死猪肺坏死组织无菌接种于巧克力琼脂或含绵羊血和金黄色葡萄球菌的琼脂培养基，置 5% CO_2 中 37℃过夜培养。发现溶血小菌落生长，呈现 cAMP 阳性及卫星生长现象，尿素酶试验阳性，可以鉴定为胸膜肺炎放线杆菌生物 I 型菌株。

胸膜肺炎放线杆菌对四环素、链霉素、氟苯尼考、替米考星等敏感。

【例题 1】猪传染性胸膜肺炎的病原是（A）。

A. 细菌　B. 病毒　C. 支原体　D. 衣原体　E. 螺旋体

【例题 2】仔猪，2 月龄，气喘，间歇性咳嗽，死前口鼻流血样泡沫。剖检可见肺和胸膜粘连，肺病变部位界线清楚。取病料，接种于绵羊血平板，见溶血小菌落生长，金黄色葡萄球菌可以增大溶血环。本病最可能的病原是（C）。

A. 支气管败血波氏菌　B. 大肠杆菌　C. 胸膜肺炎放线杆菌
D. 猪肺炎支原体　E. 猪丹毒杆菌

【例题 3】某猪场部分 3 月龄以上猪突然发生咳嗽，呼吸困难，急性死亡，病死前口鼻流出有血色的液体，剖检可见肺与胸壁粘连，肺充血、出血，分离病原时应选用的培养基是（D）。

A. 麦康凯琼脂　B. 三糖铁琼脂　C. 马铃薯琼脂　D. 巧克力琼脂　E. SS 培养基

考点 13：猪传染性萎缩性鼻炎的病原特征和临床特征★★★

猪传染性萎缩性鼻炎是由支气管败血波氏菌和产毒素多杀性巴氏杆菌引起的以鼻炎、鼻中隔偏曲、鼻甲骨萎缩和病猪生长缓慢为特征的慢性接触性呼吸道传染病。本病分为两种临床类型，即非进行性萎缩性鼻炎和进行性萎缩性鼻炎，前者由支气管败血波氏菌所致，后者由产毒多杀性巴氏杆菌引起。

临床特征：仔猪病初为鼻炎症状，出现流鼻液、鼻塞、气喘，表现为打喷嚏和呼吸困难，有不同程度的浆液性、黏性或脓性鼻分泌物。由于泪液黏附尘土而在眼角出现斑纹，俗称"泪斑"。最特征的病变是鼻中隔软骨和鼻甲骨的软化和萎缩，常见一侧鼻甲骨上下卷曲萎缩，导致鼻梁和面部变形，严重者表现为鼻甲骨结构消失，形成空洞。

【例题 1】病猪出现面部变形和"泪斑"，最有可能的传染病是（D）。

A. 猪支原体肺炎　B. 副猪嗜血杆菌病猪
C. 传染性胸膜肺炎　D. 猪传染性萎缩性鼻炎
E. 猪繁殖与呼吸综合征

【例题 2】猪传染性萎缩性鼻炎的特征性症状是（C）。

A. 鼻盘充血、肿胀　B. 鼻盘水泡、溃疡　C. 颜面变形、泪斑
D. 眼睑水肿、流泪　E. 口腔流涎、溃疡

【例题3】仔猪，2月龄，打喷嚏，流鼻液，气喘，20d后鼻梁和面部变形，病料接种麦康凯培养基，长出蓝灰色菌落。本病最可能的病原是（A）。

A. 支气管败血波氏菌　B. 大肠杆菌　C. 胸膜肺炎放线杆菌
D. 猪肺炎支原体　E. 猪丹毒杆菌

考点14：猪传染性萎缩性鼻炎的易感日龄和诊断方法★★

易感日龄：任何年龄的猪都可感染猪传染性萎缩性鼻炎，尤其以哺乳仔猪易感性最强，1周龄猪感染后，可以引发原发性肺炎，导致仔猪全部死亡。

诊断方法：对于猪传染性萎缩性鼻炎，可以采取鼻拭子插入鼻腔1/2处取样或取扁桃体进行病原学诊断、血清学诊断。有条件的地方根据病猪鼻X线影像的异常变化，做出早期诊断。

【例题1】猪传染性萎缩性鼻炎最易感的是（A）。

A. 哺乳仔猪　B. 断奶仔猪　C. 育肥猪　D. 成年公猪　E. 妊娠母猪

【例题2】猪传染性萎缩性鼻炎病原分离常用的样品是（C）。

A. 咽拭子　B. 血液　C. 鼻拭子　D. 尿液　E. 粪便

考点15：猪支原体肺炎的临床特征、诊断方法和预防措施★★★

猪支原体肺炎俗称猪气喘病，是由支原体科猪肺炎支原体引起的一种接触性、慢性、消耗性呼吸道传染病。本病主要通过呼吸道传播，多呈慢性经过，常有其他病菌继发感染。本病的临床特征是明显的气喘、咳嗽、腹式呼吸，生长发育迟缓。病理特征是肺呈现双侧对称性实变。

临床特征：病猪体温和食欲正常，但生长缓慢，个体大小不一；经常出现咳嗽、气喘等症状。剖检可见双侧肺的心叶、尖叶、中间叶的腹面和膈叶，呈实变外观，颜色多为灰红色，半透明，像鲜嫩的肌肉样，俗称肉变，其他器官未见异常。

诊断方法：X线检查对于本病的诊断有重要价值，尤其是对隐性感染或可疑感染猪的诊断，具有直观、快速和简便的优点。

预防措施：对于本病的预防，一般采取全进全出原则，实施早期隔离断奶、降低饲养密度、进行疫苗接种等措施。对猪肺炎支原体比较敏感的药物主要有替米考星、泰妙菌素、克林霉素、壮观霉素以及喹诺酮等，青霉素类和磺胺类药物对本病无效。

【例题1】猪支原体肺炎的流行病学特点是（D）。

A. 主要通过胎盘传播　B. 主要通过精液传播
C. 主要通过消化道传播　D. 主要通过呼吸道传播
E. 外来品种比地方品种更易感

【例题2】仔猪，2月龄，气喘，咳嗽，生长发育迟缓。剖检可见双侧肺的心叶、尖叶和膈叶出现对称性肉变。病料接种培养基，7d后长出针尖大小菌落。本病最可能的病原是（D）。

A. 支气管败血波氏菌　B. 大肠杆菌　C. 胸膜肺炎放线杆菌
D. 猪肺炎支原体　E. 猪丹毒杆菌

【例题3】某猪场的一批5月龄育肥猪，体温和食欲正常，但生长缓慢，个体大小不一；

经常出现咳嗽、气喘等症状。剖检见肺部尖叶、心叶、膈叶前缘呈双侧对称性肉变，其他器官未见异常。预防本病不宜采用的措施是（E）。

A. 全进全出　　B. 接种疫苗　　C. 降低饲养密度
D. 早期隔离断奶技术　　E. 饲料中添加氨苄西林

考点 16：猪圆环病毒病的临床特征和诊断方法★★★★

猪圆环病毒病是由猪圆环病毒 2 型（PCV2）引起猪的一种新的传染病，主要引起仔猪断奶多系统衰竭综合征、猪皮炎与肾病综合征、新生仔猪先天性震颤和繁殖障碍性疾病。本病的临床表现多种多样，还可导致猪群严重的免疫抑制。本病主要发生于 5~12 周龄仔猪。

仔猪断奶多系统衰竭综合征：常发生于保育阶段猪和生长期猪。早期出现腹股沟淋巴结肿大，眼睑水肿，剖检可见淋巴结肿大 2~5 倍，尤其是腹股沟淋巴结、肺门淋巴结、肠系膜淋巴结和下颌淋巴结等，有时可以观察到肠系膜水肿。

猪皮炎与肾病综合征：主要表现为皮肤出现圆形或不规则隆起，呈现周围红色中央黑色的病灶。双侧肾脏肿大，苍白，表面有白色斑点，皮质红色点状坏死。脾脏肿大，出现梗死。特征为全身性坏死性脉管炎和坏死性肾小球肾炎。

新生仔猪先天性震颤：新生仔猪全身震颤，无法站立，躺卧后症状减轻，再站立又出现症状，或后躯震颤，不能站立，体温、脉搏、呼吸无明显变化。本病由母猪垂直传播给仔猪，不能在仔猪之间水平传播。

诊断方法：对于猪圆环病毒病的诊断，一般采集病猪的淋巴结、病变肺或脾脏作为样本，接种 PK-15 细胞进行培养，采用免疫荧光技术和 PCR 检测病毒的方法进行确诊。

疫苗接种是防控本病的关键措施之一。可以通过母体免疫为仔猪提供保护力，一般在母猪配种前 1 个月接种疫苗。

【例题 1】仔猪断奶多系统衰竭综合征的特征性病理变化是（B）。

A. 脾脏梗死但不肿大　　B. 淋巴结肿大 2~5 倍　　C. 肺双侧对称性肉变
D. 纤维素坏死性心肌炎　　E. 坏死性肺炎

【例题 2】育肥猪，6 月龄，呼吸困难，腹泻、贫血、黄疸、消瘦、腹股沟淋巴结明显肿胀。剖检可见全身淋巴结肿胀，肾脏肿大，皮质与髓质交界处出血，皮质红色点状坏死，肺质地似橡皮。如果通过母体免疫为仔猪提供保护力，母猪接种疫苗的时间是（C）。

A. 产前 1 个月　　B. 产前 3 个月　　C. 配种前 1 个月
D. 配种后 1 个月　　E. 配种后 2 个月

考点 17：副猪嗜血杆菌病的病变特征、诊断方法和治疗方法★★★★

副猪嗜血杆菌病又称猪多发性浆膜炎与关节炎或格拉瑟病，是由某些高毒力或中等毒力血清型的副猪嗜血杆菌引起。本病主要发生于 2 周龄到 4 月龄的猪，但最常见于 5~8 周龄的保育猪。临床上以体温升高、咳嗽、呼吸困难、关节肿大和运动障碍为特征，少数猪表现神经症状。

病变特征：初期心包积液，胸腔积液、腹腔积液增加，继而胸腔、腹腔和关节等部位出现浅黄色的纤维素性渗出物，严重病例发现心包与心脏、肺与胸膜粘连，或整个腹腔的脏器包括肝脏、脾脏与肠道等粘连，腹腔组织器官表面覆盖纤维素性渗出物。脑膜充血出血，脑沟变浅，出现浆液性渗出物，渗出物中可见纤维蛋白、中性粒细胞和少量的巨噬细胞。

诊断方法：一般采集病猪肺、气管黏液、脑组织、关节液等病料，接种巧克力琼脂平板和含 NAD 和血清的 TSA 培养基，在巧克力平板上长出针尖大小、无色透明、光滑湿润的菌落。该菌落接种兔血平板，再用金黄色葡萄球菌点种，呈现“卫星现象”。

预防治疗：早期使用抗生素治疗有效，可以减少死亡。多数副猪嗜血杆菌分离株对氟苯尼考、替米考星、阿莫西林、头孢类、四环素和庆大霉素等药物敏感，但对红霉素、氨基糖苷类、壮观霉素、林可霉素有抗药性。也可使用副猪嗜血杆菌二价灭活疫苗免疫接种，一般母猪产前 4~6 周免疫，仔猪在 14~16 日龄免疫，必要时 1 个月后再次免疫。

【例题 1】副猪嗜血杆菌病最常见的病理变化是（B）。

A. 出血性肠炎　　B. 多发性浆膜炎　　C. 肾小球肾炎
D. 坏死性心肌炎　　E. 非化脓性脑炎

【例题 2】用于分离副猪嗜血杆菌的培养基是（C）。

A. SS 琼脂　　B. 马丁琼脂　　C. 巧克力琼脂
D. 鲜血琼脂　　E. 三糖铁斜面培养基

【例题 3】某猪场 2 月龄部分猪出现呼吸困难、关节肿胀症状，剖检可见多发性浆膜炎。采病料分别接种普通琼脂、兔血琼脂和巧克力琼脂平板，仅在巧克力琼脂平板上长出菌落。该菌落接种兔血平板，再用金黄色葡萄球菌点种，呈现“卫星现象”。该猪群感染的病原可能是（E）。

A. 巴氏杆菌　　B. 里氏杆菌　　C. 大肠杆菌　　D. 肺炎支原体　　E. 副猪嗜血杆菌

考点 18：猪痢疾的临床特征、病变特征和诊断方法★★

猪痢疾俗称猪血痢，是由致病性猪痢疾短螺旋体引起的猪的一种肠道传染病，特征为黏液性或黏液性出血性腹泻，大肠黏膜发生卡他性、出血性、纤维素性坏死性炎症。本病以 7~12 周龄的猪多发，发病率高，死亡率较低。

病变特征：病变局限于大肠、回盲结合处。大肠黏膜肿胀，表面坏死，形成假膜；有时黏膜上覆盖成片的薄而密集的纤维素，剥离假膜露出浅表糜烂面。黏膜表层及腺窝内可见数量不一的猪痢疾短螺旋体，以急性期数量较多。

诊断方法：一般取急性病例的猪粪便和肠黏膜制成涂片染色，用暗视野显微镜检查，每视野发现有 3~5 条短螺旋体，即可做出定性诊断。

【例题 1】急性猪痢疾严重病例的粪便颜色多为（C）。

A. 白色　　B. 灰色　　C. 红色　　D. 黄色　　E. 黑色

【例题 2】某猪场 2 月龄左右仔猪出现发病，体温略微升高，被毛粗乱，消瘦，食少，主要表现腹泻，粪便呈红色或黑色，恶臭，含有肠黏膜碎片，有的出现无色的胶冻样液体，主要表现大肠纤维素性出血性坏死性肠炎。本病可能是（C）。

A. 仔猪副伤寒　B. 猪肺疫　　C. 猪痢疾　　D. 猪丹毒　　E. 仔猪红痢

第五章 牛、羊的传染病

轻装上阵

如何学？

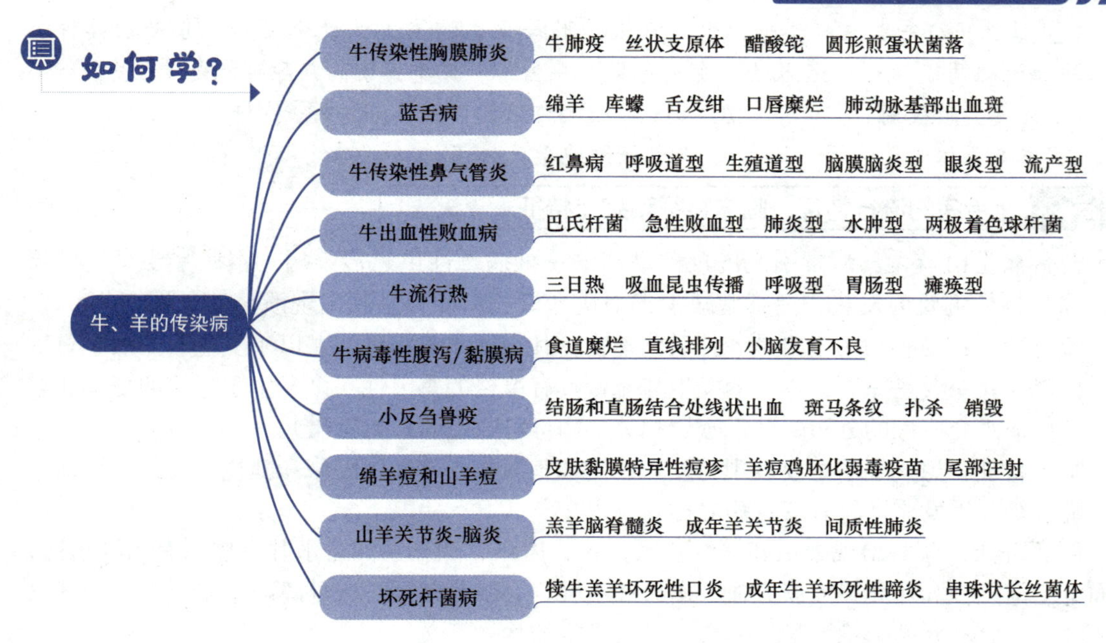

如何考？

本章考点在考试四种题型中均会出现，每年分值平均4分。下列所述考点均需掌握。蓝舌病、牛传染性鼻气管炎、小反刍兽疫、牛病毒性腹泻/黏膜病、牛流行热等是考查最为频繁的内容，希望考生予以特别关注。可以结合兽医微生物学相关内容进行学习。

考点冲浪

考点1：牛传染性胸膜肺炎的临床特征和诊断方法★★★

牛传染性胸膜肺炎，又称牛肺疫，是由丝状支原体引起的一种急性或慢性、接触性传染病，以纤维素性胸膜肺炎为特征。世界动物卫生组织（OIE）将本病列为A类传染病。我国于1996年宣布消灭了本病。

临床特征：体温升高，呼吸困难，长时间轻咳或干咳，严重时呈拱形站立，有浆液性或脓性鼻液流出，呼吸高度困难，呈腹式呼吸，前胸下部和颈部水肿。

病变特征：病变主要表现为浆液性纤维素性胸膜肺炎。病变多出现在呼吸道和关节，病变呈单侧性，肺呈现特有的大理石样外观，肺和胸壁粘连，胸腔和肺表面有干酪样沉积物，犊牛可能发生关节黏液囊炎。

诊断方法：一般取鼻腔拭子，接种于10%的马血清马丁琼脂。为防止杂菌生长，需要添加青霉素、醋酸铊等抑制剂，37℃培养5d，可见圆形煎蛋状、边缘整齐、中间突起的菌落。补体结合试验是OIE推荐使用的血清学诊断方法。

【例题1】牛传染性胸膜肺炎的病理变化多出现在呼吸道和（D）。

A. 大脑　　B. 消化道　　C. 生殖道　　D. 关节　　E. 皮肤

【例题 2】急性牛传染性胸膜肺炎病例常见的临床症状是（D）。

A. 可视黏膜苍白　　B. 双相热　　C. 蹄部水泡
D. 浆液性鼻液　　E. 顽固性腹泻

【例题 3】奶牛发热，干咳，腹式呼吸，眼睑及鼻腔流出脓性分泌物。分泌物接种含10% 马血清的马丁琼脂，5d 长出"煎荷包蛋"状菌落。该牛感染的病原可能是（D）。

A. 产气荚膜梭菌　　B. 多杀性巴氏杆菌　　C. 牛分枝杆菌
D. 牛支原体　　E. 产单核细胞李氏杆菌

考点 2：蓝舌病的流行特征、临床特征和病变特征★★★★

蓝舌病是由蓝舌病病毒引起的反刍动物的一种病毒性虫媒传染病。本病主要发生于绵羊，临床特征主要为发热，白细胞减少，消瘦，口、鼻和胃黏膜出现溃疡性炎性变化。

流行特征：易感动物主要是各种反刍动物，其中绵羊最易感，尤以 1 岁左右的绵羊更敏感。传播媒介主要是库蠓，本病的发生与流行具有严格的季节性，多发生于湿热的夏季和早秋，与传播媒介库蠓的分布、习性密切相关。病毒可通过胎盘感染胎儿。

临床特征：患病绵羊主要表现为发热、白细胞减少，口和唇肿胀和糜烂，跛行，行动强直，部分绵羊舌发绀，故有蓝舌病之称。

病变特征：口唇出现糜烂和深红色区，舌、齿龈、颊黏膜和唇水肿，瘤胃有暗红色区，表面有空泡变性和坏死；皮肤充血、出血和水肿，心脏肌肉、心内外膜均有出血点，蹄部出现蹄叶炎。肺动脉基部见明显出血斑，具有一定的诊病意义。

诊断方法：可以采取病畜的全血或脾脏，接种 BHK-21 或 Vero 细胞，分离培养病毒。蓝舌病毒可凝集绵羊及人 O 型红细胞。

防控措施：本病属于一类动物疫病，目前尚无有效的治疗方法。非疫区一旦发生本病，应立即采取严格措施，扑杀发病羊群和与其接触过的所有羊群及其他易感染动物，并彻底消毒。

【例题 1】绵羊蓝舌病的主要传播媒介是（E）。

A. 蜱　　B. 虱　　C. 蚊　　D. 蝇　　E. 库蠓

【例题 2】绵羊，体温 41℃，口唇肿胀糜烂，舌部青紫色，跛行。取该病羊全血，经裂解后接种鸡胚，分离到的病原能凝集绵羊及人 O 型血细胞。该病例最可能的病原是（B）。

A. 朊病毒　　B. 蓝舌病病毒　　C. 绵羊痘病毒
D. 伪狂犬病病毒　　E. 小反刍兽疫病毒

【例题 3】蓝舌病具有示病意义的病理变化是（B）。

A. 肝脏点状坏死　　B. 肺动脉基部明显出血　　C. 脾脏边缘出血性梗死
D. 肾脏表面点状出血　　E. 胰腺点状坏死

【例题 4】非疫区羊群一旦发生蓝舌病，应采取的防控措施是（C）。

A. 环境消毒　　B. 治疗发病羊　　C. 扑杀发病羊群
D. 隔离发病羊群　　E. 紧急免疫接种

考点 3：牛传染性鼻气管炎的临床类型和临床特征★★★★

牛传染性鼻气管炎，又称红鼻病，是由牛传染性鼻气管炎病毒引起牛的一种接触性传染病，临床表现为上呼吸道和气管黏膜发炎，呼吸困难，流鼻液等，还可引起生殖道感染、结膜炎、脑膜炎、流产、乳腺炎等。

本病临床类型主要包括有呼吸道型、生殖道型、脑膜脑炎型、眼炎型和流产型。

呼吸道型：主要表现为有大量脓性鼻漏，鼻黏膜高度充血，有浅层溃疡，鼻旁窦及鼻镜因组织高度发炎而变红，又称为"红鼻病"；呼吸困难，呼气中常有臭味。

生殖道型：发生于公牛和母牛，母牛阴道发炎充血，有黏稠的黏液性分泌物，黏膜出现白色病灶、脓包或灰色坏死膜；公牛包皮肿胀及水肿，阴茎出现脓包。

脑膜脑炎型：主要发生于犊牛，出现共济失调，沉郁，随后兴奋，惊厥，呈角弓反张，磨牙，四肢划动，多归于死亡。

眼炎型：一般无明显全身症状，主要表现为结膜角膜炎。

流产型：胎儿感染后死亡，经数天排出体外，流产胎儿肝脏、脾脏局部坏死。

牛传染性鼻气管炎最重要的防控措施是严格检疫，防止引入传染源，对抗体阳性牛采取扑杀政策。

【例题 1】牛传染性鼻气管炎临床类型不包括（A）。

A. 皮肤型　B. 流产型　C. 呼吸道型　D. 脑膜脑炎型　E. 生殖道型

【例题 2】初冬，某群奶牛发病，体温升高，大量流泪，有脓性鼻漏，鼻黏膜、鼻镜高度充血，犊牛发病，口吐白沫，共济失调，阵发性痉挛，角弓反张，病程 4~5d。本病可能是（E）。

A. 牛流行热　B. 牛黏膜病　C. 牛出血性败血病

D. 牛传染性胸膜炎　E. 牛传染性鼻气管炎

【例题 3】脑膜脑炎型牛传染性鼻气管炎主要发生于（D）。

A. 泌乳期奶牛　B. 干奶期奶牛　C. 育成肉牛　D. 犊牛　E. 种公牛

【例题 4】根除牛传染性鼻气管炎的有效方法是（C）。

A. 治疗　B. 隔离　C. 扑杀阳性牛　D. 免疫接种　E. 消毒

【例题 5】对牛传染性鼻气管炎的病牛，最好的处置措施是（E）。

A. 紧急接种灭活疫苗　B. 紧急接种弱毒疫苗　C. 注射抗血清

D. 注射抗生素　E. 扑杀

考点 4：牛出血性败血病的临床特征和诊断方法★★

牛出血性败血病又称牛巴氏杆菌病，是由多杀性巴氏杆菌特定血清亚型引起的牛和水牛的一种高度致死性疾病。本病多见于犊牛，特征为高热、肺炎、急性胃肠炎以及内脏器官广泛出血。

牛出血性败血病的临床类型主要包括急性败血型、肺炎型和水肿型。

急性败血型：病牛体温升高，呼吸困难，黏膜发绀，有痛性干咳，鼻液无色或带血泡沫，腹泻，粪便带血；剖检发现黏膜和内脏表面有广泛性的点状出血。

肺炎型：此型最为常见，病牛呼吸困难，黏膜发绀，有痛性干咳，鼻液无色或带血泡沫；主要病变为纤维素性胸膜肺炎。

水肿型：多见于牛、牦牛，病牛胸前和头颈部水肿，舌咽部高度肿胀，呼吸困难，皮肤和黏膜发绀，常因窒息而死；肿胀部呈现出血性胶冻样浸润。

诊断方法：一般取鼻腔分泌物涂片，经瑞氏染色，显微镜检查可以发现两极着色的球杆菌；同时采取病牛心脏、肝脏、脾脏或体腔渗出物，将病料接种于鲜血琼脂、血清琼脂或马丁琼脂培养基，37℃培养 24h，观察培养结果，必要时做生化鉴定。

【例题 1】一群奶牛突然发病，体温达 41~42℃，呼吸困难，鼻流带血泡沫，24h 后死亡，取心血涂片，瑞氏染色，镜检可见两极染色的球杆菌。本病可能是（C）。

A. 牛传染性胸膜肺炎　B. 牛结核　C. 牛出血性败血病
D. 牛流行热　E. 牛病毒性腹泻 / 黏膜病

【例题 2】分离培养牛出血性败血病病原的常用培养基是（B）。

A. SS 琼脂　B. 鲜血琼脂　C. 麦康凯琼脂
D. 普通营养琼脂　E. 伊红亚甲蓝琼脂

考点 5：牛流行热的临床特征和临床表现类型★★★★★

牛流行热，又称三日热或暂时热，是由牛流行热病毒引起的牛的一种急性传染病，临床特征为突发高热，流泪，有泡沫样流涎，鼻漏，呼吸急迫，后躯僵硬，跛行，一般呈良性经过，发病率高，病死率低。

牛流行热主要表现为高热，稽留 1~3d，病程一般为 3~4d。病牛是牛流行热的主要传染源，吸血昆虫（蚊、蠓、蝇等）是重要的传播媒介。本病流行具有明显的季节性，多发生于雨量多和气候炎热的 6~9 月，流行迅猛，呈地方流行性或大流行性。流行上还有一定周期性，约 3~5 年大流行一次。流行方式为跳跃式蔓延。

牛流行热临床表现类型主要有最急性呼吸型、急性呼吸型、胃肠型和瘫痪型。呼吸型主要表现为眼结膜潮红、流泪，眼睑水肿，呼吸急促，严重者死亡；胃肠型主要表现为腹痛和腹泻；瘫痪型主要表现为四肢关节肿胀，疼痛，卧地不起，后躯僵硬，不愿移动。

诊断方法：一般采取病牛发热初期血液白细胞悬液，接种于乳鼠、乳仓鼠脑内，接种后 5~6d 发病，不久死亡。

防治措施：加强消毒，扑杀吸血昆虫，控制继发感染，采取强心、利尿、健胃、镇静、补充盐水等对症治疗。呼吸困难时及时输氧，治疗时切忌灌药，因病牛咽肌麻痹，药物容易进入气管和肺，引起异物性肺炎。

【例题 1】以吸血昆虫为主要传播媒介的传染病是（B）。

A. 牛结核病　B. 牛流行热　C. 牛出血性败血病
D. 牛传染性胸膜肺炎　E. 牛传染性鼻气管炎

【例题 2】具有较明显季节性和周期性流行特点的牛传染病是（B）。

A. 牛出血性败血病　B. 牛流行热　C. 牛传染性鼻气管炎
D. 结核病　E. 布鲁氏菌病

【例题 3】牛流行热的病原是（B）。

A. 真菌　B. 病毒　C. 支原体　D. 衣原体　E. 螺旋体

【例题 4】牛流行热的临床症状表现类型不包括（A）。

A. 脑炎型　B. 瘫痪型　C. 胃肠型　D. 急性呼吸型　E. 最急性呼吸型

【例题 5】下列几种传染病中病程最短的是（C）。

A. 口蹄疫　B. 结核病　C. 牛流行热

D. 牛病毒性腹泻　　　　　　E. 牛传染性鼻气管炎

【解析】本题考查牛传染病的种类。牛流行热主要表现为高热，稽留 1~3d，病程一般为 3~4d；牛口蹄疫潜伏期为 1~7d，病程超过 1 周；牛病毒性腹泻病程可持续 4~7d；牛传染性鼻气管炎潜伏期为 3~7d，可持续 7~10d；牛结核病是慢性消耗性疾病。因此上述传染病中病程最短的是牛流行热。

考点 6：牛病毒性腹泻 / 黏膜病的临床特征和病变特征★★★★★

牛病毒性腹泻 / 黏膜病是由牛病毒性腹泻病毒（BVDV）引起的，主要发生于牛的一种急性、热性传染病。临床特征为黏膜发炎、糜烂、坏死和腹泻。本病呈地方流行性，发病率低，死亡率高。

临床特征：体温升高，白细胞减少，鼻、眼有浆液性分泌物，鼻镜和口腔黏膜糜烂，舌面上皮坏死，流涎，呼气恶臭，严重腹泻，带有黏液和血液。母牛在妊娠期感染常发生流产，或产下先天性缺陷犊牛，最常见的缺陷是小脑发育不良，共济失调或不能站立。

病变特征：食道黏膜糜烂，呈大小不等形状与直线排列。瘤胃黏膜偶见出血和糜烂，第四胃炎性水肿和糜烂，肠壁因水肿增厚，肠系膜淋巴结肿大。蹄部趾间皮肤及全蹄冠糜烂、溃疡和坏死。

病原分离方法是将取得的病料人工感染易感犊牛或乳兔来分离病毒，也可用牛胎肾、牛睾丸细胞分离病毒。

【例题 1】以食道黏膜糜烂并呈线状排列为病理特征的牛传染病是（E）。

A. 口蹄疫　　　　B. 牛流行热　　　　C. 牛出血性白血病

D. 牛传染性鼻气管炎　　　　E. 牛病毒性腹泻

【例题 2】牛病毒性腹泻 / 黏膜病母牛产下的犊牛可能出现（B）。

A. 大脑发育不全　　　　B. 小脑发育不全　　　　C. 肝脏发育不全

D. 肺发育不全　　　　E. 心脏发育不全

【例题 3】冬季，某地 7~8 月龄牛群突然发病，病牛体温 40~42℃，眼鼻流出浆液性脓性分泌物。病牛口腔黏膜糜烂，水样腹泻，少数死亡。本病病原与猪瘟病毒呈抗原交叉反应。剖检可见黏膜出现直线排列糜烂的组织器官是（A）。

A. 食道　　B. 瘤胃　　C. 瓣胃　　D. 网胃　　E. 皱胃

【例题 4】分离牛病毒性腹泻病毒常用的实验动物是（C）。

A. 幼犬　　B. 雏鸭　　C. 乳兔　　D. 雏鸡　　E. 雏鸽

【例题 5】某牛群突然发病，体温 40~42℃，白细胞减少。鼻、眼有浆液性分泌物。2~3d 后出现鼻镜及口腔黏膜糜烂，舌面上皮坏死，流涎，呼气恶臭。口腔黏膜损害之后，严重腹泻，带有黏液和血液。初步诊断本病为（E）。

A. 口蹄疫　　　　B. 牛流行热　　　　C. 牛沙门菌病

D. 牛巴氏杆菌病　　　　E. 牛病毒性腹泻 / 黏膜病

考点 7：小反刍兽疫的病原特征、临床特征和防治措施★★★★★

小反刍兽疫是由小反刍兽疫病毒引起的小反刍动物的一种急性、接触性传染病。世界动物卫生组织将本病定为 A 类疾病。其特征是发病急剧、高热稽留、眼鼻分泌物增加、口腔糜烂、腹泻和肺炎。本病毒主要感染绵羊和山羊。在易感动物群中本病的发病率达 100%，严重时死亡率为100%。

临床特征：患病动物发病急剧，高热，呼吸困难，眼鼻分泌物增加，口腔黏膜和齿龈充血，后期出现带血的水样腹泻，皱胃常出现糜烂病灶，创面出血呈红色。肠道出现糜烂或出血变化，特别是在结肠和直肠结合处常常能发现特征性的线状出血或红白相间的斑马样条纹，淋巴结肿大，脾脏出现坏死性病变。

防治措施：本病的危害相当严重，是OIE及我国规定的重大传染病之一。一旦发生，必须立即扑杀、销毁处理。

【例题1】典型小反刍兽疫常见的特征性病理变化是（E）。

A. 食道有线状出血　B. 空肠有点状出血　C. 十二指肠有线状出
D. 回肠有枣核状出血　E. 在结肠与直肠结合处有线状或斑马条纹样出血

【例题2】一群山羊在3月份突然发病，高热，呼吸困难。口鼻有脓性分泌物，口腔黏膜先红肿后破溃。腹泻、血便。病死率为75%。剖检见皱胃有糜烂病灶，结肠和直肠结合处有条纹状出血。本病最可能是（D）。

A. 口蹄疫　B. 山羊痘　C. 羊快疫　D. 小反刍兽疫　E. 羊肠毒血症

【例题3】羊群发生小反刍兽疫，正确的防控措施是（B）。

A. 全群隔离观察　B. 全群扑杀并无害化处理
C. 病羊扑杀，同群羊隔离观察　D. 病羊扑杀，同群羊紧急免疫接种
E. 治疗病羊，同群羊紧急免疫接种

考点8：绵羊痘和山羊痘的病原特征和临床特征★★★★

绵羊痘和山羊痘是由痘病毒引起的一种急性、热性人兽共患性传染病。绵羊痘病毒和山羊痘病毒相似，呈卵圆形。绵羊痘是各种动物痘病中危害最严重的一种急性热性接触性传染病。临床特征是在病羊的皮肤和黏膜上发生特异性痘疹。由山羊痘病毒引起的绵羊痘和山羊痘是OIE规定的A类疾病。

临床特征：病羊体温升高，多在眼周围、唇、鼻、四肢、尾内及阴唇、阴囊和包皮上形成痘疹、结节、水疱，水疱破裂后形成糜烂、溃疡。一般最初出现红斑，1~2d后形成丘疹，扩大变成灰白色的隆起结节，几天内转变成水疱，由透明液体变成脓性，最后形成棕色痂块，脱落后留下红斑。

防控措施：发病后对病羊及其同群羊及时扑杀销毁，污染场所进行严格消毒，周围受威胁羊群用羊痘鸡胚化弱毒疫苗进行紧急接种。一般在尾部或股内侧皮内注射疫苗0.5mL，免疫期可达1年。

【例题1】绵羊，体温41℃，眼周围、唇、鼻、四肢、乳房等处出现痘疹。取病料电镜观察，可见卵圆形或砖形病毒粒子。该病例最可能的病原是（C）。

A. 朊病毒　B. 蓝舌病病毒　C. 绵羊痘病毒
D. 伪狂犬病病毒　E. 小反刍兽疫病毒

【例题2】绵羊痘与山羊痘典型病例局部皮肤最初的变化是（A）。

A. 红斑　B. 结节　C. 水疱　D. 丘疹　E. 痂块

考点9：山羊关节炎－脑炎的临床特征★★

山羊关节炎-脑炎是由山羊关节炎-脑脊髓炎病毒引起的以成年羊呈慢性多发性关节炎

间或伴发间质性乳腺炎，羔羊呈脑脊髓炎为临床特征的传染病。本病病原属于反转录病毒科慢病毒属。本病在山羊间传播，绵羊不感染。

临床特征：多数山羊感染后不表现临床症状，但终生带毒，并具有传染性。感染后临床症状主要表现为脑脊髓炎型（头颈歪斜、圆圈运动）、关节炎型（腕关节肿大）和间质性肺炎型。哺乳母羊发生间质性乳腺炎。

【例题】山羊关节炎-脑炎除了常见的脑脊髓炎型和关节炎型外，还有（E）。

A. 眼炎型　B. 流产型　C. 胃肠炎型　D. 生殖道型　E. 间质性肺炎型

考点10：山羊传染性胸膜肺炎的临床特征★

山羊传染性胸膜肺炎，又称山羊支原体肺炎，俗称烂肺病，是由丝状支原体山羊亚种、山羊支原体山羊肺炎亚种等引起的一种特有的高度接触性传染病，以急性纤维素性胸膜肺炎为特征。临床主要表现为高热、咳嗽、呼吸困难和流产。病变肺呈现大小不等的肝变区，切面呈暗红色或灰红色，如大理石样外观，胸膜、心包互相粘连。可以选用替米考星、泰乐菌素进行治疗。

考点11：羊传染性脓疱皮炎的临床特征★

羊传染性脓疱皮炎，又称羊传染性脓疱，俗称羊口疮，是一种由传染性脓疱病毒引起的急性接触性传染病，主要侵害羔羊，以口唇等处皮肤和黏膜形成丘疹、脓疱、溃疡和结成疣状厚痂为特征。临床上分为唇型、蹄型和外阴型三种，主要在皮肤或黏膜上形成结节、水疱、脓疱和结痂，口角形成增生性“桑葚状”结痂。

考点12：坏死杆菌病的临床特征★★

坏死杆菌病是由坏死梭杆菌引起的多种畜禽和野生动物共患的一种慢性传染病。临床特征为口腔黏膜、体表皮肤、皮下组织发生坏死性炎症，常可以转移到内脏器官，形成转移性坏死灶。其中牛坏死杆菌病以犊牛坏死性口炎和成年牛坏死性蹄炎为特征；羊坏死杆菌病以羔羊坏死性口炎和成年羊腐蹄病为特征。坏死杆菌还可以引起羊坏死性皮炎、坏死性肠炎和坏死性鼻炎。

刮取病变与健康组织交界处皮肤、口腔黏膜或唾液，固定后碱性亚甲蓝染色，镜检可见着色不均匀、串珠状的长丝状菌体，即为坏死杆菌。

第六章 马的传染病

轻装上阵

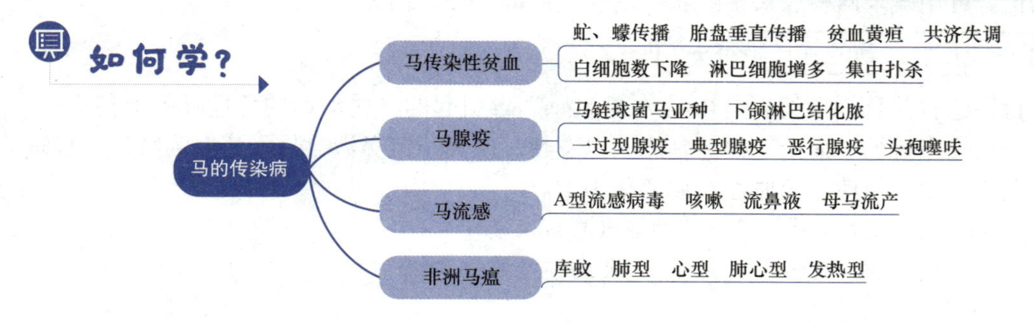

本章考点在考试中主要出现 A1、A2 型题中，每年分值平均 1 分。下列所述考点均需掌握。重点掌握马传染性贫血、马腺疫相关考点。可以结合兽医微生物学相关内容进行学习。

考点冲浪

考点 1：马传染性贫血的流行特征和临床特征★★

马传染性贫血简称马传贫，是由马传染性贫血病毒引起的马属动物的一种传染病，临床特征表现为发热、贫血、出血、黄疸、心力衰竭、浮肿、消瘦、共济失调等，并反复发作，发热期（有热期）临床症状明显。

流行特征：马属动物易感，其中马的易感性最强，血液和脏器中含大量病毒。本病主要通过吸血昆虫（虻、蚊、蠓等）叮咬而机械性传播，也可通过胎盘垂直传播。本病有明显的季节性，多发生在 7~9 月。

临床特征：主要表现为发热、贫血、黄疸、出血，心脏机能紊乱，运动时左右摇晃，步态不稳，共济失调。血液学变化主要表现为红细胞数减少、血红蛋白量降低；发热中后期，白细胞数降低至 4000~5000 个 /mm^3，淋巴细胞比例增多。静脉血中出现吞铁细胞。

防控措施：一旦发病，立即封锁，隔离消毒，病马集中扑杀、无害化处理。

【例题 1】马传染性贫血最主要的传播媒介是（C）。

A. 虱　B. 蝇　C. 虻　D. 螨　E. 蜱

【例题 2】马传染性贫血常表现（B）。

A. 截瘫　B. 共济失调　C. 盲目运动　D. 强直性痉挛　E. 阵发性痉挛

【例题 3】从马传染性贫血发热期病马分离病原，宜采集的样品是（C）。

A. 尿液　B. 粪便　C. 血液　D. 唾液　E. 鼻液

考点 2：马腺疫的临床特征★

马腺疫俗称喷喉，是由 C 群链球菌中的马链球菌马亚种引起的马属动物的一种急性、热性传染病，以发热、呼吸道黏膜发炎、下颌淋巴结肿胀化脓为特征。

临床上分为一过型腺疫、典型腺疫、恶性腺疫。一过型腺疫表现为鼻黏膜卡他性炎症；典型腺疫表现为脓性鼻液，下颌淋巴结肿大，后期化脓流出脓汁，再渐渐愈合，病马呼吸、吞咽困难；恶性腺疫表现为淋巴结化脓灶转移至肺、脑等器官，体温稽留不降，病马因脓毒败血症死亡。可用氨苄西林、头孢噻呋等治疗，局部排脓、消炎处理。

考点 3：马流行性感冒的临床特征★

马流行性感冒简称马流感，是由马 A 型流感病毒引起的马属动物的急性呼吸道传染病，不同亚型表现临床特征不完全一样。临床上以发热、咳嗽、流鼻液、母马流产为特征。病理变化以呼吸道黏膜卡他性、充血性炎症变化为主。

【例题】马流感的主要病理变化发生在（E）。

A. 胃　B. 小肠　C. 大肠　D. 肝脏　E. 呼吸道

考点4：非洲马瘟的临床类型★★

非洲马瘟是由非洲马瘟病毒引起的虫媒传播的急性传染病。传播媒介是库蚊，临床上以发热、肺和皮下组织水肿、部分脏器出血为特征。

临床上分为肺型、心型、肺心型和发热型。肺型常流行于新疫区，表现为剧烈咳嗽、呼吸困难，流泡沫样鼻液，常窒息而死；心型为亚急性经过，常见于免疫马匹，表现为头部、颈部皮下水肿，随后扩展，引起心脏炎症；肺心型为亚急性经过，温和发热，无死亡；发热型见于免疫马匹，表现持续发热。

我国没有非洲马瘟发生，应严格进境检疫，防治非洲马瘟传入。

第七章 禽的传染病

如何学？

禽的传染病

- 新城疫：腿麻痹 腺胃乳头出血 9～11日龄鸡胚 血凝试验 血凝抑制试验 Ⅰ系苗 Ⅱ系苗 Ⅳ系苗
- 鸡传染性喉气管炎：咳出带血黏液 黄色凝固物 核内嗜酸性包涵体
- 鸡传染性支气管炎：呼吸型 肾型 花斑肾；侏儒胚 鸡胚干扰试验 H120 H52 Ma-5
- 鸡传染性法氏囊病：法氏囊出血 胸肌出血 琼脂扩散试验
- 鸡马立克病：肿瘤性病毒病 神经型 内脏型 眼型 皮肤型
- 产蛋下降综合征：产蛋量急剧下降 畸形蛋 血凝抑制试验
- 禽白血病：血管破裂 流血不止 内脏器官结节状肿瘤 ELISA ALV p27
- 鸡病毒性关节炎：腓肠肌腱断裂 水平传播 垂直传播
- 禽霍乱：巴氏杆菌 肝脏有针尖大小坏死点 两极着色杆菌
- 鸡传染性鼻炎：副鸡嗜血杆菌 面部肿胀 鼻旁窦内有凝块 磺胺药
- 鸡败血支原体感染：慢性呼吸道病 气囊有干酪样渗出物 醋酸铊 露滴样小菌落
- 鸭瘟：大头瘟 两腿麻痹 绿色稀粪 食道纵行排列出血斑 紧急接种
- 鸭病毒性肝炎：1型病毒 1周龄以内雏鸭 角弓反张 肝脏出血肿大
- 鸭浆膜炎：里默氏杆菌 库蚊 心包炎 肝周炎 气囊炎 平板凝集试验
- 鸭坦布苏病毒病：肉鸭神经症状 产蛋鸭产蛋量下降
- 小鹅瘟：出血性、纤维素性、坏死性肠炎 肠道 临死抽搐 高免卵黄

本章考点在考试四种题型中均会出现，每年分值平均5分。下列所述考点均需掌握。新城疫、鸡马立克病、鸡传染性支气管炎、禽白血病、鸭瘟、鸭浆膜炎、小鹅瘟等是考查最为频繁的内容，希望考生予以特别关注。可以结合兽医微生物学相关内容进行学习。

Ⅰ 考点冲浪

考点1：新城疫的临床特征和病变特征★★★★

新城疫又称亚洲鸡瘟，是由新城疫病毒引起的鸡和火鸡的急性、高度接触性传染病，常呈败血症经过。主要特征是呼吸困难、腹泻、神经机能紊乱以及浆膜和黏膜显著出血。OIE将本病列为必须报告的疾病。

临床特征：鸡、野鸡、火鸡、珍珠鸡对本病都有易感性，其中鸡最易感，鸭、鹅对本病有抵抗力，哺乳动物对本病有很强的抵抗力。临床上表现为病鸡伸颈，张口呼吸，咳嗽，气喘，有鼻漏；腹泻，粪便带血，呼吸困难，神经机能紊乱，发病率和病死率高。部分病鸡出现明显的神经症状，如翅腿麻痹、头颈歪斜。产蛋母鸡产蛋量急剧下降，软壳蛋增多。

病变特征：全身黏膜和浆膜出血，淋巴组织肿胀、出血和坏死，尤其以消化道和呼吸道最为明显。腺胃和肌胃黏膜有坏死和出血，其乳头有出血点，肠道有广泛的糜烂性坏死灶并伴有出血，肠外观可见紫红色枣核样肿大的淋巴滤泡，小肠黏膜出血，有局灶性纤维素性坏死性病变，有的形成假膜，假膜脱落后即成溃疡。盲肠扁桃体肿大、出血、坏死。心冠脂肪有针尖大的出血点。组织学检查出现非化脓性脑炎。

【例题1】新城疫病鸡腺胃常见的病理变化是（A）。

A. 乳头或乳头间有出血点　B. 萎缩　C. 胃壁有灰白色小结节

D. 黏膜有乳白色分泌物　E. 黏膜有肿瘤结节

【例题2】某鸡场300只34日龄鸡发病，发病率为90%，病死率为80%。病鸡伸颈，张口呼吸，咳嗽，气喘，有鼻漏；部分鸡翅、腿麻痹，下痢，粪便带血；剖检见嗉囊积液，全身性黏膜和浆膜出血，盲肠扁桃体肿胀、出血。本病的病原可能是（A）。

A. 新城疫病毒　B. 柔嫩艾美耳球虫　C. 传染性法氏囊病病毒

D. 传染性支气管炎病毒　E. 传染性喉气管炎病毒

考点2：新城疫的诊断方法和防控措施★★★★

诊断方法：病毒分离和鉴定是诊断新城疫最可靠的方法，一般取病鸡脑、肺、脾脏等含毒最高的组织病料，通过尿囊腔接种9~11日龄SPF鸡胚，取24h后死亡的鸡胚的尿囊液进行血凝试验（HA）和血凝抑制试验（HI）进行病毒鉴定。

防控措施：定期进行疫苗预防接种是防治鸡新城疫的关键。目前国内使用的活疫苗有Ⅰ系苗（Mukteswar株）、Ⅱ系苗（B1株）、Ⅲ系苗（F株）、Ⅳ系苗（La Sota株）和V4弱毒疫苗。其中Ⅰ系苗存在毒力性过强、安全性较差的缺点，已逐步停止使用，其余疫苗多采用滴鼻、点眼、饮水和气雾方法接种。

由于鸡新城疫为国家法定的一类动物疫病，对于鸡新城疫患病鸡群应采取的措施是封锁鸡场，对病死鸡、可疑病鸡进行扑杀与无害化处理，对污染的羽毛、垫草和粪便等污染物进行无害化处理，污染的环境进行彻底消毒，并对鸡群进行紧急接种。

【例题1】用SPF鸡胚分离新城疫病毒时，病料接种的部位是（C）。

A. 卵黄囊 B. 尿囊膜 C. 尿囊腔 D. 羊膜 E. 羊膜腔

【例题2】分离新城疫病毒所用SPF鸡胚的日龄通常为（C）。

A. 2~4日龄 B. 5~7日龄 C. 9~11日龄 D. 13~15日龄 E. 16~18日龄

【例题3】出口家禽不宜使用的新城疫活疫苗是（A）。

A. Ⅰ系苗（Mukteswar株） B. Ⅱ系苗（B1株）
C. Ⅲ系苗（F株） D. Ⅳ系苗（LaSota株）
E. V4株疫苗

考点3：鸡传染性喉气管炎的临床特征和诊断方法★★★★

鸡传染性喉气管炎是由传染性喉气管炎病毒引起的鸡的一种急性、高度接触性呼吸道传染病，特征为呼吸困难，咳嗽，咳出含有血液的渗出物，喉部和气管黏膜肿胀、出血并形成糜烂。在疾病早期，病毒存在于气管和上呼吸道分泌液中，感染细胞的细胞核内见有包涵体。

临床特征：病鸡鼻孔内有分泌物，呼吸困难，咳嗽，咳出带血液的渗出物，气喘。剖检可见喉头和气管黏膜肿胀、潮红、有出血斑，附着浅黄色凝固物，不易擦去，黏膜糜烂。气管内有大量的带血分泌物或条状血块。有时可见结膜炎，病鸡多死于窒息。

诊断方法：将病料接种10~12日龄鸡胚，采取死亡鸡胚的绒毛尿囊膜进行包涵体检查。组织病理学和免疫组化观察，病毒感染后12h，在气管、喉头黏膜上皮细胞核内可见嗜酸性包涵体。

本病预防一般采用弱毒疫苗经点眼、滴鼻进行免疫接种。

【例题1】鸡发生以呼吸困难、咳出带血黏液为特征的疾病多见于（C）。

A. 新城疫 B. 鸡败血支原体感染 C. 鸡传染性喉气管炎
D. 鸡传染性支气管炎 E. 鸡传染性鼻炎

【例题2】鸡传染性喉气管炎病鸡的气管和喉头黏膜上皮细胞内可见（C）。

A. 细胞质内嗜酸性包涵体 B. 细胞质内嗜碱性包涵体
C. 细胞核内嗜酸性包涵体 D. 细胞核内嗜碱性包涵体
E. 细胞质内和细胞核内嗜碱性包涵体

【例题3】分离鸡传染性喉气管炎病毒的鸡胚接种日龄是（E）。

A. 2~3日龄 B. 4~5日龄 C. 6~7日龄 D. 8~9日龄 E. 10~12日龄

【例题4】某5000只蛋鸡群185日龄时发病，3d内波及全群。病鸡鼻孔内有分泌物，咳嗽，有时咳血痰，气喘，病死率为6%。剖检可见喉头和气管黏膜肿胀、潮红、有出血斑，附着浅黄色凝固物，黏膜糜烂。气管内有大量的带血分泌物或条状血块。本病初步诊断为（D）。

A. 禽流感 B. 鸡伤寒 C. 传染性鼻炎
D. 传染性喉气管炎 E. 鸡产蛋下降综合征

【例题5】预防鸡传染性喉气管炎常用的疫苗为（A）。

A. 弱毒疫苗　B. 灭活疫苗　C. 核酸疫苗　D. 合成肽疫苗　E. 基因缺失疫苗

考点4：鸡传染性支气管炎的临床类型和临床特征★★★★

鸡传染性支气管炎是由传染性支气管炎病毒（IBV）引起的一种急性、高度接触传染性呼吸道疾病。特征是病鸡咳嗽、打喷嚏和气管发出啰音。雏鸡出现流鼻液，产蛋鸡产蛋量减少和产劣质蛋。

传染性支气管炎临床类型主要有呼吸型、肾型。

呼吸型：主要表现为雏鸡伸颈，张口呼吸，咳嗽，打喷嚏和气管发出啰音。产蛋鸡出现轻微的呼吸道症状，产蛋量下降，产软壳蛋、畸形蛋或沙壳蛋。

肾型：病鸡不出现呼吸道症状，主要表现为排白色或水样稀粪，死亡率升高。剖检可见肾脏肿大出血，出现红白相间的斑驳状“花斑肾”，白色尿酸盐沉积于组织器官表面。

【例题1】鸡传染性支气管炎临床上可能出现的疾病类型有（D）。

A. 眼型　B. 内脏型　C. 神经型　D. 呼吸型　E. 喉气管炎型

【例题2】某鸡群发病，剖检可见肾脏肿大、肾小管内有大量尿酸盐沉积，最可能发生的疾病是（D）。

A. 鸡新城疫　B. 禽流感　C. 马立克病

D. 鸡传染性支气管炎　E. 鸡传染性喉气管炎

【例题3】蛋鸡，50日龄，出现轻微呼吸道症状，少量死亡；剖检见肾脏苍白、肿大和小叶突出，肾小管和输尿管扩张，充满尿酸盐；组织学检查可见肾间质水肿，并伴有淋巴细胞、浆细胞和巨噬细胞浸润。本病最可能是（D）。

A. 传染性法氏囊病　B. 马立克病　C. 禽白血病

D. 传染性支气管炎　E. 新城疫

考点5：鸡传染性支气管炎的诊断方法和预防措施★★★★

诊断方法：病毒的分离和鉴定是诊断传染性支气管炎最可靠的方法，一般取病鸡气管渗出物或肺组织经尿囊腔接种10~11日龄的鸡胚中传代，鸡胚呈规律性死亡，并出现僵化胚、侏儒胚等典型变化。同时传染性支气管炎病毒在鸡胚内可干扰鸡新城疫B1（NDV-B1）株（鸡Ⅱ系苗）血凝素的产生，因此利用这种方法可以对传染性支气管炎进行诊断。

预防措施：疫苗接种为预防本病的主要措施，一般使用传染性支气管炎病毒H120株、H52株弱毒疫苗及其灭活油佐剂疫苗。H120株疫苗毒力较弱，适用于雏鸡；H52株弱毒疫苗毒力较强，适用于20日龄以上的鸡。对肾型传染性支气管炎，可以使用弱毒疫苗Ma-5，1日龄和15日龄各免疫1次即可。

【例题1】病原体可在鸡胚内干扰NDV-B1株血凝素的产生，其引起的疾病是（D）。

A. 新城疫　B. 禽流感　C. 马立克病

D. 鸡传染性支气管炎　E. 传染性喉气管炎

【例题2】传染性支气管炎常用的实验室诊断方法是（D）。

A. 包涵体检查　B. 平板凝集试验　C. 血凝抑制试验（HI）

D. 鸡胚干扰试验　E. 抗力诱导因子试验

【例题3】某10000只雏鸡群，21日龄时发病，迅速传及全群。病鸡伸颈张口呼吸，打喷嚏，流鼻汁，咳嗽。剖检发现气管、支气管和鼻腔内有浆液性、卡他性或干酪样分泌物，喉头和气管黏膜潮红、水肿，但无明显出血。常用于紧急接种的疫苗毒株是（A）。

A. H120株　B. FC126株　C. CV1988株　D. Lasota株　E. Mukteswar株

考点6：鸡传染性法氏囊病的临床特征和诊断方法★★★

鸡传染性法氏囊病是由传染性法氏囊病毒引起的主要危害雏鸡的一种急性、接触性传染病。本病发病率高、病程短。临床特征为法氏囊出血、肾脏尿酸盐沉积、腿肌和胸肌出血、腺胃和肌胃交界处条状出血。

临床特征：病鸡表现脱水，法氏囊充血、水肿，浆膜覆盖浅黄色胶冻样渗出物，严重出血时，呈紫黑色，似紫葡萄状，黏膜表现出血或出血斑；腺胃和肌胃交界处有条状出血；肾脏肿大苍白，呈花斑状，肾小管和输尿管有白色尿酸盐沉积；腿肌和胸肌出血。

诊断方法：法氏囊中病毒含量最高。琼脂扩散试验既可检测抗原，也可检测抗体，用于流行病学调查和检测疫苗免疫后的传染性法氏囊病毒（IBDV）抗体。

【例题1】1月龄肉鸡群突然发病，第2天出现死亡，5~7d达死亡高峰。剖检见腿肌和胸肌出血，法氏囊肿大，有胶冻样渗出物，腺胃和肌胃交界处出血。本病最可能是（A）。

A. 传染性法氏囊病　B. 马立克病　C. 禽白血病

D. 传染性支气管炎　E. 新城疫

【例题2】某4周龄鸡群发病，排白色稀粪，自啄泄殖腔。剖检见法氏囊充血、肿大，囊内积干酪样物。本病还可能出现的主要病变是（A）。

A. 胸肌出血　B. 胰腺出血　C. 肝脏出血　D. 皮肤出血　E. 心脏出血

【例题3】发生传染性法氏囊病2~3d，病鸡含毒量最高的器官是（E）。

A. 肝　B. 腺胃　C. 肾　D. 肌胃　E. 法氏囊

考点7：鸡马立克病的临床特征和诊断方法★★★

鸡马立克病（MD）是由马立克病病毒（MDV）引起的最常见的一种鸡淋巴组织增生性疾病，以外周神经、性腺、虹膜、各种内脏器官、肌肉和皮肤单核细胞性浸润和形成肿瘤为特征。本病是一种肿瘤性疾病，传染性极强。

临床特征：根据疾病症状和病变的部位，鸡马立克病分为四种类型。

神经型：步态不稳，不能行走，或一腿伸向前方，另一腿伸向后方，呈“大劈叉”的特征性姿势；翅膀神经受到侵害时，病侧翅下垂。剖检可见坐骨神经丛肿胀增粗，变成灰白色或黄白色，神经横纹消失。

内脏型：一种或多种内脏器官及性腺发生肿瘤，在上述器官和组织中可见大小不等、灰白色的肿瘤块，法氏囊萎缩。

眼型：出现于单眼或双眼，视力减退或消失，表现为虹膜褪色，呈同心环状或斑点状，以至弥漫的灰白色，俗称“鱼眼”。瞳孔边缘不整齐，呈锯齿状。严重阶段瞳孔只剩下一个针尖大小的孔。

皮肤型：发生于翅膀、颈部、背部等处皮肤，羽毛囊肿大，以羽毛囊为中心，在皮肤上形成浅白色小结节或瘤状物。

诊断方法：对于鸡马立克病的诊断，必须根据疾病特异的流行病学、临床症状、病理特征和肿瘤标记做出诊断，如，利用免疫荧光技术（IFA）检测肝脏组织中MDN，用PCR方法、琼脂扩散试验检测病鸡羽髓的MDV，用免疫组化法检测MD肿瘤标记等。而血清学方法和病毒学方法主要用于鸡群感染情况的监测。

防控措施：疫苗接种是防治本病的关键，主要防止早期感染。主要疫苗有CVI988（致肿瘤性的血清1型）、SB1、Z4（不致瘤的2型）、FC126（3型火鸡疱疹病毒HVT）。

【例题1】90日龄蛋鸡群贫血，消瘦，陆续出现死亡，剖检可见心脏、肝脏等器官有大小不等的肿瘤，外周神经粗大，呈灰白色。本病最可能是（A）。

A. 马立克病　B. 新城疫　C. 网状内皮组织增生病

D. 鸡传染性贫血　E. 禽腺病毒感染

【例题2】通过琼脂扩散试验检测羽髓中病毒抗原，可以做出诊断的疾病是（D）。

A. 禽流感　B. 新城疫　C. 禽白血病

D. 马立克病　E. 传染性法氏囊病

【例题3】某鸡场4月龄鸡群，出现精神沉郁，翅膀下垂，羽毛松乱，消瘦。剖检可见肝脏、心脏和脾脏等器官出现灰白色肿块，质地坚硬，法氏囊萎缩。你认为不宜采用以下哪种方法做进一步确诊（B）。

A. 用IFA检测肝脏组织中MDV　B. 用ELISA方法检测MDV抗体

C. 用PCR方法检测病鸡羽髓MDV　D. 用免疫组化法检测MD肿瘤标记

E. 琼脂扩散试验检测病鸡羽髓MDV

【例题4】马立克病关键的防控措施是（B）。

A. 添加抗菌药物　B. 疫苗接种　C. 使用益生素

D. 添加抗病毒药物　E. 肌注高免血清

考点8：产蛋下降综合征的传播方式和诊断方法★★★

产蛋下降综合征（EDS-76）是由禽腺病毒Ⅲ群引起的一种以产蛋下降为特征的传染病，主要侵害26~32周龄的产蛋鸡，35周龄以上很少发病。本病的主要表现为鸡群产蛋量急剧下降，软壳蛋、畸形蛋增加，褐色蛋壳颜色变浅。

传播方式：本病传播方式主要是经卵垂直传播，可以从鸡的输卵管、泄殖腔分离到鸡产蛋下降综合征病毒。

诊断方法：从病鸡的输卵管、泄殖腔、肠内容物采取病料，经无菌处理后，尿囊腔接种10~12日龄鸡胚（无腺病毒抗体）。鸡感染产蛋下降综合征病毒后，能产生高效价抗体。鸡产蛋下降综合征病毒能凝集鸡、鸭、火鸡、鹅、鸽的红细胞，血凝抑制试验（HI）是最常用的诊断方法。

【例题1】鸡产蛋下降综合征病毒主要侵害（D）。

A. 1~4周龄鸡　B. 5~10周龄鸡　C. 11~15周龄鸡

D. 26~32周龄鸡　E. 35周龄以上鸡

【例题2】发生产蛋下降综合征时，除表现产蛋下降外，其他发病症状还有（A）。

A. 蛋壳变薄、变色、易碎　B. 排出白色黏稠或水样稀粪　C. 呼吸困难

D. 翅下垂、头颈歪斜　E. 喷嚏、啰音

【例题3】检测鸡产蛋下降综合征病毒抗体最常用的方法是（B）。

A. ELISA　B. 血凝抑制试验（HI）　C. 中和试验

D. 琼脂扩散试验　　E. 补体结合试验

考点9：禽白血病的流行特征、临床特征和诊断方法★★

禽白血病是一类禽白血病病毒相关的反转录病毒引起的鸡的不同组织良性和恶性肿瘤病的总称。禽白血病病毒（ALV）主要引起感染鸡在性成熟前后发生肿瘤而死亡。特征性变化主要为肝脏、脾脏肿大或布满无数的针尖大小的白色增生性肿瘤结节。

流行特征：鸡是本病所有病毒的自然宿主。垂直传播是本病的主要传播方式，同群鸡也能通过直接或间接接触传播。

临床特征：ALV-J感染的蛋鸡临床表现为体表出现血管瘤，血管一旦破裂，流血不止，因失血过多死亡。隐性感染可使蛋鸡和种鸡的产蛋性能受到严重影响。淋巴细胞样白血病是最为常见的经典型白血病肿瘤，肿瘤可见于肝脏、脾脏、法氏囊、肾脏、肺、性腺、心脏、骨髓等器官组织，表现为较大的结节状肿瘤，肿瘤切开后呈灰白色至奶酪色。

诊断方法：病毒分离的最好材料是病鸡血浆、血清和肿瘤、新产蛋的蛋清。可以利用ELISA方法检测种蛋蛋清或细胞培养上清液中的ALV p27抗原，检疫淘汰阳性种鸡，建立健康种鸡群。

【例题】某23周龄种鸡群陆续发病，发病率为5%，死亡率约1%，鸡群消瘦、虚弱、产蛋率下降。剖检可见肝脏、脾脏、肾脏、卵巢和法氏囊均有肿瘤结节。本病可能是（A）。

A. 禽白血病　　B. 禽结核病　　C. 鸡传染性贫血
D. 传染性法氏囊病　　E. 鸡大肠杆菌病

考点10：鸡病毒性关节炎的临床特征★★

鸡病毒性关节炎又称病毒性腱鞘炎，是由禽呼肠孤病毒引起的鸡和火鸡的病毒性传染病，以发生关节炎、腱鞘炎及腓肠肌腱断裂为主要特征。

临床特征：种鸡和带毒鸡是主要的传染源，本病既可水平传播，又可垂直传播。临床上主要表现为关节囊和腱鞘显著水肿、充血或点状出血，关节腔内含有浅黄色或血样渗出物，关节软骨糜烂及滑膜出血，严重病例可见肌腱断裂、出血和坏死等。

诊断方法：用荧光抗体技术检测特异性抗原或病毒分离鉴定确诊。肿胀的腱鞘、跗关节或股关节液、气管及肠内容物、脾脏等均含有较多的病毒，可以作为病料的采集部位。

【例题1】某6周龄肉鸡群中部分鸡出现跛行，卧地懒动，跗关节肿胀，关节囊及腱鞘水肿，关节腔内有浅黄色渗出物。本病最可能的诊断是（B）。

A. 鸡传染性支气管炎　　B. 鸡病毒性关节炎　　C. 禽出血性败血病
D. 鸡传染性法氏囊病　　E. 鸡新城疫

【例题2】分离鸡病毒性关节炎病毒，应采集病鸡的样品是（E）。

A. 脑组织　　B. 法氏囊　　C. 肝脏　　D. 肺　　E. 肠内容物

考点11：禽霍乱的临床特征和诊断方法★★★

禽霍乱又称禽巴氏杆菌病、禽出血性败血症，简称禽出败，是由多杀性巴氏杆菌引起的鸡、鸭、鹅等禽类的一种传染病，常呈现败血性症状，发病率和死亡率很高。

临床特征：一般呈急性经过，主要表现为呼吸困难，剧烈腹泻，肉冠发绀呈黑紫色。心外膜、心冠脂肪有出血点；肝脏肿大、质脆，呈棕红色或棕黄色，表面广泛分布针尖大小、灰白色或灰黄色、边缘整齐、大小一致的坏死点，具有特征性；肠道尤其是十二指肠黏膜红肿，呈暗红色，有弥漫性出血或溃疡，肠内容物含有血液。

诊断方法：一般取病死鸡心血、肝脏、脾脏制作涂片或触片，瑞氏染色，在显微镜下发现数量较多、形态一致、呈两极着色的杆菌，即可做出诊断。

【例题】实验室诊断禽霍乱的最适病料是（D）。

A. 肾脏　B. 鼻拭子　C. 肠黏膜　D. 心血、肝脏　E. 泄殖腔拭子

考点 12：鸡传染性鼻炎的临床特征★★★

鸡传染性鼻炎是由副鸡嗜血杆菌引起的鸡的急性呼吸系统传染病，主要表现为鼻腔与鼻旁窦发炎、流鼻液、面部肿胀、打喷嚏和结膜炎。主要病变为鼻腔黏膜呈急性充血肿胀，鼻旁窦内有渗出物凝块，后变成干酪样坏死物，结膜肿胀，脸部和肉髯皮下水肿。可以使用磺胺类药物进行治疗。

【例题】冬季，某 90 日龄鸡群发病，传播迅速，表现浆液性鼻漏，眼睑肿胀，化脓性结膜炎，呼吸困难，剖检见鼻旁窦和眶下窦有黄色干酪样凝块，气管呈卡他性炎。本病的有效处理措施是（E）。

A. 全群扑杀、无害化处理　B. 注射干扰素　C. 注射青霉素
D. 扑杀病鸡　E. 口服磺胺类药物

考点 13：鸡败血支原体感染的病变特征和诊断方法★★★

鸡败血支原体感染又称鸡毒支原体感染或鸡慢性呼吸道病，是由鸡败血支原体引起的鸡和火鸡的一种慢性呼吸道传染病。鸡主要表现气管炎和气囊炎，以咳嗽、气喘、流鼻液和呼吸有啰音为特征。

病变特征：主要表现为鼻道、气管、支气管和气囊含有混浊的黏稠渗出物。主要病理变化表现为气囊壁变厚和混浊，严重的有干酪样渗出物。

诊断方法：一般取气管或气囊渗出物经 0.45μm 滤膜过滤后，接种牛心浸出液琼脂培养基。为了抑制杂菌的生长需加入醋酸铊和青霉素，在液体培养基中呈现轻度混浊；在固体培养基上可形成圆形露滴样小菌落。此方法分离难度较大，很少进行，一般使用血清平板凝集试验进行血清学诊断。

【例题 1】鸡毒支原体感染最具诊断价值的病理变化在（D）。

A. 肺　B. 鼻旁窦　C. 气管　D. 气囊　E. 支气管

【例题 2】某 6 周龄鸡群冬季发病，病鸡频频摇头、打喷嚏，之后眼睑肿胀，病程长达 1 个月以上。剖检见鼻、气管、支气管有黏稠渗出物，气囊壁增厚和混浊，内含干酪样物。本病可能是（C）。

A. 禽霍乱　B. 鸡新城疫　C. 鸡败血性支原体感染
D. 鸡传染性支气管炎　E. 鸡传染性喉气管炎

【例题 3】某鸡场 4 周龄鸡出现咳嗽气喘、流鼻液症状。分泌物经 0.45μm 滤膜过滤后接种牛心浸出液琼脂培养基，7d 后可见露珠状小菌落。该鸡群感染的病原可能是（A）。

A. 鸡毒支原体　B. 产气荚膜梭菌　C. 多杀性巴氏杆菌
D. 支气管败血波氏菌　E. 产单核细胞李氏杆菌

考点 14：鸭瘟的临床特征和病变特征★★★★

鸭瘟又称鸭病毒性肠炎，是由鸭瘟病毒引起的鸭、鹅等禽类的一种急性、败血性和高度接触性传染病。临床特征是体温升高、流泪和部分病鸭头颈部肿大、两腿麻痹和排出绿色稀粪。病理特征为食道和泄殖腔黏膜出血、水肿和坏死，并有黄褐色假膜覆盖或溃疡，肝脏出现灰白色坏死点。本病流行广泛，传播迅速，发病率和死亡率高，呈世界性分布。

临床特征：体温升高，呈稽留热，两腿发软，麻痹无力，走动困难，行动迟缓或伏坐地上不能走动，强行驱赶时常以双翅扑地行走。部分病鸭头部肿大，触之有波动感，俗称"大头瘟"或"肿头瘟"。腹泻，排出绿色或灰白色稀粪，有腥臭味。

病变特征：食道黏膜有纵行排列的小出血斑点，有灰黄色的假膜覆盖，假膜易剥离，剥离后留有溃疡瘢痕。泄殖腔黏膜表面覆盖一层灰褐色或绿色的坏死痂，黏着牢固，不易剥离。肝脏早期有出血斑点，后期出现大小不同的灰白色坏死灶，在坏死灶周围有时可见环形出血带，坏死灶中心常见小出血点。

【例题 1】鸭瘟俗称（A）。

A. "大头瘟"　B. "小脑炎"　C. "大劈叉"　D. "大肝病"　E. "大脖子病"

【例题 2】鸭瘟的特征性临床症状是（E）。

A. 咳嗽、呼吸困难　B. 体温升高、关节肿大　C. 关节肿胀、行走困难
D. 精神沉郁、食欲减少　E. 头颈部肿大、两脚麻痹

考点 15：鸭瘟的诊断方法和防控措施★★★★

诊断方法：一般采取急性发病期或死亡后的病鸭血液、肝脏、脾脏等病料，尿囊膜接种 9~14 日龄鸭胚，用 PCR 或中和试验鉴定分离到的病毒。

防控措施：鸭群一旦发生鸭瘟，必须迅速采取严格封锁、隔离、消毒和紧急预防接种等综合性防疫措施，控制疫情，减少损失。当发现鸭瘟时，应立即用鸭瘟弱毒疫苗进行紧急接种，一般在接种后 1 周内死亡率显著降低，随后停止发病和死亡。

【例题 1】蛋鸭，60 日龄，流泪，眼睑水肿，头颈部肿大。剖检可见肝脏肿胀，食道和泄殖腔黏膜有黄色假膜覆盖。病原检查为有囊膜、双股 DNA 病毒。本病最可能的病原是（A）。

A. 鸭瘟病毒　B. 番鸭细小病毒　C. 鸭坦布苏病毒
D. 鸭甲型肝炎病毒　E. 减蛋综合征病毒

【例题 2】一群成年番鸭突然发病，病死率在 60% 以上，临床表现主要为体温升高、两腿麻痹、排绿色稀粪。剖检见食道黏膜出血、水肿和坏死，并有灰黄色假膜覆盖或溃疡；泄殖腔黏膜出血；肝脏有坏死点。对该群鸭首先应采取的措施是（D）。

A. 鸭群消毒　B. 抗生素治疗　C. 加强饲养管理
D. 疫苗紧急接种　E. 扑杀与无害化处理

考点 16：鸭病毒性肝炎的病原特征和临床特征★★★

鸭病毒性肝炎是由不同型鸭肝炎病毒（DHV）引起的雏鸭的一种以肝脏肿大和出血斑点为特征的病毒性传染病，其中以 1 型鸭肝炎病毒（DHV-1）危害最大，对易感雏鸭具有高度致死性且传播迅速，1 周龄以内的易感雏鸭病死率常在 95% 以上。我国以 DHV-1 流行最

为严重。

临床特征：病鸭精神沉郁，呈昏睡状，出现神经症状，运动失调，身体倒向一侧，两脚痉挛性后蹬，全身抽搐，仰脖，头弯向背部，在地上旋转，抽搐约10min至几小时后死亡。死亡时大多头向背部后仰，呈角弓反张姿态。肝脏肿大、质脆，表面有大小不等的出血点，胆囊肿胀，充满胆汁，脾脏充血，心肌质软。病毒接种10日龄鸡胚尿囊腔，鸡胚多在4d内死亡，胚液呈绿色。本病最可靠的诊断方法是接种7日龄以内敏感雏鸭，进行病毒的分离鉴定。

【例题1】目前我国流行的鸭病毒性肝炎病毒的主要血清型为（A）。

A. 1型　B. 2型　C. 3型　D. 1和2型　E. 1、2和3型

【例题2】1周龄鸭，全身抽搐，呈角弓反张，死亡。剖检见肝脏肿大、出血，病料接种9日龄鸡胚，3d后鸡胚死亡，胚液发绿。本病最可能的病原是（E）。

A. 禽流感病毒　B. 鸭瘟病毒　C. 番鸭细小病毒
D. 新城疫病毒　E. 鸭肝炎病毒

【例题3】雏鸭，厌食，昏睡，行动呆滞，全身抽搐，呈角弓反张。剖检可见肝脏肿大、质脆、发黄，表面有大小不等出血斑点。本病诊断最可靠的方法是接种敏感雏鸭，其日龄应是（A）。

A. 1~7日龄　B. 8~12日龄　C. 15~20日龄　D. 20~25日龄　E. 25~30日龄

考点17：鸭浆膜炎的病原特征、病变特征和诊断方法★★★★

鸭浆膜炎又称鸭疫里氏杆菌病，是由鸭疫里氏杆菌引起的雏鸭等多种禽类的一种接触性传染病。本病多发于1~8周龄的雏鸭，呈急性或慢性败血症。1周龄以内雏鸭病死率达90%以上，库蚊是鸭浆膜炎的重要传播媒介。

临床特征：雏鸭常出现眼和鼻分泌物增多，腹泻，共济失调，头颈震颤等症状。

病变特征：肉眼病变最为明显，主要在心包、肝脏和气囊形成纤维素性渗出性炎症，俗有“雏鸭三炎”之称。纤维素性渗出性炎症可发生于全身的浆膜面，以心包膜、气囊、肝脏表面以及脑膜最为常见。剖检可见纤维素性心包炎、肝周炎、气囊炎、脑膜炎以及部分病例出现干酪性输卵管炎、结膜炎、关节炎。濒死期呈现明显的神经症状，如头颈震颤、摇头或点头，呈角弓反张，尾部摇摆，抽搐而死，也有部分表现阵发性痉挛。

诊断方法：依据典型的临床特征和病变特征做出初步诊断，取病料进行病原菌的分离培养鉴定。鸭疫里氏杆菌检验可以应用标准的分型抗血清，进行平板凝集试验或试管凝集试验鉴定血清型。

【例题1】鸭传染性浆膜炎的病原为（D）。

A. 沙门菌　B. 鸭支原体　C. 大肠杆菌
D. 鸭疫里氏杆菌　E. 多杀性巴氏杆菌

【例题2】鸭浆膜炎急性病例濒死期的典型症状是（E）。

A. 剧烈腹泻　B. 咳嗽气喘　C. 头颈肿胀　D. 跛行　E. 神经症状

【例题3】鸭浆膜炎的特征性病变是（B）。

A. 食道和泄殖腔黏膜出血　B. 心包、气囊和肝脏表面纤维素性渗出炎症
C. 出血性、坏死性肠炎　D. 气管、支气管黏膜卡他性炎症
E. 脾脏和肾脏肿大

【例题 4】鸭传染性浆膜炎的实验室诊断方法是（B）。

A. 包涵体检查　　B. 平板凝集试验　　C. 血凝抑制试验（HI）

D. 鸡胚干扰试验　　E. 抗力诱导因子试验

考点 18：鸭坦布苏病毒病的临床特征★★

鸭坦布苏病毒病是由坦布苏病毒感染引起的一种鸭的急性、接触性传染病。发病鸭群主要以产蛋鸭为主，临床上商品肉鸭以神经症状为主要特征，表现为运动失调和倒地不起，无法采食而死亡；产蛋鸭群突然食欲下降，产蛋量急剧下降，部分感染鸭排绿色稀粪。病变特征为卵泡严重出血、变性和萎缩，部分鸭可见卵黄性腹膜炎和脾脏肿大。本病病原为蚊传虫媒病毒，在夏、秋季大面积流行。

防控措施：注射灭活油乳疫苗或基因工程疫苗是最有效的方法。

诊断方法：可以采集病鸭的卵巢、脾脏、肝脏等病料，经尿囊腔接种 10~12d 鸭胚进行病毒分离与鉴定。

【例题 1】蛋鸭，70 周龄，产蛋量急剧下降。剖检见肝脏肿胀发黄，卵泡变形，卵泡膜充血。病原检查为有囊膜、单股 RNA 病毒。本病最可能的病原是（C）。

A. 鸭瘟病毒　　B. 番鸭细小病毒　　C. 鸭坦布苏病毒

D. 鸭甲型肝炎病毒　　E. 减蛋综合征病毒

【例题 2】鸭坦布苏病毒病的病料接种的鸭胚多在（B）。

A. 7 日龄　　B. 11 日龄　　C. 5 日龄　　D. 15 日龄　　E. 3 日龄

【例题 3】在鸭坦布苏病毒病流行地区，应采取的防控措施是（D）。

A. 消毒　　B. 封锁　　C. 清洁饮水　　D. 疫苗接种　　E. 药物预防

考点 19：小鹅瘟的流行特征、临床特征和病变特征★★★

小鹅瘟又称鹅细小病毒感染、雏鹅病毒性肠炎，是由小鹅瘟病毒引起的雏鹅和雏番鸭的一种急性或亚急性败血性传染病，主要侵害 3~20 日龄雏鹅，导致急性死亡。临床特征为传染快、发病率高、死亡率高，严重腹泻。特征性病理变化为出血性、纤维素性、渗出性、坏死性肠炎。

流行特征：本病多发于 1 月龄内的雏鹅和雏番鸭，最早发病的雏鹅一般在 2~7 日龄，病死率高达 100%。本病主要经消化道传播。

临床特征：主要表现为严重腹泻，排灰白色或青绿色稀粪，粪中带有纤维碎片或未消化的饲料。临死前头触地，两腿麻痹或抽搐。

病变特征：主要病变集中在肠道，病鹅小肠出现凝固性栓子，肠内纤维素性渗出物增多，这些肠段膨大增粗，比正常增大 1~3 倍，肠壁菲薄，触摸有紧实感，外观如香肠状，主要发生在小肠中下段的空肠和回肠部。

防控措施：在种鹅产蛋前 1 个月接种鸭胚化弱毒疫苗。一旦鹅群发病，整群鹅注射小鹅瘟高免血清或高免卵黄。

【例题】小鹅瘟的特征性病理变化是（C）。

A. 心冠脂肪散在大量出血点　　B. 肝脏密集坏死灶

C. 小肠纤维素性、坏死性炎症　　D. 肾脏尿酸盐沉积

E. 肺切面呈大理石样外观

第八章 犬、猫的传染病

轻装上阵

如何学？

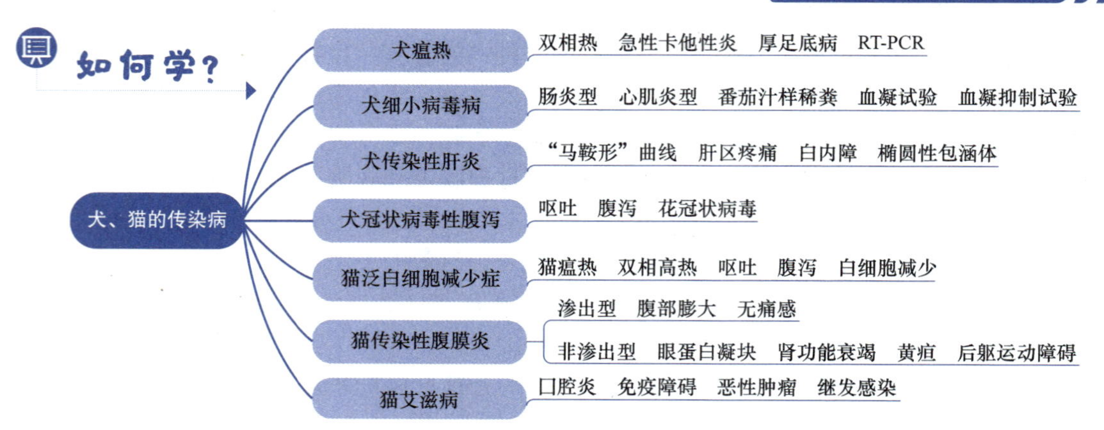

如何考？

本章考点在考试四种题型中均会出现，每年分值平均3分。下列所述考点均需掌握。犬瘟热、犬细小病毒病、猫传染性腹膜炎等是考查最为频繁的内容，希望考生予以特别关注。可以结合兽医微生物学相关内容进行学习。

考点冲浪

考点1：犬瘟热的临床特征和诊断方法★★★★★

犬瘟热是由犬瘟热病毒引起的主要发生于犬的一种急性、接触性传染病。临床特征为双相热、急性鼻（支气管、肺、胃、肠）卡他性炎和神经症状。少数患病犬可在皮肤上形成湿疹样病变，足底皮肤过度角化而增厚，故称厚足底病。

流行特征：犬科动物（包括狼、豺）、貂科动物、鼠科动物，以及野生动物均易感，主要通过消化道、呼吸道、交配、眼结膜和胎盘等途径传播。本病一年四季均可发生，但以冬季多发。

临床特征：病犬体温升高，持续2d，后下降到正常体温，而后又再次升高，表现为双相热，常见呕吐，出现肺炎，严重病例发生腹泻；慢性病例表现为癫痫、转圈，或共济失调，或颈部强直，肌肉痉挛，还遗留舞蹈症。病变特征是在患病犬的组织细胞可观察到椭圆形或圆形的嗜酸性包涵体，特别是在呼吸器官、泌尿道、膀胱、肠黏膜上皮细胞胞浆内。

幼犬在7日龄内感染时出现心肌炎，双目失明。

诊断方法：刮取患病犬鼻（舌、结膜等）黏膜或者死亡犬膀胱黏膜，做成涂片，进行包涵体检查，在细胞质内中可观察到红色嗜酸性包涵体，有良好的诊断价值。中和试验、荧光抗体技术、酶联免疫吸附试验、核酸探针技术、RT-PCR等可以用于犬瘟热的特异性诊断。诊断本病的实验动物是雪貂。

防治方法：免疫接种是预防犬瘟热最有效的方法。一般2月龄首次免疫，3~4月龄加强免疫，以后每半年加强免疫1次。对病犬及早应用单克隆抗体或高免血清，可以获得较好疗效。

【例题 1】出现双相热、肠道急性卡他性炎和神经症状的犬传染病是（B）。

A. 狂犬病　B. 犬瘟热　C. 犬流感　D. 犬细小病毒病　E. 犬传染性肝炎

【例题 2】对犬瘟热流行病学的正确叙述是（D）。

A. 不能经眼结膜传染　B. 不能经交配传染　C. 熊猫不易感

D. 水貂易感　E. 夏季较为多发

【例题 3】犬瘟热常呈现的发热特点是（D）。

A. 不规则热　B. 回归热　C. 稽留热　D. 双相热　E. 波状热

【例题 4】诊断犬瘟热常用的实验动物是（C）。

A. 小鼠　B. 豚鼠　C. 雪貂　D. 家兔　E. 仔猪

【例题 5】犬首次接种犬瘟热疫苗的时间一般在（B）。

A. 半月龄　B. 2 月龄　C. 3 月龄　D. 4 月龄　E. 配种前

【例题 6】早期治疗犬瘟热效果较好的方法是（E）。

A. 口服抗菌药　B. 口服抗病毒药　C. 肌内注射抗生素

D. 静脉注射 5%Na_2HCO_3　E. 使用高免血清

考点 2：犬细小病毒病的临床类型和临床特征★★★★

犬细小病毒病又称传染性出血性肠炎，是由犬细小病毒引起的一种急性传染病。本病主要经消化道传播，没有明显的季节性，断乳前后幼犬易感性最高，8~10 周龄犬的症状以肠炎居多，3~4 周龄犬感染后多呈致死性心肌炎。

根据临床表现分为肠炎型和心肌炎型。肠炎型以剧烈呕吐、血水样腹泻、脱水、白细胞显著减少、小肠出血性坏死性肠炎为特征；心肌炎型以急性非化脓性心肌炎为特征。

肠炎型：常发于青年犬，主要表现为突然出现呕吐，继而腹泻，粪便黄色或灰黄色，覆以大量黏液和假膜，接着排番茄汁样稀粪，有难闻的恶臭味。体温升高，白细胞总数显著减少，转氨酶指数上升。

心肌炎型：多发于幼犬，突然发病，很快死亡，表现为呼吸困难，脉快而弱，可视黏膜苍白，心律不齐，常因心力衰竭而死亡。特征病变为心肌呈白色条纹状，左心室壁变薄，心肌纤维有核内包涵体。

【例题 1】犬细小病毒病的流行病学特征是（C）。

A. 有明显季节性　B. 主要经呼吸道传播

C. 断乳前后幼犬易感性最高　D. 3~4 周龄犬以肠炎居多

E. 8~10 周龄犬以致死性心肌炎较多

【例题 2】犬细小病毒感染的临床表现有（E）。

A. 肠炎型和脑炎型　B. 肠炎型和皮肤型　C. 肠炎型和呼吸型

D. 肠炎型和关节炎型　E. 肠炎型和心肌炎型

【例题 3】犬心肌炎型细小病毒病多发生于（C）。

A. 1 周龄内　B. 1~2 周龄　C. 2 月龄内　D. 3~4 月龄　E. 5~6 月龄

考点 3：犬细小病毒病的诊断方法和防控方法★★★★

诊断方法：微量血凝试验和血凝抑制试验、荧光抗体技术、ELISA 等方法可用于本病的特异性快速诊断。

防控方法：预防主要依靠疫苗免疫。常用疫苗有犬细小病毒弱毒疫苗、二联疫苗、三联疫苗和五联疫苗。一般于出生后2~3月龄进行首免，间隔2周后再加强免疫接种1次，以后每6个月加强免疫1次。母犬则在产前3~4周免疫接种。心肌炎型病例大多愈后不良。对于肠炎型，治疗原则是使用高免血清进行特异性治疗，配合对症、解毒、抗休克治疗和防止继发感染。

【例题1】一犬突然出现呕吐，继而腹泻，粪便开始为灰黄色，接着排出番茄汁样稀粪，恶臭难闻；血常规检查，白细胞总数显著减少，粪便检查未见虫卵。进一步确定病原应进行（D）。

A. B超检查　B. 病理剖检　C. 生化试验　D. 血清学试验　E. 尿常规检查

【例题2】母犬接种犬细小病毒疫苗的时机宜在产前（B）。

A. 1~2周　B. 3~4周　C. 5~6周　D. 7~8周　E. 9~10周

【例题3】犬细小病毒病肠炎型的特异性治疗方法是（A）。

A. 注射高免血清　B. 注射阿托品止呕　C. 口服硝酸铋止泻
D. 注射安络血止血　E. 先盐后糖补液

考点4：犬传染性肝炎的临床特征和病变特征★★★

犬传染性肝炎是由犬腺病毒感染引起的一种犬的急性、高度接触性、败血性传染病，病变特征为血液循环障碍，肝小叶中心坏死以及肝实质和内皮细胞出现核内包涵体。目前本病呈世界性分布。

临床特征：体温升高到40~41℃，呈“马鞍形”曲线。触压腹部肝区有痛感而出现呻吟。病犬黏膜苍白，扁桃体肿大，多有腹泻和呕吐症状，在腹部、头颈部、眼睑处常见水肿。病犬多在2周内死亡或康复，部分病犬在康复期出现角膜混浊，呈白色或蓝白色（白内障），经过2~3d可以自然恢复。

病变特征：肝脏肿大，肝小叶中心坏死，胆囊壁水肿和出血，有纤维蛋白沉着，全身较大的淋巴结如肠系膜淋巴结、颈淋巴结出血，脾脏肿大，胸腺出血。肝脏、脾脏、淋巴结、肾脏等切片或抹片，染色镜检，可以检查到肝实质和内皮细胞有圆形或椭圆形核内包涵体。

预防方法：免疫接种是预防犬传染性肝炎最有效的方法，一般2月龄首免，3月龄加强免疫，以后每半年加强免疫1次。

【例题1】犬传染性肝炎病犬常见的体表变化是（A）。

A. 皮下水肿　B. 皮下脓肿　C. 被毛脱落　D. 皮肤溃疡　E. 皮肤干裂

【例题2】病犬在康复期出现角膜混浊的常见传染病是（E）。

A. 伪狂犬病　B. 犬细小病毒病　C. 犬瘟热　D. 狂犬病　E. 犬传染性肝炎

【例题3】犬首次接种犬传染性肝炎疫苗的时间一般是（B）。

A. 1月龄　B. 2月龄　C. 3月龄　D. 4月龄　E. 配种前

考点5：犬冠状病毒性腹泻的临床特征★★

犬冠状病毒性腹泻又称犬冠状病毒病，是由犬冠状病毒引起的一种临床上以呕吐、腹泻、脱水和易复发为特征的高度接触性传染病。幼犬危害严重，死亡率很高。

临床上感染犬表现为突然腹泻，间有呕吐，严重病例出现水样腹泻，呈深褐色或黄绿色，恶臭，血常规检查白细胞基本正常。采集新鲜粪便，电镜检查，发现花冠状病毒粒子可以做出诊断。

考点 6：猫泛白细胞减少症的临床特征和诊断方法★★★

猫泛白细胞减少症又称猫传染性肠炎、猫瘟热，是由猫细小病毒感染猫及猫科动物导致的一种急性、高度接触性传染病。临床特征是突发双相高热、腹泻、呕吐、白细胞显著减少和出血性肠炎。其中以 1 岁以内的幼猫多见，特别是 2~5 月龄猫最易感。

诊断方法：琼脂扩散试验、血凝抑制试验（HI）、荧光抗体技术、PCR 技术等方法均可用于本病的特异性诊断。

免疫接种：免疫接种是预防猫泛白细胞减少症最有效的方法。一般 1 月龄进行首免，以后每 6 个月加强免疫 1 次。

【例题 1】猫泛白细胞减少症的流行病学特征是（B）。

A. 犬科动物同样易感　B. 主要发生于 1 岁以下的幼猫
C. 主要经呼吸道感染　D. 多发于夏季
E. 经皮肤伤口感染

【例题 2】预防猫泛白细胞减少症的首选措施是（A）。

A. 免疫接种　B. 减少应激　C. 加强营养　D. 抗生素预防　E. 注射高免血清

考点 7：猫传染性腹膜炎的临床特征★★★★

猫传染性腹膜炎是由猫传染性腹膜炎病毒引起的一种慢性、致死性传染病，以发生腹膜炎和出现腹水为特征。一旦感染发病，病死率为 100%。

临床上主要有两种表现形式，即渗出型和非渗出型，前者多见。渗出型病猫发病 1~6 周后腹部膨大，触诊无痛感，有波动感，呼吸困难，贫血或黄疸，持续 2 周后死亡；非渗出型表现为眼、肾脏、肝脏、神经损伤。眼前房有纤维蛋白凝块，肾功能衰竭，黄疸，后躯运动障碍，背部感觉过敏等。

临床上常用干扰素、转移因子治疗。合理使用阿莫西林，防止继发感染。

考点 8：猫艾滋病的临床特征和诊断方法★★★

猫艾滋病是由猫免疫缺陷病毒引起的危害猫的慢性传染病，以严重的口腔炎、牙龈炎、鼻炎、腹泻、神经紊乱和免疫障碍为特征。自然病例主要见于中、老龄猫，公猫感染率高于母猫，做过绝育手术的猫感染率较低。

临床上按主要症状不同，分为急性期、无症状期和慢性期。

急性期：病猫呈现发热、淋巴结肿胀、中性粒细胞减少，出现口腔炎、牙龈红肿、流涎等，少数表现为鼻炎、腹泻、眼色素层炎、青光眼。

无症状期：症状消退后，进入无症状感染状态。

慢性期：大多数病猫呈现进行性消瘦，贫血加剧，淋巴结肿胀，呈现恶性肿瘤和继发感染，发生各种慢性病，治疗无效，衰竭死亡。

第九章 兔和貂的传染病

轻装上阵

如何学？

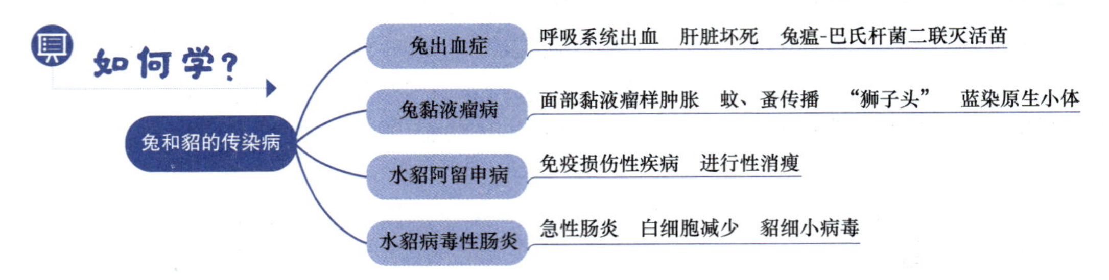

如何考？

本章考点在考试中主要出现 A1、A2 型题中，每年分值平均 1 分。下列所述考点均需掌握。重点掌握兔出血症、水貂病毒性肠炎相关考点。可以结合兽医微生物学相关内容进行学习。

考点冲浪

考点 1：兔出血症的流行特征和病变特征★★★

兔出血症又称兔病毒性出血症，俗称兔瘟，是由兔出血症病毒感染兔引起的一种急性、高度接触性传染病，以呼吸系统出血、肝脏坏死、实质脏器水肿、瘀血及出血性变化为特征。

流行特征：本病自然条件下只发生于兔，其中以长毛兔最为易感，2 月龄以上兔易感性最高，2 月龄以内兔易感性较低，哺乳期的仔兔一般不发生死亡。

病变特征：气管和支气管内有泡沫状血液，鼻腔、喉头和气管黏膜瘀血和出血，肺严重充血和出血，肝脏瘀血、肿大、质脆，表面呈浅黄色或灰白色条纹，切面粗糙，流出大量暗红色血液。

免疫接种：免疫接种是预防本病最为有效的方法，可以使用兔瘟 - 巴氏杆菌病二联灭活苗。一般 20 日龄进行首免，2 月龄加强免疫 1 次，以后每 6 个月加强免疫 1 次。

诊断方法：确诊需进行实验室检查。兔出血症病毒可凝集绵羊、鸡、鹅、豚鼠和人的红细胞，但是在用血凝和血凝抑制试验进行诊断的时候多用人 O 型红细胞。一般取病死兔肝脏，制成悬液，离心取上清，用人 O 型红细胞做血凝试验和血凝抑制试验。

【例题 1】兔瘟的主要病理变化是（A）。

A. 气管和肺充血、出血　B. 淋巴结切面呈大理石样　C. 脾脏边缘有梗死灶
D. 肠道扣状溃疡　E. 胰腺充血、出血

【例题 2】应用血凝和血凝抑制试验诊断兔病毒性出血症可选用（A）。

A. 鸡红细胞　B. 兔红细胞　C. 人O型红细胞　D. 大鼠红细胞　E. 绵羊红细胞

【例题 3】兔病毒性出血症受威胁区，预防本病的关键措施是（D）。

A. 淘汰病兔　B. 隔离封锁　C. 定期消毒
D. 紧急接种疫苗　E. 注射高免血清

考点 2：兔黏液瘤病的流行特征、临床特征和诊断方法★★★

兔黏液瘤病是由兔黏液瘤病毒引起的一种高度接触性传染病，以全身皮肤，尤其是面部和天然孔周围皮肤发生黏液瘤样肿胀为特征。本病为一种自然疫源性疾病，我国将其列为禁止输入的疾病。

流行特征：本病只侵害家兔和野兔，其他动物不易感。本病呈季节性发生，主要通过吸血昆虫传播，蚊大量滋生的季节是发病高峰季节，冬季蚤类是主要的传播媒介。

临床特征：主要表现为皮肤肿瘤结节，全身皮肤、皮下组织水肿，尤其是颜面和天然孔周围的皮下组织充血、水肿，俗称"狮子头"。切开肿胀部位皮下可见组织充血，水肿，胶冻状液体积聚，具有高度传染性，死亡率高达 100%。

诊断方法：在上皮细胞胞质内有嗜酸性包涵体，包涵体内有蓝染的球菌样小颗粒，即原生小体。一般病变组织做切片或涂片，检查发现黏液瘤细胞和嗜酸性包涵体即可确诊。

【例题 1】引进种兔在隔离期，可见面部和天然孔周围明显肿胀，切开肿胀部，见皮下出血，积聚胶冻状液体，发病率高，病死率达 100%。本病的传播媒介是（D）。

A. 椎实螺　B. 钉螺　C. 迁徙候鸟　D. 吸血昆虫　E. 啮齿动物

【例题 2】某兔场病兔全身皮肤、面部和天然孔周围肿胀明显，切开肿胀部皮下可见组织充血，水肿，胶冻状液体积聚，具有高度传染性，死亡率高达 100%。本病可能是（B）。

A. 链球菌病　B. 黏液瘤病　C. 恶性水肿　D. 病毒性出血症　E. 巴氏杆菌病

考点 3：水貂阿留申病的病变特征★★★

水貂阿留申病是由阿留申病毒引起的一种慢性消耗性、超敏感性和自身免疫损伤性疾病。特征为终生持续性病毒血症、淋巴细胞增生、丙种球蛋白异常增加、肾小球肾炎、血管炎和肝炎。急性型病程短促，往往看不到明显症状而突然死亡，死前常有抽搐、痉挛症状。慢性型病程数周或数月不等，病貂食欲减退或时好时坏，贫血，进行性消瘦，可视黏膜苍白。利用碘凝集试验进行诊断，简便易行，在基层受到广泛欢迎。

【例题 1】急性型水貂阿留申病，病貂死前常见的症状是（A）。

A. 抽搐、痉挛　B. 严重腹泻　C. 高热稽留　D. 贫血　E. 消瘦

【例题 2】慢性型水貂阿留申病的主要临床症状为（B）。

A. 慢性关节炎　B. 进行性消瘦　C. 浆液性鼻液
D. 慢性渗出性皮炎　E. 呼吸困难

考点 4：水貂病毒性肠炎的临床特征和诊断方法★★★★

水貂病毒性肠炎又称貂泛白细胞减少症，是由貂细小病毒（MPV）引起的貂的一种急性传染病。

临床特征：主要表现为急性肠炎和白细胞减少，剖检特征为小肠急性卡他性、纤维素性或出血性肠炎。

诊断方法：琼脂扩散试验、血凝抑制试验、荧光抗体技术、核酸探针技术、PCR 技术等方法可用于本病的特异诊断。

免疫接种：本病无特效治疗方法。免疫接种是预防本病最为有效的方法。一般在 4~5 周

龄免疫，6~7 月龄加强免疫 1 次。

【例题 1】水貂病毒性肠炎的特征性病变是（E）。

A. 肝质地脆，胆汁充盈　　B. 大肠出血性炎症，肝脏肿大
C. 脾脏肿大，暗紫色，肾脏肿大　　D. 大肠纤维素性炎症，淋巴结肿大
E. 小肠急性卡他性、纤维素性或出血性肠炎

【例题 2】水貂病毒性肠炎的一个重要特征是（E）。

A. 消瘦　　B. 发热　　C. 精神委顿　　D. 食欲不振　　E. 白细胞减少

【例题 3】预防水貂病毒性肠炎的最有效措施是（A）。

A. 疫苗接种　　B. 中草药拌料　　C. 注射干扰素
D. 注射高免血清　　E. 应用抗病毒药

【例题 4】仔貂接种水貂病毒性肠炎疫苗的时间一般在（C）。

A. 1 周龄　　B. 2~3 周龄　　C. 4~5 周龄　　D. 2~3 月龄　　E. 4~5 月龄

第十章　蚕、蜂的传染病

轻装上阵

如何学？

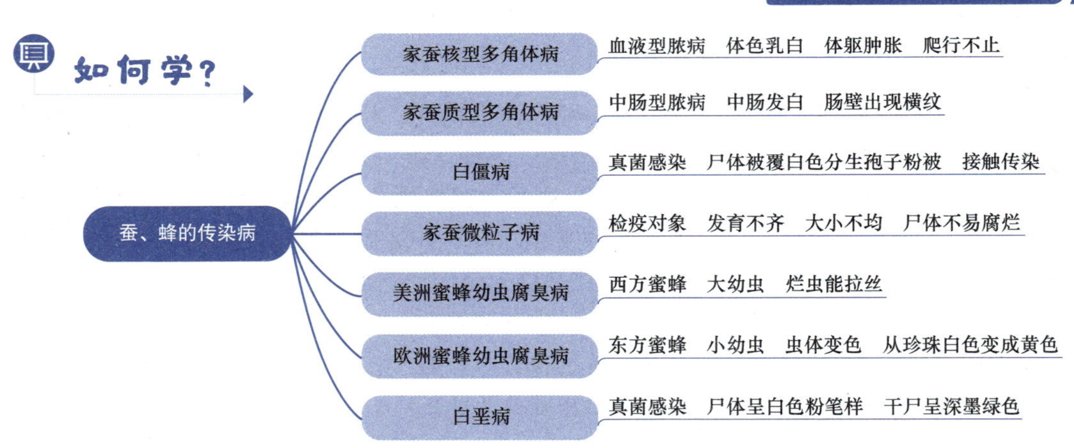

如何考？

本章考点在考试中主要出现 A1、A2 型题中，每年分值平均 1 分。下列所述考点均需掌握。重点掌握多角体病、蜜蜂幼虫腐臭病相关考点。可以结合兽医微生物学相关内容进行学习。

考点冲浪

考点 1：家蚕核型多角体病的流行特征和疾病特征★★★

家蚕核型多角体病，又称家蚕血液型脓病，是由病毒寄生在家蚕血细胞和体腔内各种组织细胞的细胞核中，并在其中形成多角体引起的一种家蚕恶性传染病。临床表现为体色乳白，体躯肿胀，狂躁爬行，体壁易破等特有的典型病征。大蚕常爬行到蚕匾边缘堕地流出乳

白色脓汁而死。

流行特征：蚕座传播是传染性蚕病传播的重要形式。

疾病特征：病蚕体壁紧张，体色乳白，体躯肿胀，爬行不止，剪去尾角或腹足滴出的血液呈乳白色。

【例题】家蚕核型多角体病不会出现的病症是（C）。

A. 脓蚕　B. 环节肿胀　C. 行动呆滞　D. 体壁易破　E. 体色乳白

考点2：家蚕质型多角体病的流行特征和疾病特征★★★

家蚕质型多角体病，又称中肠型脓病，是由病毒寄生在家蚕中肠圆筒形细胞中，并在细胞质内形成多角体引起的一种家蚕疾病。

流行特征：质型多角体病具有食下传染途径；蚕座传播是传播的重要形式。

疾病特征：中肠发白，肠壁出现大量乳白色的横纹褶皱。

【例题1】家蚕质型多角体病的典型病理变化是（C）。

A. 血液混浊　B. 前肠发白　C. 中肠发白　D. 后肠发白　E. 脂肪体崩解

【例题2】家蚕质型多角体病毒感染家蚕中肠的细胞为（A）。

A. 圆筒形细胞　B. 杯形细胞　C. 再生细胞　D. 颗粒细胞　E. 脂肪细胞

考点3：白僵病的疾病特征★★

白僵病是白僵菌属中不同种类的白僵菌寄生蚕体引起的，病蚕尸体被覆白色或类白色分生孢子粉被，故称白僵病。

家蚕白僵病属于家蚕真菌感染。传播途径主要是接触传染，其次是创伤传染，一般不能食下传染。白僵菌的生长发育周期有分生孢子、营养菌丝、气生菌丝3个主要阶段。

【例题1】白僵菌的增殖方式是（D）。

A. 营养菌丝 - 节孢子 - 分生孢子　B. 气生菌丝 - 分生孢子

C. 营养菌丝 - 分生孢子 - 气生菌丝　D. 分生孢子 - 营养菌丝 - 气生菌丝

E. 营养菌丝 - 芽生孢子 - 节孢子 - 营养菌丝

【例题2】家蚕白僵病的主要传染途径为（B）。

A. 食下传染　B. 接触传染　C. 创伤传染　D. 胚胎传染　E. 血液传染

考点4：家蚕微粒子病的疾病特征★★★

家蚕微粒子病是蚕业生产上的毁灭性病害，病原为家蚕微粒子，可通过胚种传染和食下传染感染家蚕，是蚕业上唯一的法定检疫对象。

临床上病蚕表现为群体发育不齐、大小不匀和尸体不易腐烂。大蚕体壁呈锈色，有微细不规则的黑褐色病斑（称胡椒蚕）；病蛹表皮无光泽，腹部松弛，体壁上出现大小不等的黑斑。病蚕的丝腺出现肉眼可见的乳白色脓包状斑块的典型病变时，即可确诊。

制造无毒蚕种是防控本病的根本措施。

【例题】家蚕疾病中，属于法定检疫对象的是（E）。

A. 核型多角体病　B. 质型多角体病　C. 病毒性软化病

D. 浓核病　E. 微粒子病

考点5：美洲蜜蜂幼虫腐臭病的疾病特征和治疗方法★★★★

美洲蜜蜂幼虫腐臭病是发生于蜜蜂幼虫的细菌性病害，主要发生于7日龄后的大幼虫或前蛹期。本病仅见于西方蜜蜂，中华蜜蜂及东方蜜蜂不发病，没有明显的季节性，病害主要通过内勤蜂对幼虫的喂饲活动而将病菌传给健康的幼虫，被感染的蜜蜂幼虫在孵化后12d表现临床症状。

疾病特征：主要表现为病虫死亡几乎都发生于封盖后，病虫死亡腐烂过程中，能使蜡盖变色、湿润、下陷、穿孔。在封盖下陷时期，用火柴杆插入封盖房，能拉出褐色的、黏稠的、具有腥臭味的长丝。

诊断方法：根据典型症状，特别是烂虫能“拉丝”进行诊断。

治疗方法：病初及时销毁病脾和病群、换用干净的蜂箱蜂脾、饲喂含抗生素的花粉或饲喂含抗生素的炼糖。

【例题1】尚未见发生美洲幼虫腐臭病的蜜蜂是（D）。

A. 西班牙蜜蜂 B. 意大利蜜蜂 C. 巴西蜜蜂 D. 中华蜜蜂 E. 秘鲁蜜蜂

【例题2】美洲蜜蜂幼虫腐臭病发生的季节是（E）。

A. 春季 B. 夏季 C. 秋季 D. 冬季 E. 任何季节

【例题3】感染美洲幼虫腐臭病的蜜蜂幼虫表现症状的平均日龄是（D）。

A. 3日龄 B. 6日龄 C. 9日龄 D. 12日龄 E. 25日龄

【例题4】美洲蜜蜂幼虫腐臭病具有诊断意义的症状是（B）。

A. 房盖有穿孔 B. 烂虫能拉丝 C. 房盖颜色加深
D. 房盖出现下陷 E. 烂虫有腥臭味

【例题5】处置感染美洲幼虫腐臭病的蜜蜂群的错误方法是（E）。

A. 病初销毁病脾和病群 B. 换用干净的箱和脾 C. 饲喂含抗生素的花粉
D. 饲喂含抗生素的炼糖 E. 使用杀螨药

考点6：欧洲蜜蜂幼虫腐臭病的疾病特征★★★

欧洲蜜蜂幼虫腐臭病又称欧洲幼虫腐臭病，是发生于蜜蜂幼虫的细菌性病害，主要发生于2~4日龄的小幼虫，西方蜜蜂与东方蜜蜂均被侵染，东方蜜蜂更严重，为常见的东方蜜蜂病害。欧洲幼虫腐臭病病原菌为蜂房球菌。病害发生有明显的季节性，一年之中有两个发病高峰，分别为3月初~4月中旬，以及8月下旬~10月初。两个发病高峰期都与蜂群的春繁、秋繁时间相重叠。

疾病特征：主要表现为虫体变色，失去肥胖状态，从珍珠白变成黄色、浅褐色直至黑褐色，若病害严重，巢脾上出现严重“花子”。

【例题1】欧洲幼虫腐臭病危害最严重的是（E）。

A. 欧洲蜜蜂 B. 意大利蜜蜂 C. 小蜜蜂 D. 印度蜜蜂 E. 中华蜜蜂

【例题2】欧洲蜜蜂幼虫腐臭病最易发生于蜂群的（B）。

A. 越夏期 B. 繁殖高峰期 C. 采集期 D. 采集后恢复期 E. 越冬期

考点7：白垩病的疾病特征★★

白垩病为蜜蜂幼虫的真菌性病害，主要发生于7日龄以后的幼虫或前蛹，西方蜜蜂发病严重，病原为蜜蜂球囊菌，具有分隔的菌丝体。白垩病的发生在很大程度上取决于当时的温度、湿度，有着较明显的季节性，一般多流行于春季和初夏，特别是在阴雨潮湿，温度变化频繁的气候条件下容易发生。发病死亡的蜜蜂幼虫尸体为白色粉笔样物，干尸呈深墨绿色至黑色。刮取干尸体表黑色物，做水浸片，显微镜检查可见真菌孢囊、孢子球。用福尔马林加高锰酸钾密闭熏蒸消毒，降低蜂箱内的湿度是控制白垩病的关键。

【例题 1】蜜蜂白垩病的病原是（A）。

A. 真菌　B. 病毒　C. 支原体　D. 衣原体　E. 螺旋体

【例题 2】蜜蜂白垩病的诱发因素是（E）。

A. 高温、高湿　B. 高温、低湿　C. 低温、高湿

D. 低温、低湿　E. 温度多变、潮湿

第三篇
兽医寄生虫病学

第一章　寄生虫学基础知识

轻装上阵

如何学？

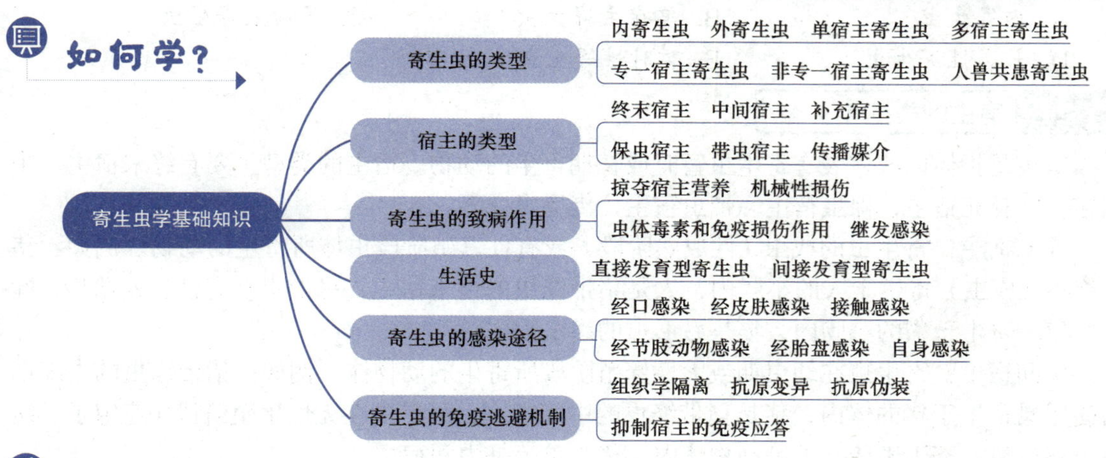

如何考？

本章考点在考试中主要出现在A1型题中，每年分值平均3分。下列所述考点均需掌握。对于重点内容，希望考生予以特别关注。

考点冲浪

考点1：寄生虫的类型★★★

寄生虫是指暂时或永久在宿主体内寄生，并从宿主身上取得它们所需要的营养物质的动物。寄生虫的类型主要有内寄生虫、外寄生虫、单宿主寄生虫、多宿主寄生虫、专一宿主寄生虫、非专一宿主寄生虫、人兽共患寄生虫等。

内寄生虫：寄生在宿主体内的寄生虫，如寄生在消化道的线虫、绦虫、吸虫等。

外寄生虫：寄生在宿主体表的寄生虫，如寄生于皮肤表面的蜱、螨、虱等。

单宿主寄生虫：又称土源性寄生虫，是指发育过程中仅需要一个宿主的寄生虫，如蛔虫、钩虫。

多宿主寄生虫：发育过程中需要多个宿主的寄生虫，如绦虫和吸虫。

专一宿主寄生虫：只寄生于一种特定宿主的寄生虫，对宿主有严格的选择性，如鸡球虫只感染鸡等。

非专一宿主寄生虫：能够寄生于多种宿主的寄生虫，如肝片吸虫可以寄生于牛、羊等动物和人。

暂时性寄生虫：只有在采食时才与宿主接触的寄生虫种类，如蚊。

人兽共患寄生虫：既能寄生于动物，也能寄生于人的寄生虫，如日本分体吸虫（日本血吸虫）、旋毛虫、弓形虫等。

【例题1】寄生于宿主体表的寄生虫称为（B）。

A. 内寄生虫　　B. 外寄生虫　　C. 单宿主寄生虫
D. 多宿主寄生虫　　E. 暂时性寄生虫

【例题 2】蛔虫、钩虫等在发育过程中只需要一个宿主，它们被称为（B）。

A. 外寄生虫　B. 单宿主寄生虫　C. 多宿主寄生虫
D. 永久性寄生虫　E. 暂时性寄生虫

【例题 3】蚊只有在采食时才与宿主接触，其属于（E）。

A. 内寄生虫　B. 单宿主寄生虫　C. 多宿主寄生虫
D. 长久性寄生虫　E. 暂时性寄生虫

考点 2：宿主的类型★★★

宿主是指体内或体表有寄生虫暂时或长期寄生的动物。宿主的类型主要有终末宿主、中间宿主、补充宿主、保虫宿主、带虫宿主、传播媒介等。

终末宿主：寄生虫的成虫（性成熟阶段）或有性繁殖阶段虫体所寄生的动物。例如：猪带绦虫（成虫）寄生于人的小肠内，人是猪带绦虫的终末宿主；弓形虫在有性繁殖阶段（配子生殖）寄生于猫的小肠内，猫是弓形虫的终末宿主。

中间宿主：寄生虫在幼虫期或无性繁殖阶段所寄生的动物体。例如：猪带绦虫的中绦期猪囊尾蚴寄生于猪的体内，猪是猪带绦虫的中间宿主；弓形虫在无性生殖阶段（速殖子、缓殖子和包囊）寄生于猪、羊等动物体内，猪、羊等是中间宿主。

补充宿主：又称第二中间宿主，是指某些种类的寄生虫在发育过程中需要两个中间宿主，后一个中间宿主称为补充宿主，如双腔吸虫在发育过程中依次需要在蜗牛和蚂蚁体内发育，其补充宿主是蚂蚁。

保虫宿主：在多宿主寄生虫的宿主中，感染不普遍、寄生数量较少、无明显危害的宿主，称为保虫宿主，如耕牛是日本分体吸虫的保虫宿主。

带虫宿主：动物处于隐性感染状态，体内存留有一定数量的虫体，这种宿主称为带虫宿主（带虫者），它在临床上不表现症状，对同种寄生虫再感染具有一定的免疫力，如牛感染巴贝斯虫。

传播媒介：在脊椎动物宿主间传播寄生虫病的一类动物，多指吸血的节肢动物，如蚊在人间传播疟原虫，蜱在牛之间传播巴贝斯虫。

【例题 1】寄生虫成虫寄生的动物称为（A）。

A. 终末宿主　B. 中间宿主　C. 补充宿主　D. 贮藏宿主　E. 保虫宿主

【例题 2】寄生虫无性繁殖阶段所寄生的宿主是（B）。

A. 终末宿主　B. 中间宿主　C. 保虫宿主　D. 贮藏宿主　E. 带虫者

【例题 3】猪带绦虫的终末宿主是（C）。

A. 猪　B. 猫　C. 人　D. 犬　E. 鼠

【例题 4】猪是猪带绦虫的（A）。

A. 中间宿主　B. 终末宿主　C. 贮藏宿主　D. 补充宿主　E. 保虫宿主

【例题 5】寄生虫在发育过程中需要两个中间宿主，后一个中间宿主有时被称为（A）。

A. 补充宿主　B. 贮藏宿主　C. 保虫宿主　D. 超寄生宿主　E. 带虫宿主

考点 3：寄生虫的致病作用和主要危害★★★

寄生虫的种类不同，寄生虫的致病作用也不同。寄生虫对宿主的危害主要有掠夺宿主营养、机械性损伤、虫体毒素和免疫损伤作用、继发感染。

掠夺宿主营养：消化道寄生虫（如蛔虫、绦虫）多数以宿主体内消化或半消化的食物营养为食。寄生虫在宿主体内生长、发育及大量繁殖，所需营养物质绝大部分来自宿主。这些营养还包括宿主不易获得而又必需的物质，如维生素 B_{12}、铁及微量元素等。寄生虫对宿主营养的掠夺，使宿主长期处于贫血、消瘦和营养不良状态。

机械性损伤：寄生虫虫体以吸盘、小钩、口囊、吻突等器官附着在宿主的寄生部位，造成局部损伤，如钩虫幼虫侵入皮肤时，引起钩蚴性皮炎；幼虫在移行过程中形成虫道，导致出血、炎症；虫体在肠管或组织腔道内聚集，引起阻塞和破裂等。

虫体毒素和免疫损伤作用：寄生虫在寄生生活期间排出的代谢产物、分泌的物质和虫体崩解后的物质对宿主是有害的，如寄生于胆管系统的华支睾吸虫，其分泌物、代谢产物可引起胆管上皮增生、肝实质萎缩。

继发感染：有些寄生虫侵入宿主体内时，可以把一些其他病原体（细菌、病毒等）一同携带入体内，如某些蚊虫传播人和猪、马等家畜的日本乙型脑炎，蜱传播巴贝斯虫等。

【例题 1】动物感染寄生虫后，引起消瘦、营养不良的主要原因是（D）。

A. 免疫损伤　B. 继发感染　C. 机械性损伤　D. 掠夺宿主营养　E. 虫体毒素作用

【例题 2】猪蛔虫最主要的致病作用是（E）。

A. 免疫损伤　B. 继发感染　C. 毒素作用　D. 机械性损伤　E. 掠夺宿主营养

考点 4：生活史的概念★

生活史又称寄生虫的发育史，是指寄生虫生长、发育和繁殖的一个完整循环过程。发育史不需要中间宿主的寄生虫称为直接发育型寄生虫；发育史需要中间宿主的寄生虫称为间接发育型寄生虫。能使动物机体感染的阶段称为寄生虫感染性阶段或感染期，如线虫的第三期幼虫阶段。

【例题】寄生虫的间接发育型是指寄生虫在发育过程中需要（A）。

A. 中间宿主　B. 贮藏宿主　C. 转运宿主　D. 保虫宿主　E. 带虫宿主

考点 5：寄生虫的感染途径★★★

感染途径是指病原寄生虫从感染来源感染易感动物所需要的方式。寄生虫的感染途径随寄生虫种类的不同而异。寄生虫的感染途径主要有经口感染、经皮肤感染、接触感染、经节肢动物感染、经胎盘感染、自身感染等。

经口感染：寄生虫通过易感动物的消化系统进入宿主体的方式，如采食、饮水。多数寄生虫属于这种感染方式。

经皮肤感染：寄生虫通过易感动物的皮肤进入宿主体的方式，如钩虫、日本分体吸虫。

接触感染：寄生虫通过宿主之间的相互直接接触或人员、用具的间接接触，在易感动物之间传播流行。主要是一些外寄生虫，如蜱、螨、虱等。

经节肢动物感染：寄生虫通过节肢动物的叮咬、吸血，传给易感动物的方式，如血液原虫和丝虫。

经胎盘感染：寄生虫通过胎盘由母体感染给胎儿的方式，如弓形虫等。

自身感染：某些寄生虫产生的卵不需要排出宿主体外，即可使原宿主再次遭受感染，如猪带绦虫的患者呕吐时，使原患者再次感染。

慢性感染是寄生虫病的重要特点之一。多次低水平感染或在急性感染之后治疗不彻底，未能清除所有的病原体，常会转入慢性持续性感染。

【例题1】球虫的感染途径是（A）。

A. 经口感染　B. 经皮肤感染　C. 接触感染

D. 经胎盘感染　E. 自身感染

【解析】本题考查寄生虫的感染途径。球虫病是由不同科不同属的球虫寄生于不同的畜禽肠道引起的一种原虫病。发病动物主要通过污染的饲料、饮水、土壤或用具进行消化道传播。因此，球虫的感染途径是经口感染。

【例题2】钩虫的主要感染途径是（E）。

A. 经交配感染　B. 经空气感染　C. 经胎盘感染

D. 经眼结膜感染　E. 经皮肤感染

【解析】本题考查寄生虫的感染途径。钩虫病的感染途径有3种，其中幼虫经皮肤进入血液，经心脏、肺、呼吸道、喉头、咽部、食道和胃进入小肠内定居的途径最为常见。因此钩虫主要经皮肤感染。

【例题3】疥螨的感染途径是（D）。

A. 经空气感染　B. 经吸血感染　C. 经胎盘感染

D. 接触感染　E. 经口感染

考点6：寄生虫的免疫逃避机制★★

免疫逃避是指寄生虫可以侵入免疫功能正常的宿主体内，并能逃避宿主的免疫效应，而在宿主体内发育、繁殖和生存的现象。寄生虫与宿主的关系是长期进化的结果，一种成功的寄生虫一定会演化出一套或多套逃避宿主免疫清除的策略。

寄生虫的免疫逃避机制一般分为组织学隔离、表面抗原的改变、抑制宿主的免疫应答及产生可溶性抗原和代谢抑制等。

组织学隔离：免疫局限位点（胎儿、眼组织、小脑组织、睾丸、胸腺）的寄生虫通过其特殊的生理结构和宿主免疫系统相对隔离，不存在免疫反应，被称为免疫局限位点寄生虫，如寄生在胎儿中的弓形虫等；细胞内的寄生虫能有效逃避宿主的免疫反应，如寄生在宿主细胞内的弓形虫、利什曼原虫、巴贝斯虫等；被宿主包囊膜包裹的寄生虫使机体的免疫系统无法作用于包囊内，包囊内的寄生虫可以存活，如旋毛虫、囊尾蚴、棘球蚴等。

表面抗原的改变：寄生虫在不同发育阶段，有不同的特异性抗原，即使在同一发育阶段，有些虫种抗原也可产生变化，如引起锥虫病的原虫显示出“移动靶”的机制，即产生持续不断的抗原变异型，当宿主对一种抗原抗体反应刚达到一定程度时，另一种新的抗原又出现了，总是与宿主特异抗体合成形成时间差，如非洲锥虫；有些寄生虫体表能表达与宿主组织抗原相似的成分，称为分子模拟；有些寄生虫能将宿主的抗原分子镶嵌在虫体体表，或用宿主抗原包被，称为抗原伪装，如日本分体吸虫可吸收许多宿主抗原。

抑制宿主的免疫应答：有些寄生虫抗原可以直接诱导宿主的免疫抑制，如利什曼原虫、锥虫和血吸虫。这些免疫抑制主要表现为宿主特异性B细胞克隆的耗竭、抑制性T细胞的激活、产生虫源性淋巴细胞毒性因子及产生封闭抗体，如曼氏血吸虫。

【例题】锥虫的免疫逃避机制主要是（A）。

A. 抗原变异　B. 抗原伪装　C. 免疫抑制　D. 代谢抑制　E. 组织学隔离

第二章　寄生虫病的诊断与防控技术

轻装上阵

如何学？

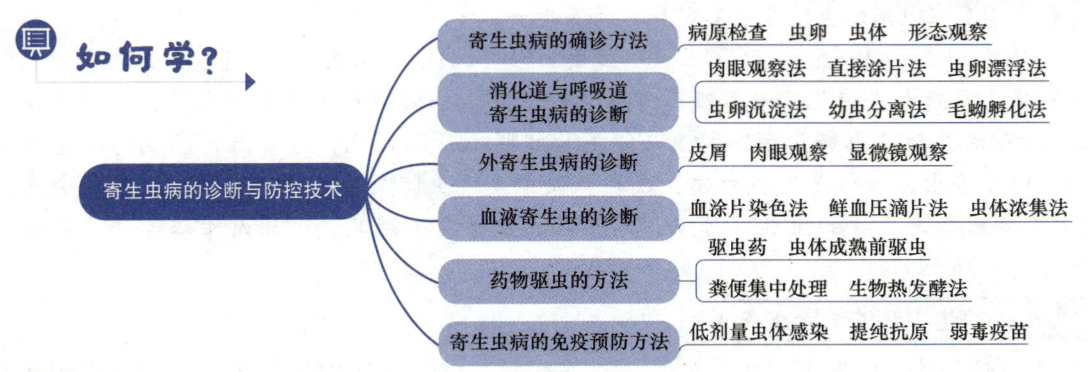

如何考？

本章考点在考试中主要出现在A1型题中，每年分值平均1分。下列所述考点均需掌握。对于重点内容，希望考生予以特别关注。

考点冲浪

考点1：寄生虫病的确诊方法★★

寄生虫病的确诊一般是在流行病学调查的基础上，通过实验室检查和形态观察，查出虫卵、幼虫或成虫，必要时进行寄生虫学剖检。病原检查是寄生虫病最可靠的诊断方法，无论是粪便中的虫卵，还是组织内不同阶段的虫体，只要能够发现其一，即可确诊。应注意，在有些情况下虽然在动物体内发现了寄生虫，但并不一定会引起寄生虫病。

【例题】确诊寄生虫病最可靠的方法是（B）。

A. 病变观察　　B. 病原检查　　C. 血清学检验

D. 临床症状观察　　E. 流行病学调查

考点2：消化道与呼吸道寄生虫病的诊断★★★

寄生于消化道与呼吸道的绝大多数线虫、吸虫和绦虫所产生的卵、幼虫或孕节（绦虫）会随粪便排出体外，因此一般利用粪便检查来诊断消化道与呼吸道寄生虫病。寄生于消化道的大多数原虫卵囊（球虫、隐孢子虫）、包囊也会随粪便排出。

粪便检查时，一定要采集新鲜粪便。粪便中寄生虫虫卵、幼虫、包囊或滋养体鉴别的主要依据是形态特征，进行形态特征检查时，一般需要借助显微镜。

常用的粪便检查方法主要有肉眼观察法（如绦虫孕节片）、直接涂片法（50%甘油）、虫卵漂浮法（饱和盐水漂浮法）、虫卵沉淀法、虫卵计数法（麦克马斯特氏法）、幼虫分离法（贝尔曼氏法）、毛蚴孵化法（分体吸虫）等。注意线虫卵、吸虫卵、绦虫卵的形态特征。

【例题1】从粪便中检出含六钩蚴的虫卵，该动物感染的寄生虫是（C）。

A. 线虫　　B. 球虫　　C. 绦虫　　D. 吸虫　　E. 棘头虫

【解析】本题考查消化道与呼吸道寄生虫的鉴定。圆叶目绦虫的虫卵呈圆形、方形或三角形，其虫卵中央有1个椭圆形、具有3对胚钩的六钩蚴（胚胎），有的绦虫卵内胚膜上形成突起，称为梨形器。因此，如果从粪便中检出含六钩蚴的虫卵，说明该动物感染的寄生虫是绦虫。

【例题2】可以用幼虫培养法鉴定种类的寄生虫是（C）。

A. 蜱　　B. 昆虫　　C. 线虫　　D. 棘头虫　　E. 绦虫

【解析】本题考查消化道与呼吸道寄生虫的鉴定。一般蜱和昆虫的体型较大，可直接肉眼观察鉴定，棘头虫卵囊形态特别（卵呈长卵圆形，深褐色，分4层，两端有小塞状构造）；对于绦虫，一般是发现虫体，或在粪便中发现虫卵、孕节；只有线虫，一般会在粪便中检查出形态各异的虫卵，可以用幼虫培养法鉴定。因此，可用幼虫培养法鉴定种类的寄生虫是线虫。

考点3：外寄生虫病的诊断★★★

寄生于动物体表的寄生虫主要有蜱、螨、虱等，一般采用肉眼观察和显微镜观察相结合的方法进行诊断。一般在宿主皮肤患部与健康部交界处，反复刮取表皮，直至稍微出血为止，采取皮屑，放于载玻片上，滴加50%甘油溶液，覆以盖玻片，在显微镜下寻找虫体或虫卵，根据虫体形态特征进行鉴别。

【例题】螨的检查方法是（C）。

A. 粪便检查　　B. 血液检查　　C. 皮屑检查　　D. 抗原检查　　E. 抗体检查

考点4：血液寄生虫的诊断★★★

寄生于血液的寄生虫的诊断一般需要采血，检查寄生于血浆或血细胞的虫体。常见的血液寄生虫主要有锥虫、巴贝斯虫、泰勒虫、住白细胞原虫和恶丝虫等。血液寄生虫的检查方法主要有血涂片染色法、鲜血压滴片法（观察虫体的运动性）和虫体浓集法。

血涂片染色法：在病畜高温时取耳静脉血，制成血涂片，吉姆萨或瑞氏染色后，观察虫体形态。

鲜血压滴片法：采病畜血液1滴，与1滴生理盐水混合于载玻片上，放在显微镜下，用低倍镜检查，主要是检查血液中虫体（锥虫和恶丝虫）的运动性。

虫体浓集法：又称为集虫法。当动物血液中虫体较少时，采患病动物抗凝血，离心沉淀，进行集虫，取沉淀物染色后观察。

另外，检查生殖道寄生虫时，可以采取阴道或子宫分泌物、羊水进行检查，一般采用生理盐水作为冲洗液。

考点5：药物驱虫的方法★★

对于寄生虫病的防治，一般使用抗寄生虫药物进行驱虫。驱虫药的选择原则是高效、低毒、广谱、廉价、使用方便。多数驱虫药是针对寄生虫的某一生长阶段的，不需要对成虫和幼虫均有效。驱虫药物选择后，驱虫时间的确定非常重要，一般要在“虫体成熟前驱虫”，防止性成熟的成虫排出虫卵或幼虫，对外界环境造成污染。或采用秋、冬季驱虫，有利于保护畜禽安全过冬。

驱虫应在专门的、有隔离条件的场所进行，驱虫后排出的粪便应统一集中处理，用生物热发酵法进行无害化处理。

驱虫效果的检查主要通过驱虫前后动物各方面的情况对比来确定，如虫卵减少率。虫卵减少率=（驱虫前每克粪便中的虫卵数−驱虫后每克粪便中的虫卵数）/驱虫前每克粪便中的虫卵数 ×100%

【例题1】驱虫药的选择原则不包括（E）。

A. 高效　B. 低毒　C. 广谱
D. 使用方便　E. 对成虫和幼虫均有效

【例题2】切断寄生虫的传播途径不包括（A）。

A. 使用驱虫药物　B. 控制传播媒介　C. 圈舍环境消毒
D. 粪便无害化处理　E. 轮流放牧

【解析】本题考查寄生虫病的防控措施。切断寄生虫传播途径应采取综合措施，因地制宜，对不同病种采用不同的有效方法。主要方法是清扫粪便并进行无害化处理；圈舍环境消毒，消灭媒介昆虫或中间寄主；进行轮流放牧，避免感染；加强卫生教育，改变不良的卫生和饮食习惯等。因此，切断寄生虫的传播途径不包括使用驱虫药物。

【例题3】动物驱虫期间，对其粪便最适宜的处理方法是（C）。

A. 深埋　B. 直接喂鱼　C. 生物热发酵法
D. 使用消毒剂　E. 直接用作肥料

【例题4】治疗牛、羊东毕吸虫病的药物是（C）。

A. 左旋咪唑　B. 伊维菌素　C. 吡喹酮　D. 氯苯胍　E. 氨丙啉

【解析】本题考查寄生虫病的治疗药物。对于牛、羊东毕吸虫，一般采用驱虫药进行治疗，主要治疗药物是吡喹酮和青蒿琥酯。因此，治疗牛、羊东毕吸虫病的药物是吡喹酮。

考点6：寄生虫病的免疫预防方法★

目前对寄生虫感染免疫预防的主要方法有低剂量虫体感染和接种灭活的寄生虫或寄生虫粗提取物、提纯抗原、弱毒疫苗等进行免疫预防。

低剂量虫体感染：人为地低剂量感染寄生虫，使宿主获得抵抗力，目前已应用于牛的巴贝斯虫病和禽的球虫病（球虫活苗）。

接种灭活的寄生虫或寄生虫粗提取物：通过接种死的、整体的或颗粒性寄生虫粗提物，诱导机体产生获得性抵抗力。

接种提纯抗原：对灭活的寄生虫或寄生虫粗提取物进行纯化后再接种，减少杂质的毒副作用。

接种弱毒疫苗：通过人工致弱或筛选的方法，使寄生虫自然株（野毒株）变为无致病性或弱毒的且保留保护性免疫原性的虫株，用此虫株制作弱毒疫苗免疫宿主，使其产生免疫保护力，如枯氏锥虫、牛羊网尾线虫的弱毒疫苗已取得了成功。鸡球虫疫苗可以通过早熟株培育弱毒虫株，做成弱毒疫苗（致弱疫苗）。

【例题】用鸡球虫早熟株研制的疫苗是（C）。

A. 非特异性疫苗　B. 异源性疫苗　C. 弱毒疫苗
D. 灭活疫苗　E. 强毒疫苗

第三章　人兽共患寄生虫病

轻装上阵

如何学？

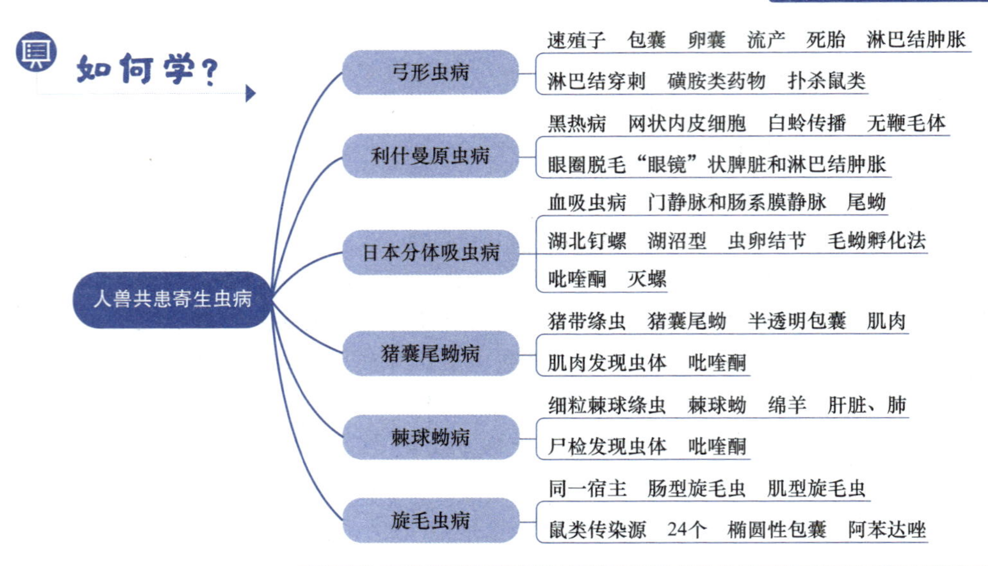

如何考？

本章考点在四种题型中均会出现，每年分值平均3分。下列所述考点均需掌握。弓形虫病、日本分体吸虫病、旋毛虫病等是考查最为频繁的内容，希望考生予以特别关注。

考点冲浪

考点1：弓形虫病的病原特征和临床特征★★★★

弓形虫病是指由刚地弓形虫（龚地弓形虫）引起的人和多种温血脊椎动物的共患寄生虫病，呈世界性分布。虫体寄生于宿主的多种有核细胞中，导致流产和产弱胎、死胎等繁殖障碍。弓形虫感染人不仅会引起生殖障碍，还可引起脑炎和眼炎。

弓形虫的全部发育过程需要两个宿主，在终末宿主肠上皮细胞内进行球虫型发育，在各种中间宿主的有核细胞内进行肠外期发育。猫及猫科动物是弓形虫的终末宿主，其他脊椎动物和人均为中间宿主。弓形虫一般经口感染，滋养体可通过黏膜、皮肤侵入中间宿主体内；妊娠动物和人体内的弓形虫可以通过胎盘传给胎儿。

病原特征：弓形体对人体和动物致病及与传播有关的发育期为速殖子、包囊和卵囊。速殖子又称滋养体，呈香蕉形或半月形，主要出现于动物疾病的急性期，常散在于血液、脑脊液和病理渗出液中。包囊呈卵圆形或椭圆形，长期存在于慢性病例的脑、骨骼肌、心肌和视网膜等处。卵囊呈圆形或椭圆形，孢子化卵囊含2个孢子囊，每个孢子囊含4个新月形子孢子，主要见于猫及其他猫科动物等终末宿主的粪便中。

临床特征：弓形虫病呈急性经过，对猪和羊的危害最大。临床上表现为食欲废绝，高热稽留，呕吐，呼吸困难，咳嗽，肌肉强直，体表淋巴结肿大，耳部和腹下有瘀血斑或较大面积的发绀；妊娠母猪发生流产或死产（产死胎）。急性发病动物的病变主要是肺、淋巴结、肝脏、肾脏等内脏器官肿胀、硬结、质脆、渗出增加、坏死，以及全身多发性出血、瘀血等。弓形虫感染成年羊一般不表现明显的临床症状，以妊娠绵羊出现流产为主要特征。

【例题 1】弓形虫的终末宿主是（B）。

A. 犬　B. 猫　C. 马　D. 牛　E. 鸡

【例题 2】从猫粪中排出的弓形虫发育阶段是（B）。

A. 包囊　B. 卵囊　C. 裂殖子　D. 速殖子　E. 配子体

【例题 3】成年绵羊感染弓形虫后主要的临床表现是（B）。

A. 贫血　B. 流产　C. 便秘　D. 腹泻　E. 肌肉强直

【例题 4】猪急性弓形虫病剖检病变主要见于（E）。

A. 脑、脑干、脊髓　B. 鼻腔、咽喉、气管

C. 输尿管、膀胱、尿道　D. 十二指肠、结肠、盲肠

E. 肝脏、肺、肠系膜淋巴结

考点 2：弓形虫病的诊断方法和防治方法★★★

诊断方法：一般采取病畜发热期的血液、脑脊液、淋巴结穿刺液或者病死猪肝脏、肺、淋巴结及腹水作为检查材料，抹片染色镜检，若发现弓形体速殖子或包囊，可以初步诊断；对于猫弓形体，应采集粪便检查卵囊。

从血清或脑脊液中检测到弓形虫特异性 IgM 抗体代表早期感染，特别适用于流行病学调查和早期诊断。ELISA 主要用于检测宿主的特异性循环抗体，国外已有多种商品化试剂盒。

防治方法：磺胺类药物，如磺胺间甲氧嘧啶，对急性弓形虫病有很好的治疗效果，与抗菌增效剂联合使用的疗效更好。预防本病应禁止猫自由出入猪圈，扑灭圈舍内外鼠类。

【例题】某猪群出现食欲废绝，高热稽留，呼吸困难，体表淋巴结肿大，皮肤发绀。妊娠母猪出现流产、死产。取病猪肝脏、淋巴结触片染色镜检见香蕉形虫体。该寄生虫病可能是（D）。

A. 球虫病　B. 鞭虫病　C. 旋毛虫病　D. 弓形虫病　E. 蛔虫病

考点 3：利什曼原虫病的流行特点、临床特征和诊断方法★★

利什曼原虫病又称黑热病，是流行于人、犬及多种野生动物的重要的人兽共患寄生虫病。重要致病虫种有热带利什曼原虫、杜氏利什曼原虫、巴西利什曼原虫等。

流行特点：利什曼原虫主要寄生于犬的网状内皮细胞内，由吸血昆虫中的白蛉传播。犬是利什曼原虫的天然宿主，是人感染热带利什曼原虫和杜氏利什曼原虫的来源。

临床特征：内脏性利什曼原虫病常见，开始时眼圈周围脱毛形成特殊的“眼镜”状，然后体毛大量脱落，形成湿疹。利什曼原虫存在于皮肤中。皮肤型利什曼原虫病常在唇和眼睑部出现浅层溃疡，可以自愈。死后剖检可见脾脏和淋巴结肿胀。

诊断方法：在病变皮肤涂片、刮片中或通过淋巴结、脊髓穿刺检出利什曼原虫的无鞭毛体，即可确诊。本病为人兽共患病，且已基本消灭，因此一旦发现新病犬，以扑杀为宜。可以用锑制剂进行治疗。

【例题 1】利什曼原虫的天然宿主是（A）。

A. 犬　B. 兔　C. 猪　D. 牛　E. 羊

【例题 2】某犬眼周围脱毛呈“眼镜”状，皮肤脱毛、湿疹，并出现中度体温升高，贫血，体表淋巴结肿大，淋巴结穿刺物涂片染色镜检，见大小为 4.2μm×2.1μm 卵圆形、无鞭毛的虫体。该病原的感染途径是（D）。

A. 经皮肤感染　B. 经蜱叮咬感染　C. 经蚊叮咬感染

D. 经白蛉叮咬感染　E. 经口感染

【例题 3】尸体剖检利什曼原虫病病犬时，可见显著肿胀的器官是（D）。

A. 肝脏　B. 肾脏　C. 肺　D. 脾脏　E. 心脏

考点 4：日本分体吸虫病的寄生部位和流行特点★★★★★

日本分体吸虫病，又称日本血吸虫病，是由日本分体吸虫寄生于人和牛、羊、猪、犬、啮齿类等的门静脉和肠系膜静脉内的一种危害严重的人兽共患寄生虫病。

日本分体吸虫属分体科分体属，雌雄异体，生活史需要中间宿主，在我国为湖北钉螺。成虫寄生在终末宿主体的门静脉和肠系膜静脉内，在外界环境中，毛蚴进入钉螺发育形成大量尾蚴，尾蚴主要经过皮肤侵入终末宿主，感染人和牛，变成童虫。成虫主要寄生于宿主的门静脉和肠系膜静脉内，寄生时呈雌雄合抱状态。

流行特点：在我国，日本分体吸虫病的流行与湖北钉螺的分布相一致，按流行区域划分为 3 种类型，即水网型、湖沼型和山丘型。水网型主要流行于长江和钱塘江之间的长江三角洲的广大平原地区。湖沼型又称江湖洲滩型，主要流行于长江中下游的湖北、湖南、江西、安徽、江苏 5 省。山丘型的流行区地势高低不平，自然环境复杂多样。其中以湖沼型感染率最高。

【例题 1】日本分体吸虫侵入人和牛、羊等终末宿主皮肤的发育阶段是（D）。

A. 虫卵　B. 毛蚴　C. 胞蚴　D. 尾蚴　E. 童虫

【例题 2】长江流域某放牧牛群，部分牛出现食欲下降、行动迟缓、营养不良、贫血等症状。剖检见肝脏、脾脏肿胀，腹水，肝脏上有结节，在肠系膜静脉内见雌雄合抱的线状虫体。该病原的感染途径是（A）。

A. 经皮肤感染　B. 经蜱叮咬感染　C. 经蚊叮咬感染

D. 经白蛉叮咬感染　E. 经口感染

【例题 3】某群牛发病，犊牛比成年牛临床症状明显，表现精神沉郁，行动迟缓，体温升高，腹泻或便血，严重时全身衰竭而死。取粪便采用毛蚴孵化法检查为阳性。目前本病主要流行在（B）。

A. 河北　B. 湖南　C. 山东　D. 新疆　E. 黑龙江

【解析】本题考查日本分体吸虫病的流行特点。根据牛群发病时犊牛症状明显，表现精神沉郁，行动迟缓，体温升高，腹泻或便血，严重时全身衰竭而死等特征和粪便检出毛蚴，可初步诊断为日本分体吸虫病。日本分体吸虫病主要流行于湖北钉螺分布地区，如湖北、湖南、江西、安徽、江苏等地区。因此，B 选项正确。

考点 5：日本分体吸虫病的临床特征、诊断方法和防治方法★★★★★

临床特征：精神沉郁，行动迟缓，体温升高，食欲减退，腹泻，便血，严重贫血，严重时全身衰竭而死。病变主要出现于肠道、肝脏、脾脏等器官。基本病变是由虫卵沉着在组织中所形成的虫卵结节，结节中央为虫卵，周围聚积大量的嗜酸性粒细胞，外围围绕上皮细胞、巨细胞和淋巴细胞。

诊断方法：常用的血清学诊断方法有环卵沉淀试验（COPT）和间接血凝试验（IHA）。其中环卵沉淀试验具有早期诊断价值。

目前推荐的诊断方法为粪便毛蚴孵化法。一般在清晨从家畜直肠中采集粪便或采集新排出的粪便，淘洗后直接检查粪便沉渣或进行毛蚴孵化，发现虫卵或毛蚴即可确诊。

防治方法：目前人、兽日本分体吸虫病的推荐治疗药物为吡喹酮。控制钉螺的方法有药物灭螺和环境改造灭螺。灭螺药物为氯硝柳胺乙醇胺盐粉剂。

【例题 1】可以用毛蚴孵化法确诊的寄生虫病是（B）。

A. 片形吸虫病　B. 日本分体吸虫病　C. 华支睾吸虫病
D. 捻转血矛线虫病　E. 胎生网尾线虫病

【例题 2】我国南方某放牧牛群出现食欲减退，精神不振，腹泻，便血，严重贫血，衰竭死亡。剖检见肝脏肿大，有大量虫卵结节。本病的病原最可能是（D）。

A. 肝片形吸虫　B. 大片形吸虫　C. 腔阔盘吸虫
D. 日本分体吸虫　E. 矛形歧腔吸虫

考点 6：猪囊尾蚴病的病原特征、流行特点和检验方法★★★

猪囊尾蚴病是由寄生在人体小肠内的猪带绦虫（有钩绦虫）的幼虫——猪囊尾蚴寄生于猪的肌肉和其他器官中引起的一种人兽共患寄生虫病。猪囊尾蚴检查是肉品卫生检验的重点检验项目。

病原特征：猪囊尾蚴俗称猪囊虫。成熟的猪囊虫呈椭圆形，约黄豆大小，为半透明的包囊，囊内充满液体，囊壁是一层薄膜，膜内见粟粒大小的乳白色结节。

流行特点：猪囊尾蚴病呈全球性分布，主要流行于亚洲，本病的发生与流行与人的生活方式、卫生习惯及食肉方法有关，人因喜食未煮熟的含猪囊虫的猪肉而感染。临床上主要依据寄生部位差异出现不同症状；寄生在肺和喉头时，出现呼吸困难、吞咽困难。

检验方法：生前诊断困难；肉品卫生检验时，在肌肉中，特别是在心肌、咬肌、舌肌及四肢肌肉中发现囊尾蚴，即可确诊。推荐治疗药物为吡喹酮、阿苯达唑。

【例题 1】猪带绦虫寄生于终末宿主的（B）。

A. 大脑　B. 小肠　C. 胃　D. 大肠　E. 肝脏

【例题 2】某生猪定点屠宰厂，宰后检验时，横纹肌内发现椭圆形、黄豆大小、半透明的包囊，囊内充满液体，囊膜内有一粟粒大小的乳白色结节。本病病原最可能是（C）。

A. 猪肉孢子虫　B. 旋毛虫　C. 猪囊尾蚴　D. 棘球蚴　E. 细颈囊尾蚴

考点7：棘球蚴的寄生部位和宿主★★

棘球蚴病又称包虫病，是由寄生于犬、狼、狐等动物小肠内的棘球属绦虫（细粒棘球绦虫、多房棘球绦虫等）的中绦期幼虫（棘球蚴）感染中间宿主而引起的人兽共患寄生虫病。

棘球蚴主要寄生于牛、羊、猪、马、骆驼等家畜及多种野生动物和人的肝脏、肺等器官内，对人畜危害严重，甚至引起死亡。在各种动物中，本病主要见于草地放牧的牛、羊等，绵羊最易感染，因此对绵羊的危害最为严重。终末宿主是犬和犬科动物，棘球蚴寄生于其小肠。

【例题1】细粒棘球蚴最易感的动物是（C）。

A. 鸡　B. 鸭　C. 绵羊　D. 犬　E. 猫

【例题2】细粒棘球绦虫寄生于终末宿主的（C）。

A. 大脑　B. 肝脏　C. 小肠　D. 胃　E. 大肠

【例题3】细粒棘球蚴多寄生于家畜和人的（D）。

A. 脑和眼球　B. 胃和小肠　C. 心脏和血管
D. 肝脏和肺　E. 肾脏和膀胱

考点8：棘球蚴病的病原特征、临床特征和诊断方法★★

病原特征：我国棘球蚴病的主要虫种是细粒棘球绦虫和多房棘球绦虫。细粒棘球绦虫的中绦期幼虫为包囊状构造，内含液体，一般呈近球形。

临床特征：棘球蚴多寄生于动物的肝脏，其次为肺。患病动物死亡后剖检可见肝脏、肺等内脏器官有大小不等的棘球蚴包囊寄生。

诊断方法：一般动物棘球蚴病的生前诊断比较困难；采用皮内变态反应、间接血凝试验和ELISA等方法对动物和人的棘球蚴病有较高的检出率；可以用X线和超声诊断本病；只有对动物尸体进行剖检时，在肝脏、肺等处发现棘球蚴方可确诊。

防控措施：用吡喹酮、阿苯达唑等进行全身治疗，早期用外科手术摘除法可治愈棘球蚴病。禁止使用感染棘球蚴的牛和羊的肝脏、肺等饲喂犬和狼。

【例题1】确诊棘球蚴病的方法是（E）。

A. 粪便检查　B. 血液检查　C. 动物接种　D. 皮屑检查　E. 尸体剖检

【例题2】治疗棘球蚴病的药物是（B）。

A. 硫双二氯酚　B. 吡喹酮　C. 阿维菌素
D. 莫能菌素　E. 三氮脒

考点9：旋毛虫病的病原特征、流行特点、临床特征★★★★

旋毛虫病是由旋毛虫寄生于人、猪、犬、猫等多种动物而引起的一种人兽共患寄生虫病。本病呈世界性分布，是肉品卫生检验的重要项目之一。

病原特征：旋毛虫属于毛形科毛形属。成虫与幼虫寄生于同一宿主，宿主先是终末宿主，后变为中间宿主，宿主由于摄食了含有包囊幼虫的动物肌肉而感染。成虫寄生于肠道，称为肠旋毛虫；幼虫寄生于肌肉，称为肌旋毛虫。

流行特点：猪、犬、猫、鼠是旋毛虫病的主要传染源，其中猪是人类旋毛虫病的主要传染源；猪感染旋毛虫主要是由于吞食了鼠类，鼠类是猪旋毛虫病的主要传染源。

临床特征：人感染旋毛虫症状显著，肠旋毛虫引起肠炎，严重时出现带血性腹泻。肌旋毛虫进入肌肉，人出现急性肌炎、发热和肌肉疼痛，表现为吞咽、咀嚼、行走和呼吸困难，眼睑水肿，多因呼吸肌麻痹而死亡。严重感染时多因呼吸肌麻痹、心肌及其他器官的病变和毒素的刺激等而死亡。

【例题 1】通过食用猪肉传播的人兽共患寄生虫病是（C）。

A. 绦虫病　B. 棘球蚴病　C. 旋毛虫病
D. 肝片吸虫病　E. 日本分体吸虫病

【例题 2】猪感染旋毛虫主要是因为食入（B）。

A. 螺蛳　B. 鼠　C. 蚯蚓　D. 甲虫　E. 剑水蚤

考点 10：旋毛虫病的检验方法和防控措施★★★★

检验方法：生前诊断困难，屠宰后一般采取肉眼检查结合显微镜检查的方法进行诊断。肉眼检查结合压片镜检法是检验肌肉旋毛虫的主要方法，一般从可疑肌肉上剪取麦粒大小的膈肌肉样 24 个，均匀地排列在玻片上，用旋毛虫压片器压片或载玻片压薄，置于显微镜下检查。肉眼检查发现猪膈肌中有针尖大小的白色小点，低倍镜检查可以发现椭圆形包囊，囊内有卷曲的虫体，即可确诊。

防控措施：人、兽旋毛虫病的推荐治疗药物为阿苯达唑。猪、犬、鼠、猫是旋毛虫病的主要传染源，因为猪、鼠都是杂食动物，感染旋毛虫的猪多好吞食死鼠，而鼠常因相互蚕食而被感染，因此防控猪旋毛虫病采取的关键措施是消灭猪场周围的鼠类。

【例题 1】某工地工人误食未煮熟的猪肉后，部分工人出现发热、肌肉疼痛、眼睑水肿等症状，个别患者死亡。对冰箱中剩余的猪肉进行检查，镜检发现肌肉内有梭形包囊，囊内有卷曲的虫体。对此类感染猪的屠宰检疫方法是（C）。

A. 淋巴结检查　B. 血液检查　C. 肌肉压片镜检
D. 内脏检查　E. 皮肤检查

【例题 2】用压片法检查旋毛虫肌肉包囊型幼虫时，应将肉样剪成麦粒大小的（E）。

A. 4 个　B. 8 个　C. 12 个　D. 16 个　E. 24 个

【例题 3】防控猪旋毛虫病应采取的关键措施是（E）。

A. 防止犬进入猪场　B. 消灭猪场的蚊蝇　C. 猪粪的无害化处理
D. 控制猪的饲养密度　E. 消灭猪场周围的鼠类

【例题 4】检疫人员进行生猪宰后检疫时，肉眼发现某屠宰猪肉膈肌中有针尖大小的白色小点，低倍镜检查见梭形包囊，囊内有卷曲的虫体。该虫体最可能是（A）。

A. 旋毛虫　B. 弓形虫　C. 棘球蚴　D. 猪囊尾蚴　E. 肉孢子虫

第四章　多种动物共患寄生虫病

轻装上阵

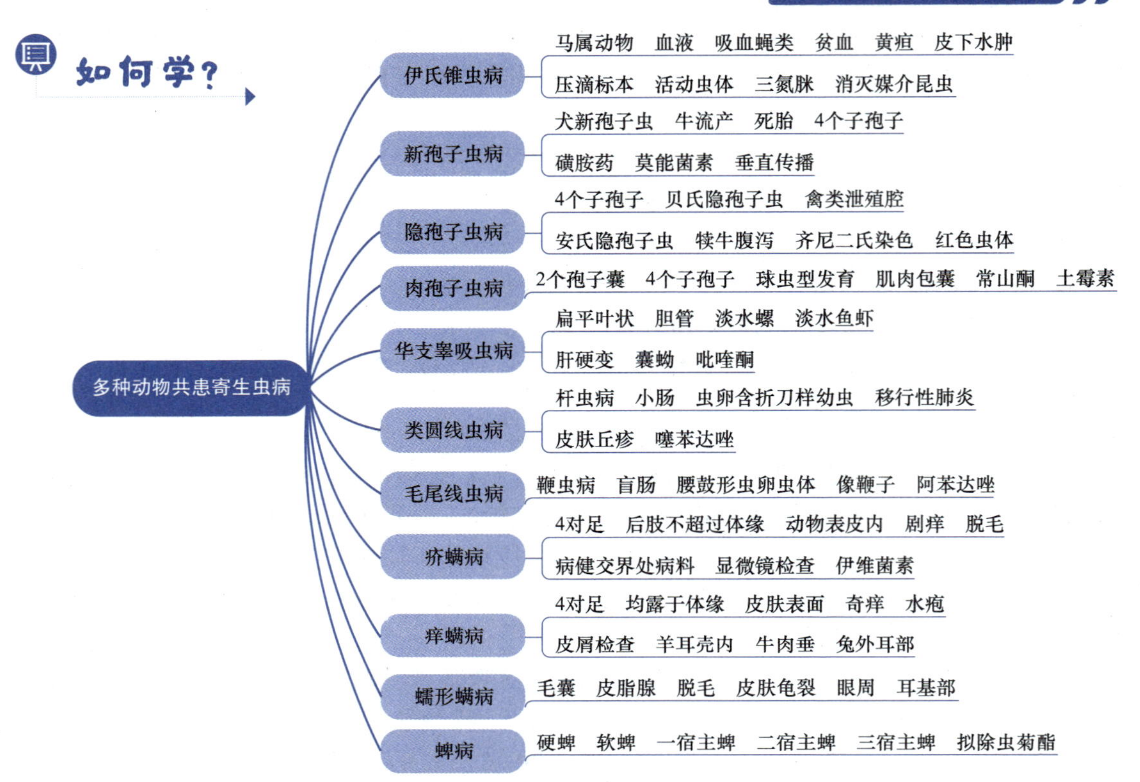

如何考？

本章考点在考试四种题型中均会出现，每年分值平均4分。下列所述考点均需掌握。伊氏锥虫病、隐孢子虫病、华支睾吸虫病、疥螨病等是考查最为频繁的内容，希望考生予以特别关注。

考点冲浪

考点1：伊氏锥虫病的流行特点和临床特征★★★

伊氏锥虫病又称苏拉病，是由伊氏锥虫寄生于马属动物、牛、水牛、骆驼的血液、淋巴及造血器官中引起的寄生虫病。对马属动物和犬的易感性最强，马属动物感染后取急性经过，死亡率高。牛与其他动物感染多取慢性经过。

流行特点：伊氏锥虫在寄生部位以纵分裂法进行繁殖，由虻和吸血蝇类进行机械性传播。我国目前有两个疫区，一个在新疆、甘肃、宁夏、内蒙古阿拉善盟和河北北部一带，主要以感染骆驼为主；另一个在秦岭 - 淮河一线以南，主要以感染马属动物、黄牛、水牛、奶牛和其他动物为主。

临床特征：病马逐渐消瘦，体温升高，稽留数天后体温恢复正常；贫血，黄疸；眼结膜初充血，然后变得苍白、黄染，可见米粒到黄豆大小的出血斑，腋下、胸前皮下水肿，最后共济失调，行走时左右摇摆，举步艰难；尿色深黄、黏稠。血液学检查见红细胞数量急剧下降。骆驼主要表现为胯下、阴囊部皮下水肿。

【例题】伊氏锥虫的感染途径是经（E）。

A. 皮肤主动侵入　B. 呼吸道感染　C. 食物感染
D. 饮水感染　E. 虻机械性传播

考点2：伊氏锥虫病的诊断方法、治疗药物和防控措施★★★

诊断方法：一般根据伊氏锥虫病流行特点、临床症状、血清学和病原学检查，进行综合判断，但确诊需检出病原。在血液中检查出伊氏锥虫虫体是最可靠的诊断依据，一般采用血液压滴标本检查，发现血液中有活动的虫体即可确诊。应反复多次采血检查。

治疗药物：治疗要早，用药量要足。常用的药物有萘磺苯酰脲（苏拉明、纳加诺、拜耳205）、喹嘧胺（安锥赛）、三氮脒（贝尼尔、血虫净）。

防控措施：伊氏锥虫病主要经吸血昆虫机械性传播，虻及吸血蝇类在吸血时食入感染动物体内的虫体，再次吸血时将虫体注入其他动物体内，从而传播本病。因此预防伊氏锥虫病最实用的措施为加强饲养管理，消灭媒介昆虫。

【例题1】伊氏锥虫病最可靠的诊断依据是（B）。

A. 粪便中检出虫体　B. 血液中检出虫体　C. 血清中检出抗体
D. 皮屑中检出虫体　E. 淋巴结穿刺物中检出虫体

【例题2】治疗伊氏锥虫病的药物是（B）。

A. 甲硝唑　B. 喹嘧胺　C. 三氯苯达唑　D. 氯硝柳胺　E. 伊维菌素

【解析】本题考查伊氏锥虫病的治疗方法。甲硝唑对厌氧菌、滴虫等厌氧性微生物有特效，伊氏锥虫存在血液中，为非厌氧寄生虫；三氯苯达唑为高效、广谱抗蠕虫药，对肝片吸虫有明显驱杀效果；氯硝柳胺一般用于杀灭钉螺；伊维菌素对线虫和节肢动物均有良好驱杀作用，但对绦虫、吸虫和原生动物无效；而喹嘧胺为治疗伊氏锥虫病的常用药。

【例题3】预防伊氏锥虫病最实用的措施为（E）。

A. 疫苗免疫　B. 药物预防　C. 淘汰病畜　D. 搞好环境卫生　E. 消灭媒介昆虫

考点3：新孢子虫病的病原特征、流行特点、临床特征及防治方法★★★

新孢子虫病是由犬新孢子虫寄生于多种动物引起的寄生虫病，主要引起妊娠畜流产或死胎，以及新生儿运动神经障碍，对牛的危害尤为严重，是牛流产的主要原因。

病原特征：卵囊、速殖子、包囊是新孢子虫生活史中的三个重要阶段的虫体形态。犬作为终末宿主食入含新孢子虫包囊（组织包囊）的动物组织，虫体释放出来侵入肠上皮细胞进行球虫型发育，在犬科动物的肠道中形成卵囊并随粪便排出体外，孢子化卵囊内含2个孢子囊，每个孢子囊内有4个子孢子；速殖子（滋养体）存在于中间宿主内，呈新月形，主要存在于急性病例的胎盘、流产胎儿的脑组织和脊髓组织中；包囊主要存在于中枢神经系统中。

流行特点：新孢子虫病传播方式有水平传播和垂直传播2种。在同种中间宿主群内，主要由母体传播给胎儿（垂直传播），在牛群之间主要通过人工授精传播。犬和狐是新孢子虫的终末宿主；其他多种动物如牛、绵羊、山羊、马、兔及犬等均是其中间宿主。

临床特征：主要表现为母牛流产、产弱胎、死胎、木乃伊胎。犊牛一般不表现临床症状，严重感染者表现为四肢无力、关节拘紧、四肢麻痹、运动失调，头部震颤明显，头盖骨变形，眼睑和反射迟钝、角膜轻度混浊。流产的胎牛主要病变为组织器官出血。犬作为中间宿主时，会引起严重神经肌肉损伤，先天感染幼犬后肢瘫痪，肌肉萎缩。

防治方法：淘汰病牛和抗体阳性牛是防治本病的有效方法，禁止用流产胎儿饲喂犬。磺胺药、莫能菌素具有一定的治疗作用。

【例题 1】犬新孢子虫在犬肠上皮细胞内发育的方式类似于（A）。

A. 球虫　B. 蛔虫　C. 滴虫　D. 贾第虫　E. 巴贝斯虫

【例题 2】犬新孢子虫病在牛群中的传播途径是（E）。

A. 空气传播　B. 接触传播　C. 媒介传播　D. 垂直传播　E. 人工授精

考点 4：隐孢子虫病的病原种类和临床特征★★★

隐孢子虫病是一种或多种隐孢子虫感染引起人、多种哺乳动物及禽类等宿主的共患原虫病。隐孢子虫能引起哺乳动物（特别是犊牛和羔羊）、禽类的严重腹泻，以及禽类剧烈的呼吸道症状，具有重要的经济意义，对人的危害尤为严重。

病原种类：隐孢子虫的卵囊呈圆形或椭圆形，被宿主摄入后，子孢子经脱囊后钻入肠黏膜上皮细胞质内寄生，进行裂殖生殖后裂殖子分化为小配子体或大配子体，大小配子结合形成合子，合子进一步发育为卵囊，卵囊在宿主体内孢子化，形成含有 4 个子孢子和 1 个大残体的孢子化卵囊，随粪便排出体外。已发现人畜体内隐孢子虫主要有微小隐孢子虫、安氏隐孢子虫、鼠隐孢子虫、火鸡隐孢子虫、贝氏隐孢子虫等。

贝氏隐孢子虫主要寄生于禽类法氏囊、泄殖腔等器官，在禽类中流行最为广泛；火鸡隐孢子虫可以感染鸡、鸭、鹌鹑、火鸡等；奶牛感染以安氏隐孢子虫最为常见。

临床特征：犊牛和羔羊等幼龄动物的腹泻是主要临床症状，以安氏隐孢子虫感染最为常见。禽类隐孢子虫病表现呼吸道、肠道和肾脏的病理变化，火鸡隐孢子虫感染鸡、鸭、鹌鹑、火鸡等，引起禽类的严重腹泻；贝氏隐孢子虫感染主要表现呼吸道症状，可致禽类鼻腔、气管有过量分泌物。

【例题 1】寄生于禽类法氏囊、泄殖腔等器官的隐孢子虫是（A）。

A. 贝氏隐孢子虫　B. 火鸡隐孢子虫　C. 鼠隐孢子虫
D. 微小隐孢子虫　E. 安氏隐孢子虫

【例题 2】某鸡场部分 40 日龄鸡，呼吸困难，咳嗽，打喷嚏。粪便用饱和蔗糖溶液漂浮、涂片，高倍镜下见大量卵圆形卵囊，内含 4 个子孢子。该寄生虫是（B）。

A. 安氏隐孢子虫　B. 贝氏隐孢子虫　C. 火鸡隐孢子虫
D. 微小隐孢子虫　E. 小鼠隐孢子虫

【例题 3】隐孢子虫随宿主粪便排出体外的虫体发育阶段是（D）。

A. 孢子囊　B. 组织包囊　C. 伪孢子化卵囊
D. 孢子化卵囊　E. 配子体

【例题 4】隐孢子虫孢子生殖的部位是（A）。

A. 黏膜上皮细胞　B. 体外　C. 皮下组织
D. 横纹肌细胞　E. 肝细胞

考点 5：隐孢子虫病的诊断方法和预防措施★★★

诊断方法：刮取死亡病例消化道（禽类法氏囊和泄殖腔）或呼吸道黏膜，涂片，吉姆萨染色，虫体细胞的细胞质呈蓝色，内含数个致密的红色颗粒。最佳染色方法是齐尼二氏染色法（齐 - 尼氏染色法），可以在绿色的背景下，观察到大量的圆形或椭圆形红色虫体。也可以收集粪便或痰液中的卵囊，油镜下检查，隐孢子虫卵囊在饱和蔗糖溶液中往往呈玫瑰红色。

预防措施：粪便的有效处理和环境卫生控制是最有效的隐孢子虫病的控制措施。尚无理想的治疗药物。

【例题 1】某犊牛群发热，昏睡，食欲不振伴有严重腹泻、脱水。剖检肠管肿胀，充满黏液和气体。采用饱和蔗糖漂浮法检查病牛粪便，油镜观察发现大量内含 4 个裸露子孢子的卵囊。本病最可能的致病病原是（C）。

A. 弓形虫　B. 犬新孢子虫　C. 隐孢子虫　D. 牛球虫　E. 肉孢子虫

【例题 2】剖检贝氏隐孢子虫感染的病鸡，病原检查可采集的病料是（D）。

A. 皮肤　B. 膀胱黏膜　C. 肝包膜　D. 呼吸道黏膜　E. 阴道黏膜

【例题 3】检查隐孢子虫的最佳染色方法是（E）。

A. 亚甲蓝染色法　B. 瑞氏染色法　C. 吉姆萨染色法
D. 革兰氏染色法　E. 齐 - 尼氏染色法

考点 6：肉孢子虫病的病原特征、检验方法和防治方法★★★

肉孢子虫病是由多种肉孢子虫寄生于哺乳动物、鸟类、爬行类、鱼类等多种动物和人所引起的寄生虫病，分布广泛，感染率高，对人畜危害较大。

病原特征：终末宿主是犬、狐和狼等肉食动物，寄生于小肠上皮细胞内；中间宿主是草食动物、禽类、啮齿类和爬行类等，寄生于中间宿主的肌肉内。卵囊在体内孢子化后形成孢子化卵囊，孢子化卵囊内含 2 个孢子囊，每个孢子囊内含 4 个子孢子（球虫型发育）。肌肉中的包囊多呈纺锤形、椭圆形或圆形，呈灰白色或乳白色，与肌肉纤维平行，外有囊壁，内含许多肾形或香蕉形的缓殖子（慢殖子、囊孢子）。

检验方法：动物死亡后，根据病理变化即可确诊，主要是检查肌肉中肉孢子虫包囊。肉检中，肉眼可见肌肉中有大小不一的黄白色或灰白色的线状、与肌纤维平行的包囊。若压破包囊，在显微镜下观察，可见大量香蕉形缓殖子。另外，可见肌肉嗜酸性脓肿，患部肌纤维常呈不同程度的变形、坏死、断裂、再生和修复等现象。

防治措施：严禁犬、猫等终末宿主接近家畜、家禽。可以使用常山酮、土霉素治疗绵羊急性肉孢子虫病。

【例题】肉孢子虫每个孢子囊内含有的子孢子数目为（B）。

A. 2 个　B. 4 个　C. 6 个　D. 8 个　E. 16 个

考点 7：华支睾吸虫病的病原特征、临床特征和防治方法★★★

华支睾吸虫病是由华支睾吸虫寄生于人、犬、猫、猪等肝脏、胆囊及胆管内引起的人兽共患寄生虫病，导致肝脏肿大和其他肝脏病变。本病呈世界性分布。

病原特征：虫体呈扁平叶状，前端稍尖，后端较钝，体表平滑，口吸盘大于腹吸盘。生活史中需要 2 个中间宿主，第一中间宿主是淡水螺；第二中间宿主是多种淡水鱼和虾。

华支睾吸虫成虫寄生于人、犬、猫、猪等肝脏、胆囊及胆管内。所产虫卵随粪便排出，被第一中间宿主（淡水螺）吞食后，在螺体内孵化出毛蚴，发育为胞蚴、雷蚴和尾蚴，尾蚴遇到合适的第二中间宿主（某些淡水鱼或虾）时，即钻入其体内形成囊蚴。人、犬、猫等由于吞食含有囊蚴的生的或半生不熟的鱼虾感染。猪的感染是因为用鱼虾作为猪饲料而发生感染。

临床特征：病畜主要出现腹泻，腹痛，腹部饱胀，全身浮肿，腹水，贫血等肝硬化症状。虫体寄生于动物的胆管和胆囊内，引起胆管和胆囊发炎，管壁增厚；肝脏结缔组织增生，肝细胞变性萎缩，毛细胆管栓塞形成，引起肝硬化。

防治方法：华支睾吸虫病的预防措施是不吃生的或半生不熟的鱼、虾肉，切过生鱼的刀具应洗净再用，切断传播途径，不用粪便直接喂养鱼苗，避免形成完整的生活史。主要治疗药物有吡喹酮、阿苯达唑和六氯对二甲苯等，均有较好的疗效。

【例题 1】人吃生鱼片和醉虾最可能感染的寄生虫是（A）。

A. 华支睾吸虫　　B. 前后盘吸虫　　C. 肝片吸虫
D. 胰阔盘吸虫　　E. 布氏姜片吸虫

【例题 2】人畜粪便不经处理直接排入鱼塘可传播的寄生虫病是（E）。

A. 疥螨病　　B. 猪囊尾蚴病　　C. 旋毛虫病
D. 巴贝斯虫病　　E. 华支睾吸虫病

【例题 3】华支睾吸虫感染终末宿主的发育阶段是（E）。

A. 毛蚴　　B. 胞蚴　　C. 雷蚴　　D. 尾蚴　　E. 囊蚴

【例题 4】华支睾吸虫成虫寄生于犬、猫的（C）。

A. 血管　　B. 气管　　C. 胆管　　D. 肠管　　E. 淋巴管

考点 8：类圆线虫病的病原特征和临床特征★★

类圆线虫病又称杆虫病，是由类圆属的线虫寄生于宿主肠道引起的寄生虫病，对幼畜危害很大，特别是仔猪和幼驹。

病原特征：主要虫种有兰氏类圆线虫、韦氏类圆线虫、乳突类圆线虫和粪类圆线虫。虫卵呈卵圆形，透明，壳薄，内含折刀样幼虫。兰氏类圆线虫寄生于猪的小肠，特别是在十二指肠黏膜内；韦氏类圆线虫寄生于马属动物的十二指肠黏膜内；乳突类圆线虫寄生于牛、羊的小肠黏膜内，粪类圆线虫寄生于人、犬、猫的小肠内。

临床特征：只有丝虫型幼虫对动物具有感染力。丝虫型幼虫钻入宿主皮肤或被宿主经口摄入。经皮肤感染时，幼虫通过血液循环到心脏、肺，然后通过肺泡到支气管、气管、咽，被吞咽后，到肠道发育为成虫，引起仔猪腹痛，消瘦，腹部膨大，腹泻甚至呕吐等。幼虫侵入皮肤处引起局部红斑、丘疹、浮肿及痒感，并常伴有线状或带状的荨麻疹；幼虫在肺部移行，引起咳嗽、哮喘、发热或过敏性肺炎。

治疗药物：首选药物为噻苯达唑，也可用阿苯达唑和左旋咪唑等。

【例题 1】引起仔猪皮肤局部出现红斑、丘疹和浮肿的寄生虫是（E）。

A. 旋毛虫　　B. 猪蛔虫　　C. 猪囊虫　　D. 猪球虫　　E. 兰氏类圆线虫

【例题 2】某仔猪群精神不振，消瘦，腹部膨大，腹泻。粪便检查见大量壳薄透明的卵圆形虫卵，内含折刀样幼虫，该病例最可能的致病病原是（D）。

A. 蛔虫 B. 隐孢子虫 C. 毛尾线虫 D. 类圆线虫 E. 食道口线虫

考点 9：毛尾线虫病的病原特征和诊断方法★★★

毛尾线虫病是由毛尾属的线虫寄生于家畜大肠（主要是盲肠）引起的寄生虫病。由于虫体一端细，一端粗，外形像鞭子，又称毛首线虫病或鞭虫病。

病原特征：毛尾线虫的虫卵呈棕黄色、腰鼓形，卵壳厚，两端有塞。猪毛尾线虫寄生于猪的盲肠，绵羊毛尾线虫寄生于绵羊、牛、长颈鹿和骆驼等反刍动物的盲肠，狐毛尾线虫寄生于犬和狐的盲肠，主要表现为食欲减退，消瘦、贫血、腹泻，死前数天排水样血色粪便，并有脱落的黏膜。

诊断方法：由于虫卵有特征性形态，易于辨识，粪便检查可发现大量腰鼓形的棕黄色虫卵，卵壳厚，两端有卵塞，或剖检时发现特征性的虫体，即可确诊。治疗可用阿苯达唑和左旋咪唑等药物驱虫。

【例题 1】寄生于绵羊盲肠，形似鞭子的线虫是（E）。

A. 血矛线虫 B. 仰口线虫 C. 食道口线虫 D. 网胃线虫 E. 毛尾线虫

【例题 2】某羔羊群食欲减退，消瘦、贫血、腹泻，死前数天排水样血色粪便，并有脱落的黏膜。粪便检查见大量腰鼓形的棕黄色虫卵，两端有卵塞，本病例最可能的病原是（C）。

A. 华支睾吸虫 B. 隐孢子虫 C. 毛尾线虫 D. 类圆线虫 E. 球虫

考点 10：疥螨病的病原特征和临床特征★★★★

疥螨病是由疥螨科疥螨属的疥螨寄生在动物表皮内而引起的慢性、寄生性皮肤病。本病特征为剧痒，湿疹性皮炎，脱毛，患部逐渐向周围扩展和具有高度传染性。

病原特征：疥螨发育呈不完全变态，有卵、幼虫、若虫、成虫4个阶段。疥螨有4对足，2对伸向前方，2对伸向后方，后足不超过体缘。疥螨症状和痒螨极其相似，疥螨寄生表皮内，皮肤增厚现象多见；而痒螨主要寄生部位为肛门、眼、耳、鼻周围，寄生表皮内表面。

临床特征：主要表现为剧痒、皮肤损伤、脱毛、结痂、增厚乃至龟裂及消瘦等症状。

【例题 1】疥螨在动物体内的主要寄生部位是（C）。

A. 毛发 B. 皮肤表面 C. 表皮内 D. 真皮内 E. 皮下组织

【例题 2】某猪场，母猪头部、体侧剧痒，脱毛，结痂，龟裂。刮取皮肤病料镜检，见大量龟形虫体，有 4 对足，后两对不伸出体缘外侧。本病最可能的病原是（C）。

A. 球首线虫 B. 类圆线虫 C. 疥螨 D. 痒螨 E. 蠕形螨

考点 11：疥螨病的诊断方法和治疗药物★★★

诊断方法：一般根据症状，选择在健康和病变皮肤交界处采集病料（刮至稍微出血），在显微镜下检查发现虫体即可确诊。注意疥螨和痒螨的形态特征的区别。

治疗药物：疥螨病属于外寄生虫病。阿维菌素为兽用杀虫、杀螨剂，对昆虫和螨类具有触杀和胃毒作用，为典型的抗外寄生虫药。所以一般选择口服或注射伊维菌素或阿维菌素类药物进行治疗。

【例题 1】诊断疥螨病，通常采取的病料组织是（D）。

A. 皮肤表面的毛发 B. 病变皮肤的毛囊

C. 毛囊内容物或皮脂腺 D. 健康组织与病变交界处的痂皮

E. 病变皮肤的中央痂皮

【例题 2】确诊羊疥螨主要根据（C）。

A. 血液嗜碱性粒细胞增加　　B. 血液涂片镜检有虫体

C. 皮肤病料镜检有大量虫卵　　D. 血液嗜酸性粒细胞增加

E. 时常擦痒，皮肤表面形成痂块，大面积脱落

【例题 3】某猪群病猪出现剧痒、皮肤损伤、脱毛、结痂、增厚乃至龟裂及消瘦等症状。治疗本病可用（E）。

A. 吡喹酮　B. 盐霉素　C. 阿苯达唑　D. 左旋咪唑　E. 阿维菌素

【解析】本题考查疥螨病的治疗方法。疥螨病是由疥螨寄生在动物表皮内而引起的慢性、寄生虫性皮肤病。临床上主要表现为病猪出现剧痒、皮肤损伤、脱毛、结痂、皮肤增厚乃至龟裂等。根据病猪临床特征，本病最可能疥螨病。疥螨病属于外寄生虫病。阿苯达唑、左旋咪唑为广谱抗线虫药；吡喹酮为抗绦虫和吸虫药；盐霉素为聚醚类动物专用抗生素，对各种球虫有较强的抑制和杀灭作用；阿维菌素为农用兽用杀虫、杀螨剂，对昆虫和螨类具有触杀和胃毒作用，为典型的抗外寄生虫药。因此治疗本病可用阿维菌素。

考点 12：痒螨病的寄生部位、临床特征、诊断方法和预防措施★★★

痒螨病是由痒螨科痒螨属的痒螨寄生于多种动物皮肤表面而引起的寄生虫病，以绵羊、牛、兔最为常见，多种动物均可感染。山羊痒螨病主要发生于耳壳内面；牛痒螨病发生于肩部和肉垂；兔痒螨病发生于外耳部。

痒螨发育呈不完全变态，有卵、幼虫、若虫、成虫 4 个阶段。痒螨有 4 对足，2 对伸向侧前方，2 对伸向侧后方，4 对足均露于体缘外侧。

临床特征：痒螨寄生时，首先出现皮肤奇痒，进而出现针头到米粒大小的结节，然后形成水疱和脓疱，由于擦痒导致被毛脱落，形成浅黄色痂皮。

诊断方法：根据症状，在患部刮取皮屑，在显微镜下检查，发现虫体即可确诊。

预防措施：定期有计划进行药物预防，同时隔离患有痒螨病的动物，防止互相感染；注意环境卫生，保持畜舍清洁干燥，垫草要定期清理和消毒；应注意自身保护，防止人自身的感染。因此经常发生痒螨的养殖场，控制发病的最有效措施是药物预防。

【例题 1】某绵羊群部分绵羊耳、背及臀部等处被毛脱落，患部皮肤湿润、结痂。取痂皮置于底部垫有色纸张的平皿内，用热源对皿底加热，肉眼仔细观察，可见白色虫体从痂皮中爬出。本病可能是（D）。

A. 虱病　B. 蜱病　C. 蝇蛆病　D. 痒螨病　E. 皮刺螨病

【例题 2】经常发生痒螨的养殖场，控制发病的最有效措施是（B）。

A. 加强通风　B. 药物预防　C. 通风干燥　D. 控制温度　E. 勤换垫料

考点 13：蠕形螨病的寄生部位和临床特征★★

蠕形螨病又称毛囊虫病，是由蠕形螨科的各种蠕形螨寄生于毛囊或皮脂腺而引起的外寄生虫病。各种家畜均有固定的蠕形螨寄生，犬类多发。

蠕形螨发育呈不完全变态，有卵、幼虫、若虫、成虫 4 个阶段，均在宿主体上完成，由于虫体钻入毛囊、皮脂腺内，引起毛囊破坏和化脓。

临床特征：虫体寄生时，患部脱毛，形成与周围界线明显的圆形秃斑，皮肤肥厚，粗糙，

龟裂或有小结节。犬多发于眼眶、口唇周围；山羊多发于肩胛、四肢；猪多发于眼周围、鼻部、耳基部。治疗本病可选用口服、伊维菌素或涂抹双甲脒。

【例题】犬，眼、唇、耳等无毛处出现界线明显的红斑，毛囊发炎，化脓性皮脂溢出，取患部皮屑镜检，可见细长圆柱状虫体，体前段有4对足，粗短，口器小，治疗本病宜选用的药物是（B）。

A. 阿苯达唑　B. 伊维菌素　C. 吡喹酮　D. 拉沙菌素　E. 三氮脒

考点14：蜱病的病原种类和防治方法★★

蜱是寄生于畜禽体表的一类重要吸血性寄生虫，有硬蜱和软蜱两类。

硬蜱属于硬蜱科，有6个属，即硬蜱属、扇头蜱属、牛蜱属、血蜱属、革蜱属和璃眼蜱属；软蜱属于软蜱科，有2个属，即锐缘蜱属和钝缘蜱属。

硬蜱分成3种类型，分别为一宿主蜱（不更换宿主，幼虫、若虫、成虫在一个宿主体上发育）；二宿主蜱（幼虫、若虫在一个宿主体上发育，成虫在另一个宿主体上发育）；三宿主蜱（幼虫、若虫、成虫分别在3个宿主体上发育）。蜱的生活史为不完全变态，有虫卵、幼虫、若虫、成虫4个阶段。

防治方法：主要是消灭畜体上的蜱和控制环境中的蜱。常用的杀蜱药物主要有伊维菌素、阿维菌素，以及拟除虫菊酯杀虫剂，如溴氰菊酯乳油。

【例题1】发育过程中缺少蛹期的外寄生虫是（A）。

A. 蜱　B. 蚊　C. 蝇　D. 蚋　E. 蠓

【解析】本题考查蜱虫的生活史。5个选项中，蚊、蝇、蚋、蠓属于完全变态的外寄生虫，只有蜱属于不完全变态寄生虫。因此发育过程中缺少蛹期的外寄生虫是蜱。

【例题2】软蜱发育过程中没有的阶段是（D）。

A. 虫卵　B. 幼虫　C. 若虫　D. 蛹　E. 成虫

第五章 猪的寄生虫病

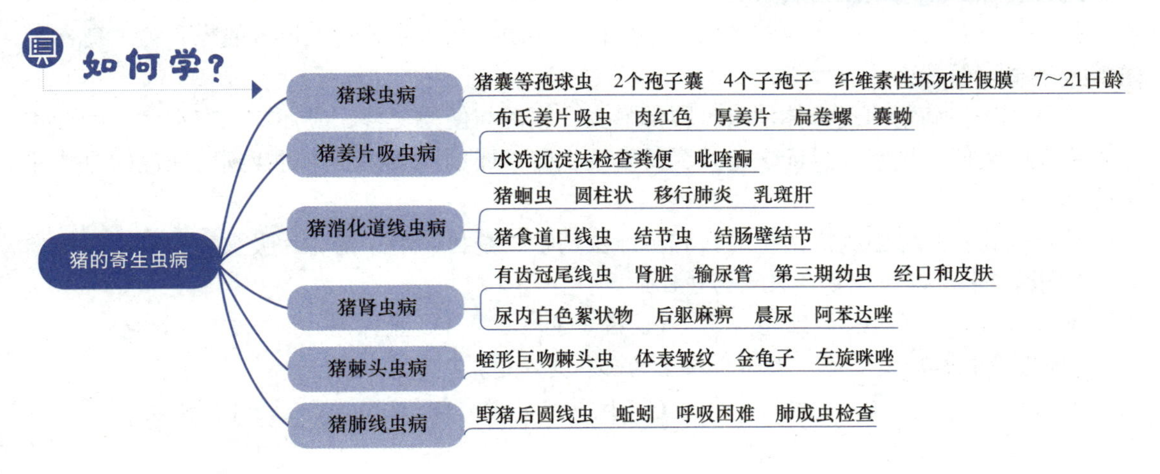

本章考点在考试中主要出现在A2型题中，每年分值平均2分。下列所述考点均需掌握。对于重点内容，希望考生予以特别关注。

考点冲浪

考点1：猪球虫病的病原特征和临床特征★★

猪球虫病是由猪艾美耳球虫和囊等孢球虫（等孢球虫）寄生于猪肠上皮细胞引起的一种原虫病。本病发生于仔猪，多呈良性经过；成年猪感染后不出现任何临床症状，成为隐性带虫者。

病原特征：猪球虫病的病原为艾美耳球虫和等孢球虫，一般认为致病性较强的是猪囊等孢球虫。猪囊等孢球虫的卵囊呈球形或亚球形，内含2个孢子囊，每个孢子囊内含4个子孢子；艾美耳球虫的卵囊内有4个孢子囊，每个孢子囊内含2个子孢子。猪球虫的生活史与其他动物一样，在宿主体内进行裂殖生殖和配子生殖，在外界环境进行孢子生殖。

临床特征：猪球虫病主要发生在仔猪，以7~21日龄仔猪多见，成年猪多为隐性感染。特征性的病变是急性肠炎，局限于空肠和回肠，空肠和回肠黏膜出现黄色纤维素性坏死性假膜，松弛地附着在充血的黏膜上。

【例题1】对猪致病性较强的球虫是（B）。

A. 柔嫩艾美耳球虫　B. 猪等孢球虫　C. 邱氏艾美耳球虫
D. 堆型艾美耳球虫　E. 毁灭泰泽球虫

【例题2】猪等孢球虫的孢子生殖发生于（E）。

A. 小肠　B. 大肠　C. 胃　D. 肝脏　E. 外界环境

【例题3】猪等孢球虫病的主要发病于（A）日龄。

A. 7~21　B. 25~35　C. 36~45　D. 46~55　E. 56~65

考点2：猪姜片吸虫病的病原特征、流行特点、诊断方法和治疗药物★★★★

猪姜片吸虫病是由片形科姜片属的布氏姜片吸虫寄生于猪和人的十二指肠引起的影响仔猪生长发育和儿童健康的一种重要的人兽共患寄生虫病。

病原特征：布氏姜片吸虫的新鲜虫体呈肥厚，肉红色、长卵圆形，像一片斜切的厚姜片。

流行特点：中间宿主为扁卷螺，水生植物生长茂密的池塘为扁卷螺生长的最佳环境。猪姜片吸虫病主要发生在有水流的区域，感染性尾蚴附着在水生植物上形成囊蚴，猪采食含囊蚴的水生植物而感染。

诊断方法：病猪出现身体消瘦且腹部膨大，腹泻与便秘交替，应怀疑患有本病。确诊时应采集新鲜粪便，用水洗沉淀法检查粪便发现虫卵，或剖检动物尸体时找到特征性的虫体即可确诊。

治疗药物：吡喹酮为广谱抗吸虫和抗绦虫药物，是目前治疗猪姜片吸虫病的推荐药物。

【例题1】新鲜布氏姜片吸虫为（B）。

A. 浅绿色　B. 肉红色　C. 橙黄色　D. 黑棕色　E. 灰白色

【例题2】姜片吸虫寄生于终末宿主的部位是（C）。

A. 肝脏　B. 胰脏　C. 小肠　D. 结肠　E. 肺脏

【例题3】姜片吸虫病的中间宿主是（C）。

A. 钉螺　B. 金龟子　C. 扁卷螺　D. 椎实螺　E. 淡水鱼

【例题4】池塘边自由采食水葫芦、菱角的散养猪中，部分猪发病，主要表现为腹胀、腹痛、下痢、消瘦、贫血。如果做病原诊断，最有效的检查方法是（D）。

A. 血液涂片检查　B. 粪便直接涂片法　C. 粪便毛蚴孵化法

D. 粪便水洗沉淀法　E. 粪便饱和盐水漂浮法

考点3：猪消化道线虫病的病原特征、临床特征和治疗药物★★★

猪消化道线虫病是由多种寄生于猪消化道的线虫所引起的以消化功能障碍、发育受阻等为特征的一类寄生虫病。其中以猪蛔虫病和猪食道口线虫病引起的危害最为严重，是目前我国规模化猪场流行的主要线虫病。

病原特征：猪蛔虫是大型虫体，新鲜虫体呈浅红色或浅黄色，圆柱状，两端稍细，雄虫长15~25cm，尾端弯曲呈钩状。猪蛔虫第三期幼虫随血液进入右心房、右心室和肺动脉到肺部毛细血管，并穿破毛细血管进入肺泡，幼虫在肺内经过5~6d，进行第三次蜕皮，变为第四期幼虫后离开肺泡。猪蛔虫的生活史是蛔虫卵随粪便排出体外，在适宜条件下发育为感染性虫卵。虫卵被吞食后，在肠内孵出幼虫，幼虫钻入肠壁，然后经血流到达肝脏，再随血流达肺，幼虫经肺泡、细支气管、支气管，再经喉头被咽入胃，到小肠进一步发育为成虫。

猪食道口线虫寄生于猪的大肠，主要是结肠。食道口线虫幼虫可钻入宿主肠黏膜，使肠壁形成结节病变，又称结节虫病。常见的猪食道口线虫种类有有齿食道口线虫、长尾食道口线虫和短尾食道口线虫。

临床特征：幼虫在肺移行时，仔猪出现咳嗽、体温升高、喘气等症状，在肝脏表面形成云雾状的乳斑（称为乳斑肝）；成虫期导致猪消瘦，顽固性腹泻，营养不良，严重时成为僵猪。剖检死亡猪在结肠壁上见到大量结节，结节破溃后形成顽固性肠炎。

治疗药物：对于猪消化道线虫病，一般选用阿苯达唑、阿维菌素、左旋咪唑进行治疗。

【例题1】育肥猪群生长发育不良，食欲减退，反复腹泻。剖检结肠壁有大量黄豆大小的结节，本病的病原可能是（D）。

A. 猪蛔虫　B. 毛尾线虫　C. 球首线虫　D. 食道口线虫　E. 类圆线虫

【例题2】诊断猪蛔虫幼虫引起的疾病时，应检查的组织器官是（A）。

A. 肺　B. 肾脏　C. 脾脏　D. 胰腺　E. 肝脏

【例题3】某猪群，部分3~4月龄育肥猪出现消瘦，顽固性腹泻，用抗生素治疗效果不佳。剖检死亡猪在结肠壁上见到大量结节，肠腔内检获长为8~11mm的线状虫体。治疗本病可选用的药物是（C）。

A. 三氮脒　B. 吡喹酮　C. 左旋咪唑　D. 地克珠利　E. 拉沙里菌素

考点4：猪肾虫病的病原特征、临床特征、诊断方法和治疗药物★★

猪肾虫病又称冠尾线虫病，是由冠尾科冠尾属的有齿冠尾线虫寄生于猪的肾盂、肾周围脂肪和输尿管壁等处引起的一种寄生虫病。

病原特征：有齿冠尾线虫俗称猪肾虫，虫体粗壮，形似火柴杆。有齿冠尾线虫的虫卵随猪尿排出体外，在适宜的湿度和温度下孵出第一期幼虫，随后进行第一次蜕皮发育为第二期幼虫，然后进行第二次蜕皮发育为第三期感染性幼虫，第三期感染性幼虫可以经口和皮肤两种途径感染。

临床特征：病猪主要表现为后肢无力，跛行，走路时后躯左右摇摆。尿液内常有白色黏稠的絮状物或脓液。继发后躯麻痹或后躯僵硬，不能站立，拖地爬行；母猪不孕或流产，公猪失去交配能力。

诊断方法：怀疑猪肾虫病时，可以采集晨尿，静置后镜检沉淀，发现虫卵，或剖检发现虫体，即可确诊。

治疗药物：可以选用阿苯达唑治疗。

【例题 1】有齿冠尾线虫成虫在猪体内的寄生部位是（A）。

A. 肾脏　B. 肝脏　C. 结肠　D. 脾脏　E. 肺

【例题 2】有齿冠尾线虫的感染性阶段是（D）。

A. 感染性虫卵　B. 第一期幼虫　C. 第二期幼虫　D. 第三期幼虫　E. 第四期幼虫

【例题 3】引起病猪尿液中出现白色黏稠絮状物或脓液的寄生虫是（C）。

A. 猪蛔虫　B. 猪毛尾线虫　C. 有齿冠尾线虫
D. 野猪后圆线虫　E. 有齿食道口线虫

考点 5：猪棘头虫病的病原特征、临床特征和防治措施★★

猪棘头虫病是由少棘科巨吻属的蛭形巨吻棘头虫寄生于猪的小肠内引起的寄生虫病，以空肠最多。本病主要感染 8~10 月龄猪，呈散发或地方流行性。中间宿主为金龟子，散养和放牧猪感染率高。成虫寄生于猪的小肠，雌虫所产虫卵随粪便排出体外，如被中间宿主金龟子或其他甲虫的幼虫吞食后，在其体内最终形成棘头囊，到达感染阶段，猪吞食含棘头囊的甲虫则被感染。

病原特征：蛭形巨吻棘头虫虫体大，呈长圆柱形，乳白色或浅红色，前部较粗，向后逐渐变细，体表有明显的环形皱纹，头端有一个可伸缩的吻突。

临床特征：病猪食欲减退，出现刨地、互相对咬、匍匐爬行或不断发出声音等腹痛症状，下痢，粪便带血，有的因肠穿孔引起腹膜炎而死亡。

防治措施：消灭中间宿主金龟子及其幼虫是预防本病的关键，可在猪场以外的地点设置诱虫灯，捕杀金龟子。治疗可选用左旋咪唑和阿苯达唑。

【例题 1】蛭形巨吻棘头虫在猪体内的寄生部位是（C）。

A. 胃　B. 食道　C. 小肠　D. 大肠　E. 肾脏

【例题 2】蛭形巨吻棘头虫的中间宿主为（D）。

A. 淡水螺　B. 陆地螺　C. 蚯蚓　D. 金龟子　E. 剑水蚤

【例题 3】猪棘头虫病的主要临床表现是（A）。

A. 消化功能障碍　B. 呼吸功能障碍　C. 泌尿系统障碍
D. 凝血功能障碍　E. 造血功能障碍

考点 6：猪小袋纤毛虫病的流行特点、临床特征、诊断方法和治疗药物★★

猪小袋纤毛虫病是由小袋科小袋属的结肠小袋纤毛虫寄生于猪的大肠内所引起的一种原虫病，多见于仔猪。临床上呈现腹痛、腹泻、粪便带血等特征性症状，严重者可导致死亡。本病还可感染牛、羊、人，已经成为一种人兽共患原虫病，多发生于热带、亚热带地区。人感染结肠小袋纤毛虫时，病情严重，常引起顽固性下痢，病灶类似于阿米巴痢疾，表现为结肠和直肠的深层发生溃疡。

诊断方法：粪便中查到结肠小袋纤毛虫滋养体或包囊，即可确诊。

治疗药物：可用甲硝唑、土霉素、金霉素、四环素进行治疗。

【例题】仔猪结肠小袋虫病的主要临床症状是（E）。

A. 便秘 B. 水肿 C. 咳嗽 D. 血尿 E. 腹泻

考点7：猪肺线虫病的临床特征和诊断方法★

猪肺线虫病是由多种线虫寄生于猪的支气管和细支气管所引起的一种呼吸系统寄生虫病，常见的虫体为野猪后圆线虫和复阴后圆线虫，需要蚯蚓作为中间宿主。

严重感染时，病猪表现为强有力的阵咳，呼吸困难，运动时加剧。猪肺线虫幼虫可携带流感、猪瘟等病毒，加重病情。进行粪便黏液检查发现虫卵，或剖检时挤压肺膈叶后缘发现成虫，即可确诊。

第六章 牛、羊的寄生虫病

轻装上阵

如何学？

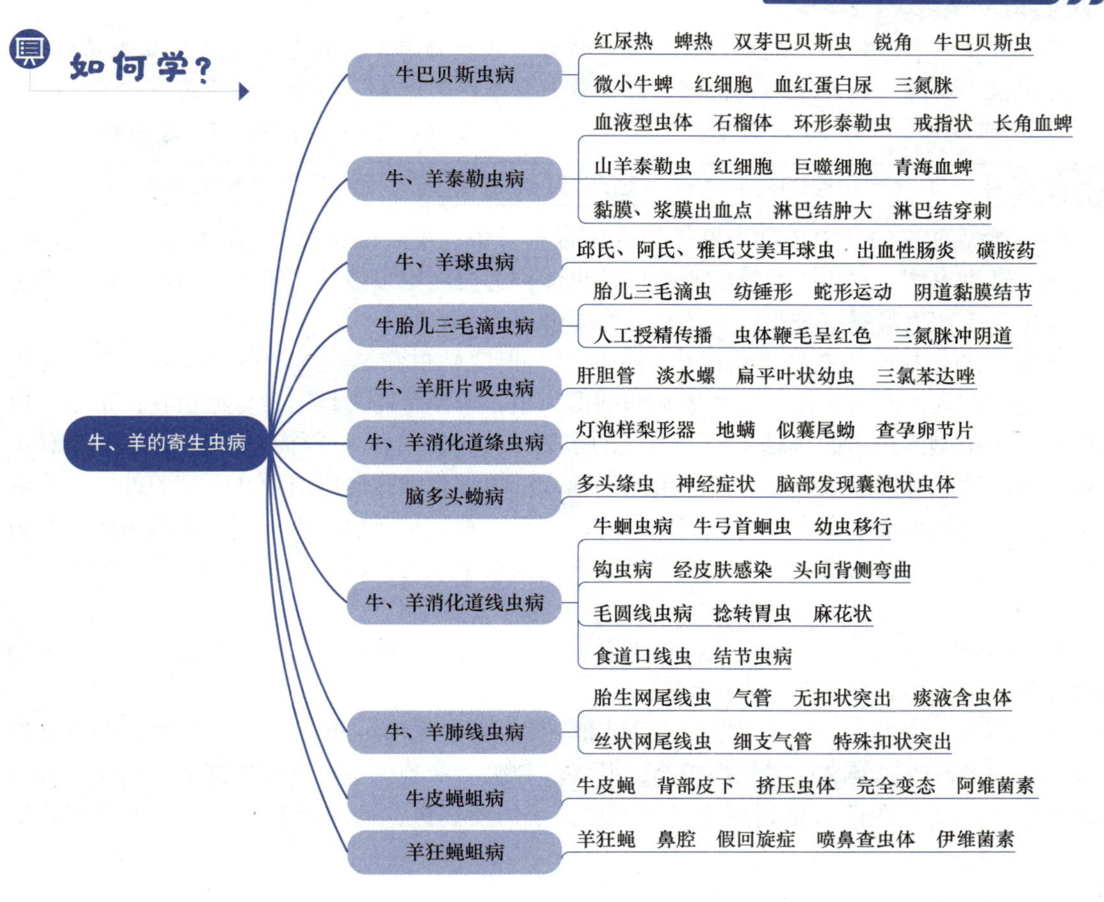

本章考点在考试中主要出现在A2、A3/A4型题中，每年分值平均3分。下列所述考点均需掌握。牛、羊原虫病和消化道线虫病等是考查最为频繁的内容，希望考生予以特别关注。

考点冲浪

考点1：牛巴贝斯虫病的病原特征、临床特征和治疗药物★★★★

牛巴贝斯虫病又称红尿热、塔城热、蜱热，是由巴贝斯科巴贝斯属的巴贝斯虫引起的牛的一种寄生虫病，虫体主要寄生于宿主的红细胞。

病原特征：牛巴贝斯虫病的病原主要是双芽巴贝斯虫、牛巴贝斯虫和卵形巴贝斯虫。双芽巴贝斯虫为大型虫体，长度大于红细胞半径，典型形态是成双的梨籽型虫体以尖端相连成锐角；牛巴贝斯虫为小型虫体，长度小于红细胞半径，典型形态为成双的虫体以尖端相连成钝角。微小牛蜱为我国双芽巴贝斯虫和牛巴贝斯虫的传播者，两种巴贝斯虫常混合感染。由于微小牛蜱在野外发育，故本病多发生在放牧期间。

临床特征：体温升高，呈稽留热，贫血、黏膜苍白和黄染。红细胞数量和血红蛋白含量显著减少。最明显的症状是出现血红蛋白尿。临床上根据血液中虫体的形态予以确诊。

治疗药物：常用的药物主要有三氮脒（贝尼尔或血虫净）、硫酸喹啉脲（阿卡普林）等抗原虫药。

【例题】奶牛，6岁，高热稽留，体温41℃，血液稀薄，可视黏膜黄染，尿液呈红色，体表发现微小牛蜱。血液涂片镜检可见红细胞内有梨籽形虫体。治疗本病的药物是（C）。

A. 阿苯达唑　B. 伊维菌素　C. 硫酸喹啉脲　D. 三氯苯达唑　E. 氨丙啉

考点2：牛、羊泰勒病原的病原特征、临床特征、诊断方法和治疗药物★★★★

牛、羊泰勒虫病是由泰勒科泰勒属虫体寄生于牛、羊红细胞和单核巨噬系统细胞内引起的一种寄生虫病。寄生于血液红细胞中的虫体称为血液型虫体，一般比巴贝斯虫的虫体更小；寄生于单核巨噬系统细胞的虫体称为石榴体。

病原特征：我国牛泰勒虫病的病原主要是环形泰勒虫和瑟氏泰勒虫。环形泰勒虫寄生于红细胞内，为血液型虫体，以环形和卵圆形为主，典型虫体为环形，呈戒指状；寄生于单核巨噬系统细胞内进行裂体增殖时，形成的多核虫体为裂殖体（或称石榴体、柯赫氏蓝体），裂殖体呈圆形、椭圆形或肾形，位于淋巴细胞或巨噬细胞细胞质内或散在于细胞外。环形泰勒虫病在我国的传播媒介主要是残缘璃眼蜱，还有一种是小亚璃眼蜱。瑟氏泰勒虫病在我国的传播媒介主要是长角血蜱。由于残缘璃眼蜱主要在牛圈内生活，故本病主要在舍饲条件下发生传播。

我国羊泰勒虫病的病原主要是山羊泰勒虫，虫体寄生于红细胞和巨噬细胞内。山羊泰勒虫病在我国的传播媒介主要是青海血蜱。

临床特征：全身皮下、肌肉间、黏膜和浆膜上可见大量的出血点和出血斑。全身淋巴结肿大，以颈浅淋巴结、腹股沟淋巴结、肝脏、脾脏、肾脏、胃淋巴结表现最为明显。皱胃黏膜肿胀、出血、脱落，见到高粱米到蚕豆大小的溃疡斑，边缘隆起呈红色，中央凹陷呈灰色。

羊泰勒虫病主要表现为贫血、黄疸，体表淋巴结肿大，肢体僵硬，羔羊最明显。

诊断方法：血液涂片检出虫体是确诊本病的主要依据。另外，对于环形泰勒虫病，可以进行淋巴结穿刺，涂片镜检发现石榴体即可确诊。

治疗药物：主要是三氮脒、硫酸喹啉脲。

【例题 1】环形泰勒虫的传播媒介是（E）。

A. 长角血蜱　B. 森林革蜱　C. 血红扇头蜱　D. 全沟硬蜱　E. 残缘璃眼蜱

【例题 2】在环形泰勒虫发育的石榴体阶段，虫体见于牛羊的（C）。

A. 红细胞　B. 嗜酸性粒细胞　C. 淋巴细胞
D. 中性粒细胞　E. 嗜碱性粒细胞

【例题 3】检查环形泰勒虫，应采集的样品是（C）。

A. 粪便　B. 尿液　C. 淋巴结穿刺物　D. 咳出液　E. 皮屑

【例题 4】某病牛死后，剖检见全身皮下、肌间、黏膜和浆膜有大量的出血点和出血斑，淋巴结肿大、切面多汁、有结节，皱胃黏膜肿胀、出血、脱落、有溃疡病灶。淋巴结涂片镜检发现石榴体。本病牛最可能死于（B）。

A. 弓形虫病　B. 泰勒虫病　C. 巴贝斯虫病　D. 伊氏锥虫病　E. 莫尼茨绦虫病

【例题 5】可以用于治疗牛泰勒虫病的药物是（B）。

A. 左旋咪唑　B. 三氮脒　C. 吡喹酮　D. 阿维菌素　E. 溴氰菊酯

考点 3：牛、羊球虫病的虫体种类、临床特征和防治方法★★

虫体种类：球虫为细胞内寄生虫，不同种类对宿主和寄生部位有严格的选择性。牛球虫有 10 种，主要寄生于牛的小肠下段和整个大肠，其中以邱氏艾美耳球虫和牛艾美耳球虫常见且致病性最强，主要寄生于直肠；绵羊球虫有 14 种，山羊球虫有 15 种，寄生于绵羊或山羊的肠道中，其中阿氏艾美耳球虫对绵羊致病性最强；雅氏艾美耳球虫对山羊致病性最强。

临床特征：牛球虫病多发生于犊牛，以出血性肠炎为特征，临床上主要表现为渐进性贫血、消瘦和血痢；绵羊和山羊球虫病为急性或慢性肠炎性疾病。

防治方法：治疗药物主要有磺胺二甲氧嘧啶、氨丙啉。预防药物主要有莫能菌素。

【例题 1】对绵羊致病性最强的球虫是（D）。

A. 邱氏艾美耳球虫　B. 柔嫩艾美耳球虫　C. 斯氏艾美耳球虫
D. 阿氏艾美耳球虫　E. 毒害艾美耳球虫

【例题 2】防控牛、羊球虫病的药物是（A）。

A. 莫能菌素　B. 伊维菌素　C. 三氮脒　D. 阿苯达唑　E. 左旋咪唑

考点 4：牛胎儿三毛滴虫病的病原特征、临床特征、诊断方法和治疗药物★★★

牛胎儿三毛滴虫病是由三毛滴虫属胎儿三毛滴虫寄生于牛生殖道引起的寄生虫病，在牛群中引起生殖系统炎症、不孕和早期流产。胎儿三毛滴虫寄生于母牛的阴道、子宫，公牛的包皮腔、阴茎黏膜、输精管及流产胎儿、羊水和胎膜中。主要见于病畜的阴道分泌物中，母牛妊娠后寄生于胎儿的皱胃及胎盘中。通过交配或人工授精器械传播。本病多发生于配种季节，分布于世界各地。

病原特征：新鲜阴道分泌物中的胎儿三毛滴虫虫体呈纺锤形、梨形或长卵圆形，混杂于上皮细胞与白细胞之间，进行活泼的蛇形运动；以纵分裂方式繁殖。

临床特征：公牛感染后引起包皮炎，黏膜上出现粟粒大小的结节，有痛感，不愿交配或交配时不射精；母牛感染后发生阴道炎、子宫颈炎及子宫内膜炎。

诊断方法：可以采取病畜生殖道分泌物、冲洗液或流产胎儿、胎液等，做压滴片检查活动虫体；或吉姆萨染色检查，虫体鞭毛及波动膜均呈深红色或浅红色；或接种妊娠豚鼠发生流产，即可确诊。

治疗药物：可以使用吖啶黄或三氮脒冲洗生殖道。

【例题】胎儿三毛滴虫寄生在牛的（E）。

A. 肝脏　B. 肺　C. 血液　D. 消化道　E. 生殖道

考点5：牛、羊肝片吸虫病的病原特征、临床特征和治疗药物★★★★

肝片吸虫病是由片形科片形属的肝片吸虫寄生于牛、羊、骆驼和鹿等各种反刍动物的肝脏、胆管中的一种寄生虫病。本病呈地方流行性。绵羊最敏感，发病死亡率高，牛感染后多呈慢性经过。

病原特征：片形吸虫在我国有肝片吸虫和大片形吸虫两种。肝片吸虫呈扁平叶状，灰红褐色，前端有头锥，有口吸盘，口吸盘后方为腹吸盘。中间宿主为淡水螺（椎实螺），在我国内蒙古地区主要为土蜗螺。肝片吸虫成虫在终末宿主的胆管内排出大量虫卵，卵随胆汁进入宿主消化道，随粪便排出体外，在适宜条件下孵出毛蚴，进入水中，遇到中间宿主淡水螺则钻入其体内，经无性繁殖发育为胞蚴、雷蚴和尾蚴。尾蚴自螺体逸出后，附着在水生植物上形成具感染性的囊蚴，家畜在吃草或饮水时吞食囊蚴即可被感染。

临床特征：体温升高，食欲减退，逐渐消瘦，可视黏膜苍白，贫血和低蛋白血症，眼睑、下颌和胸腹下部水肿，腹水。绵羊最敏感，发病死亡率高，牛感染后多呈慢性经过。死后剖检可见肝脏肿大、出血，在腹腔和肝实质中发现扁平叶状幼虫；慢性病例可以在胆管内检获成虫。

治疗药物：主要有三氯苯达唑（肝蛭净）、阿苯达唑和氯氰碘硫胺。

【例题1】肝片吸虫对牛、羊等动物的感染性阶段是（A）。

A. 囊蚴　B. 尾蚴　C. 雷蚴　D. 胞蚴　E. 毛蚴

【例题2】片形吸虫最易感的动物是（E）。

A. 猪　B. 马　C. 犬　D. 兔　E. 绵羊

【例题3】夏季，某绵羊群放牧后出现食欲减退、体温升高、可视黏膜苍白等症状。剖检见肝脏肿大、出血，在肝脏、胆管中发现扁平叶状虫体。本病可能是（D）。

A. 绵羊球虫病　B. 棘球蚴病　C. 莫尼茨绦虫病

D. 片形吸虫病　E. 血矛线虫病

【例题4】春季，某绵羊群渐进性消瘦，高度贫血，下颌、胸下、腹下水肿，个别衰竭死亡。剖检见胆管增粗，内有红褐色叶状虫体，治疗本病的药物是（B）。

A. 伊维菌素　B. 三氯苯达唑　C. 左旋咪唑　D. 三氮脒　E. 磺胺氯吡嗪

考点6：牛、羊消化道绦虫病的病原特征、诊断方法和治疗药物★★★★

牛、羊消化道绦虫病是由裸头科的莫尼茨属、曲子宫属和无卵黄腺属的数种绦虫寄生于牛、羊等反刍动物小肠中引起的寄生虫病，对羔羊和犊牛危害严重。扩展莫尼茨绦虫主要寄生于羔羊，贝氏莫尼茨绦虫多寄生于犊牛，多呈混合感染。

病原特征：莫尼茨绦虫的主要虫种是贝氏莫尼茨绦虫和扩展莫尼茨绦虫，莫尼茨绦虫的虫卵内均含有特殊灯泡样的梨形器，梨形器内含有六钩蚴，贝氏莫尼茨绦虫的虫卵为四角形，而扩展莫尼茨绦虫的虫卵为三角形。曲子宫绦虫的虫卵无梨形器，每 5~15 个虫卵被包在一个副子宫器内。中点无卵黄腺绦虫的主要特征是生殖器官左右呈不规则交替排列，孕卵节片呈波状弯曲，虫卵被包裹在一个副子宫器内，虫卵无梨形器。中间宿主为地螨（土壤螨），感染性幼虫为似囊尾蚴。

莫尼茨绦虫寄生于牛、绵羊、山羊、鹿等的小肠中，多呈地方流行性。主要危害羔羊和犊牛。临床上表现为贫血，消瘦，腹泻，有时有肌肉抽搐和痉挛等神经症状，感染家畜的粪便表面可以发现黄白色的孕卵节片，涂片镜检可见到其中含有大量灰白色特征性的虫卵。

诊断方法：清理牛舍时，注意查看新鲜粪便，可能找到活动性的孕卵节片，将其夹在两片载玻片间压薄，显微镜观察，根据虫体的结构特征即可确诊。

治疗药物：可以使用吡喹酮、阿苯达唑进行治疗。

【例题 1】某放牧羊群发生以渐进性消瘦、贫血、回旋运动等神经症状为主的疾病。粪便检查发现有白色节片。本病可能是（C）。

A. 球虫病　　B. 片形吸虫病　　C. 莫尼茨绦虫病

D. 捻转血矛线虫病　　E. 日本分体吸虫病

【例题 2】莫尼茨绦虫的中间宿主是（C）。

A. 蚂蚁　　B. 陆地螺　　C. 地螨　　D. 钉螺　　E. 椎实螺

【例题 3】贝氏莫尼茨绦虫虫卵的鉴别特征是（D）。

A. 卵圆形，卵壳薄，内含幼虫

B. 似圆形，无梨形器，有六钩蚴

C. 卵圆形，无卵盖，内含多个胚细胞

D. 近似四角形，卵内有梨形器，内含六钩蚴

E. 近于球形，卵壳呈蜂窝状，内含一个卵细胞

【例题 4】莫尼茨绦虫可感染（D）。

A. 仔猪　　B. 幼犬　　C. 幼驹　　D. 羔羊　　E. 雏鹅

【例题 5】中点无卵黄腺绦虫孕卵节片中的虫卵被包裹在（B）。

A. 卵膜内　　B. 副子宫器内　　C. 梨形器内　　D. 孢子囊内　　E. 卵囊内

考点 7：脑多头蚴病的临床特征、诊断方法和防治方法★★★★

脑多头蚴病又称脑包虫病，是由带科多头属的多头绦虫的中绦期幼虫寄生于牛、羊脑及脊髓中所引起的一种寄生虫病，偶见于骆驼、猪、马及其他野生反刍动物；成虫寄生于犬、狼、狐的小肠中。牛、羊因吞食被虫卵污染的牧草、饲料和饮水发生感染。本病呈世界性分布，常呈地方流行性。

临床特征：牛、羊感染后，由于虫体生长对脑髓的压迫而出现典型的神经症状，表现为运动障碍，视觉减弱甚至失明，后肢麻痹，出现异常的运动和姿势，如转圈运动、角弓反张、呆立不动等。临床表现的症状取决于虫体的寄生部位。

诊断方法：根据特殊的临床症状，脑部检查发现豌豆至鸡蛋大小的囊泡状虫体可以确诊。多数病例需要剖检才能确诊。对脑表层寄生的囊体，可以施行手术摘取。

防治方法：可以使用吡喹酮、阿苯达唑进行治疗。生产中禁止让犬吃到含有脑多头蚴的病畜的脑和脊髓。

【例题 1】多头绦虫成虫寄生在犬、狼、狐的（E）。

A. 肝脏　B. 肺　C. 大脑　D. 大肠　E. 小肠

【例题 2】牛食入被犬粪便污染的牧草后可以感染的寄生虫是（C）。

A. 裂头蚴　B. 囊尾蚴　C. 脑多头蚴　D. 细颈囊尾蚴　E. 棘球蚴

【例题 3】羊脑多头蚴的传染来源是（C）。

A. 猫　B. 鼠　C. 犬　D. 人　E. 猪

【例题 4】某群羊出现运动障碍或转圈运动，视觉减弱甚至失明，后肢麻痹。剖检在脑部查见豌豆至鸡蛋大小的囊泡状虫体。本病病原的终末宿主是（D）。

A. 人　B. 牛　C. 羊　D. 犬　E. 骆驼

考点 8：牛、羊消化道线虫病的种类和临床特征★★★

牛、羊消化道线虫病主要有牛蛔虫病，牛、羊仰口线虫病，牛、羊毛圆线虫病，牛、羊食道口线虫病等。

牛蛔虫病：由弓首科弓首属的牛弓首蛔虫寄生于犊牛小肠内引起的以下痢为主要特征的寄生虫病。牛弓首蛔虫的生活史非常特殊，在适宜条件下，变为感染性虫卵（内含第二期幼虫）。牛吞食感染性虫卵后，发育为第三期幼虫，待母牛妊娠 8.5 个月左右时，幼虫便移行至子宫，进入胎盘羊膜液，变为第四期幼虫，被胎牛吞入肠中发育为成虫。由于幼虫移行，造成肠壁、肺、肝脏等组织损伤、点状出血。一般采用直接涂片法或饱和盐水漂浮法检查粪便中的虫卵。

牛、羊仰口线虫病：又称钩虫病，是由钩口科钩口属的线虫引起的一种寄生虫病，成虫寄生于牛、羊的小肠。经皮肤感染为牛、羊仰口线虫病的主要途径。粪便检查发现新鲜仰口线虫虫卵色深，发黑，虫卵两端钝圆，两侧平直。剖检时可在寄生部位找到虫体，虫体特点是头部向背侧弯曲。治疗可用左旋咪唑。

牛、羊毛圆线虫病：由捻转血毛线虫寄生于牛羊、骆驼等的胃线虫病。捻转血毛线虫，又称捻转胃虫，寄生于牛、羊的皱胃，虫体呈浅红色，虫体口囊内有一个毛状刺，一般有颈乳突，虫体的肠管吸血后呈红色，生殖器官呈白色，二者互相捻转，形成红白相间的麻花状外观。

牛、羊食道口线虫病：食道口线虫寄生于牛、羊的结肠，幼虫钻入肠形成结节病变，又称结节虫病，主要种类为哥伦比亚食道口线虫和粗纹食道口线虫。

【例题 1】诊断牛弓首蛔虫病常采用的粪便检查方法是（B）。

A. 肉眼观察法　B. 饱和盐水漂浮法　C. 毛蚴孵化法

D. 幼虫分离法　E. 粪便培养法

【例题 2】犊牛食欲不振，顽固性腹泻，粪便带血，可视黏膜苍白，下颌水肿。剖检见小肠内有大量虫体，虫体头部向背侧弯曲，治疗本病的药物是（A）。

A. 左旋咪唑　B. 地克珠利　C. 三氮脒　D. 盐霉素　E. 喹嘧胺

【例题 3】奶牛，4 岁，贫血，消瘦，腹泻。剖检见皱胃中发现大量虫体。镜检见部分虫体有交合伞，交合伞具有 Y 形背肋，虫体肠管吸血呈红色，生殖器官呈白色，二者互相捻转，形成红白相间的麻花状外观。该牛寄生的虫体是（B）。

A. 牛弓首蛔虫 B. 捻转血毛线虫 C. 哥伦比亚食道口线虫
D. 牛仰口线虫 E. 指形长刺线虫

【例题 4】某羊群出现渐进性消瘦、腹泻和便秘交替等临床症状。剖检可见在结肠腔内发现大量长 15mm 左右的乳白色线状虫体，并在肠壁有大量结节病变。可能感染的寄生虫是（D）。

A. 莫尼茨绦虫 B. 肝片形吸虫 C. 胎生网胃线虫
D. 粗纹食道口线虫 E. 羊仰口线虫

考点 9：牛、羊肺线虫病的虫体种类、临床特征、诊断方法和治疗药物★★★

牛、羊肺线虫病是由网尾科或原圆科线虫寄生于牛、羊的肺和支气管所引起的寄生虫病。

虫体种类：网尾科线虫的虫体较大，称为大型肺线虫，主要包括胎生网尾线虫和丝状网尾线虫，胎生网尾线虫主要寄生于牛，丝状网尾线虫主要寄生于羊，它们主要寄生于宿主的气管和支气管内。原圆科线虫的虫体较小，称为小型肺线虫，主要寄生于羊的肺泡、细支气管内。

临床特征：病初主要表现咳嗽，流浅黄色黏液性鼻液，初为干咳，后为湿咳，尤以夜间和清晨出圈时明显，且咳嗽变得逐渐频繁，有的发生气喘或阵发性咳嗽，咳出的痰液中含有虫卵、幼虫或成虫，叩诊有湿啰音等，严重时呼吸困难，体温升高，贫血，迅速消瘦，死于肺炎或并发症。肺线虫可以形成局灶状支气管肺炎。

诊断方法：确诊需要检查粪便中的虫卵或幼虫。常用幼虫分离法对第一期幼虫进行检查，根据第一期幼虫的虫体特征进行鉴别。丝状网尾线虫第一期幼虫头端较粗，有一个特殊的扣状突出；胎生网尾线虫第一期幼虫头端钝圆，无扣状突出。

治疗药物：可以使用氯乙酰肼进行治疗。

【例题 1】胎生网尾线虫成虫在牛体内寄生的器官是（C）。

A. 肝脏 B. 心脏 C. 肺 D. 小肠 E. 大肠

【解析】本题考查网尾线虫病的寄生部位。肺线虫病是由胎生网尾线虫和丝状网尾线虫寄生于牛和羊的肺和支气管内引起的呼吸道寄生虫病。胎生网尾线虫主要寄生于牛，丝状网尾线虫主要寄生于羊。因此胎生网尾线虫成虫在牛体内寄生的器官是肺。

【例题 2】寄生于羊的大型肺线虫是（A）。

A. 丝状网尾线虫 B. 胎生网尾线虫 C. 安氏网尾线虫
D. 柯氏原圆线虫 E. 长刺后圆线虫

【例题 3】某羊群发生以咳嗽、呼吸困难、消瘦为主要症状的疾病。采用幼虫分离法在新鲜粪便中检查到大量第一期幼虫。幼虫头端较粗，有一扣状突出。可能感染的寄生虫是（C）。

A. 肝片吸虫 B. 莫尼茨绦虫 C. 丝状网胃线虫
D. 粗纹食道口线虫 E. 羊仰口线虫

【例题 4】牦牛放牧后出现咳嗽，初为干咳，后为湿咳，咳嗽变得逐渐频繁，有的发生气喘或阵发性咳嗽，流浅黄色黏液性鼻液，消瘦，贫血，呼吸困难，叩诊有湿啰音。本病最可能是（B）。

A. 钩虫病　　B. 牛肺线虫病　　C. 日本分体吸虫病

D. 肝片吸虫病　　E. 莫尼茨绦虫病

考点 10：牛、羊囊尾蚴病的临床特征和诊断方法★★★★★

牛囊尾蚴病是由带科带吻属的牛带绦虫（肥胖带吻绦虫）的中绦期幼虫（牛囊尾蚴）寄生于牛肌肉中所引起的一种寄生虫病。成虫牛带绦虫寄生于人的小肠，牛囊尾蚴病又称牛囊虫病，在人和牛之间传播，属于人兽共患寄生虫病。羊囊尾蚴病是由带科带属的绵羊带绦虫的中绦期幼虫寄生于羊的横纹肌中所引起的一种寄生虫病，成虫绵羊带绦虫寄生于犬的小肠内。

临床特征：多寄生于牛的咬肌、舌肌、心肌等处，几乎不表现临床症状，屠宰后才被发现。因此生前诊断困难，尸体剖解发现囊尾蚴即可确诊。

考点 11：牛吸吮线虫病的病原特征、临床特征和治疗方法★

牛吸吮线虫病是由罗德西吸吮线虫（罗氏吸吮线虫）寄生于牛的结膜囊、第三眼睑和泪管所引起的寄生虫病。吸吮线虫的虫体呈乳白色，角皮粗糙，体表有显著的横纹。其发育需要蝇类，如秋家蝇作为中间宿主。

临床特征：吸吮线虫可以机械性损伤牛的结膜和角膜，引起角膜结膜炎，出现流泪、潮红、角膜混浊等，严重时引起糜烂和溃疡，最后导致失明。在眼内发现吸吮线虫，即可确诊。

治疗方法：治疗可以使用伊维菌素注射液；用 3% 硼酸溶液冲洗眼结膜囊和第三眼睑，可杀死或冲出虫体。

考点 12：牛皮蝇蛆病的虫体寄生部位、临床特征、诊断方法和防治方法★★★

牛皮蝇蛆病是由皮蝇科皮蝇属的纹皮蝇和牛皮蝇幼虫寄生于牛背部皮下组织引起的一种外寄生虫病。

寄生部位：纹皮蝇和牛皮蝇生活史基本相似，属于完全变态，整个发育过程经过卵、幼虫、蛹和成蝇。牛皮蝇的第一期幼虫沿寄主的毛孔钻入皮肤内，在皮下移行，经两个半月进入咽和食道部发育为第二期幼虫；第二期幼虫在食道壁停留 5 个月，最后进入牛背部皮下寄生，直到发育为第三期幼虫，成熟幼虫由皮孔钻出，落地入土化蛹，后羽化为蝇。牛皮蝇幼虫寄生于牛背部皮下组织。

临床特征：幼虫钻入皮肤，牛皮肤痛痒，烦躁不安消瘦、产奶量下降、贫血。第三期幼虫在背部皮下寄生时，容易引起局部结缔组织增生和皮下组织蜂窝织炎，有时继发细菌感染，出现化脓，形成瘘管，直到幼虫爬出才能痊愈，影响皮革质量和价值。

诊断方法：幼虫出现于牛背部皮下时易于诊断，可以触诊到隆起，上有小孔，内含幼虫，用力挤压，可以挤出虫体，即可确诊。

防治方法：预防牛皮蝇蛆病，可在牛皮蝇飞翔季节对牛体喷洒拟除虫菊酯。主要有浇注有机磷杀虫药和皮下注射伊维菌素或阿维菌素类药物。

【例题 1】牛感染皮蝇蛆的途径是（C）。

A. 食入虫卵　B. 食入幼虫　C. 第一期幼虫钻入皮肤毛囊
D. 第三期幼虫钻入毛囊　E. 幼虫经鼻腔钻入

【例题 2】牛皮蝇的第三期幼虫主要寄生在（C）。

A. 头部皮下　B. 小腿皮下　C. 背部皮下　D. 腹部皮下　E. 胸部皮下

【例题 3】春季，某奶牛表现消瘦、泌乳量下降，背部局部皮肤隆起，上有小孔，孔内有 20mm 左右长的幼虫。本病可能是（D）。

A. 棘球蚴病　B. 贝诺孢子虫病　C. 肉孢子虫病
D. 牛皮蝇蛆病　E. 痒螨病

【例题 4】牛被牛皮蝇幼虫寄生后，常继发皮肤化脓感染的病原是（B）。

A. 病毒　B. 细菌　C. 真菌　D. 支原体　E. 衣原体

【例题 5】预防牛皮蝇蛆病，可在皮蝇飞翔季节对牛体喷洒的药物是（E）。

A. 乙醇　B. 苯酚　C. 过氧乙酸　D. 福尔马林　E. 拟除虫菊酯

考点 13：羊狂蝇蛆病的寄生部位、诊断方法和治疗药物★★

羊狂蝇蛆病是由狂蝇科狂蝇属的羊狂蝇幼虫寄生在羊的鼻腔及其附近的腔窦内引起的一种外寄生虫病，主要危害绵羊，对山羊危害较轻，人的眼、鼻也有被侵袭的报道。

临床特征：羊狂蝇属于完全变态，包括虫卵、幼虫、蛹和成虫。幼虫在鼻腔内移行，引起黏膜肿胀、出血，打喷嚏，鼻孔堵塞，流脓性鼻液，呼吸困难。如果第一期幼虫进入颅腔，会出现“假旋回症”，表现为运动失调，做旋转运动。

诊断方法：早期感染时，用药液喷入羊鼻腔，收集用药后的鼻腔喷出物，发现死亡幼虫，即可确诊。

治疗药物：主要有有机磷杀虫药和伊维菌素或阿维菌素类药物。应以消灭鼻腔内的第一期幼虫为主要措施。

第七章　马的寄生虫病

轻装上阵

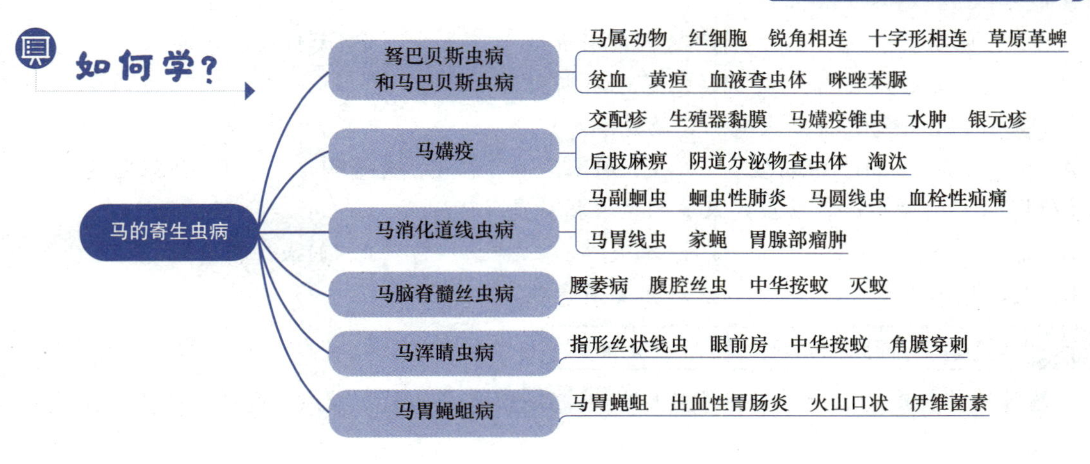

本章考点在考试中主要出现在A2型题中，每年分值平均1分。下列所述考点均需掌握。马原虫病（巴贝斯虫病、马媾疫）、马线虫病等是考查最为频繁的内容，希望考生予以特别关注。

考点冲浪

考点1：驽巴贝斯虫病和马巴贝斯虫病的病原特征、流行特点、临床特征、诊断方法和防治方法★★★

驽巴贝斯虫病（病原为驽巴贝斯虫）和马巴贝斯虫病（马泰勒虫病，病原为马巴贝斯虫）均为巴贝斯虫寄生于马属动物的红细胞内所引起的血液原虫病。临床上呈现高热、贫血、黄疸、出血和呼吸困难等症状。

病原特征：驽巴贝斯虫为大型虫体，虫体长度大于红细胞半径，典型虫体为成对的梨籽形虫体，以其尖端呈锐角相连；马巴贝斯虫（马泰勒虫）为小型虫体，虫体长度不超过红细胞半径，典型的虫体为4个梨籽形虫体以其尖端呈十字形相连。

流行特点：通过硬蜱传播，具有一定的地区性和季节性。硬蜱吸血时，把含有巴贝斯虫的红细胞吸入肠内，当其再次吸血时，虫体随蜱的唾液接种入马体内。驽巴贝斯虫的传播媒介有草原革蜱、森林革蜱、银盾革蜱、中华革蜱。驽巴贝斯虫病一般2月下旬出现，3~4月达到高峰；马巴贝斯虫病出现稍晚。

临床特征：病马体温升高，呈稽留热，眼结膜充血和黄染，溶血性贫血，红细胞急剧减少，白细胞数变化不大，黏膜、腱膜及皮下组织黄染，肺水肿，少尿和蛋白尿等。

诊断方法：血液检查发现虫体是确诊的主要依据，根据虫体的形态特征，确诊为驽巴贝斯虫病或马巴贝斯虫。二者区别在于驽巴贝斯虫的虫体长度大于红细胞半径，而马巴贝斯虫的虫体长度不超过红细胞半径。

防治方法：预防的主要措施为消灭蜱虫。可以使用咪唑苯脲、三氮脒治疗。

【例题1】马巴贝斯虫病的传播媒介是（D）。

A. 蚤　　B. 虱　　C. 软蜱　　D. 硬蜱　　E. 蝇蛆

【例题2】某马场马发病，主要病变为溶血性贫血，黏膜、腱膜及皮下组织黄染，肺水肿，少尿和蛋白尿。血液涂片检查，在红细胞内发现大于红细胞半径的梨籽形虫，该虫体应是（B）。

A. 牛巴贝斯虫　　B. 驽巴贝斯虫　　C. 莫氏巴贝斯虫

D. 吉氏巴贝斯虫　　E. 双芽巴贝斯虫

【例题3】治疗马巴贝斯虫病的药物是（A）。

A. 咪唑苯脲　　B. 甲硝唑　　C. 阿苯达唑　　D. 吡喹酮　　E. 伊维菌素

【例题4】预防马巴贝斯虫病采取的主要措施是（B）。

A. 畜舍消毒　　B. 除蟑灭蜱　　C. 加强饲料清理

D. 改善饲草卫生　　E. 加强粪便清理

考点2：马媾疫的临床特征和诊断方法★★★

马媾疫又称交配疹，是马匹在交配时生殖器黏膜感染马媾疫锥虫引起的一种寄生虫病人工授精时，器械未经严格消毒也可发生感染。马媾疫锥虫属于锥虫属，与伊氏锥虫相似，但主要寄生于马属动物的生殖器黏膜。

临床特征：首先为水肿期，包皮前端开始发生水肿，逐渐蔓延至阴囊、阴茎、腹下及股内侧，触诊呈面团状，无热无痛，1个月后进入皮肤丘疹期，特别在病马两侧肩部的皮肤出现扁平丘疹，呈圆形或椭圆形，中间凹陷，周边隆起，称为银元疹；后期为神经症状期，以局部神经麻痹为主，腰神经与后肢神经麻痹，表现为步态强拘，后躯摇晃，跛行；面神经麻痹时嘴唇歪斜，耳及眼睑下垂；咽麻痹时吞咽困难。

诊断方法：采取尿道或阴道分泌物或丘疹组织液，发现锥虫即可确诊。我国已基本消灭本病。一旦发现病畜，一般应淘汰处理。

【例题1】马媾疫的感染途径是（C）。

A. 经口感染　B. 经胎盘感染　C. 经交配感染
D. 经呼吸道感染　E. 经节肢动物感染

【例题2】马媾疫病原诊断，应检查的病料是（D）。

A. 粪便　B. 皮屑　C. 尿液
D. 阴道分泌物　E. 淋巴结穿刺物

考点3：马消化道线虫病的临床特征★★★★

马副蛔虫病是由蛔科副蛔属的马副蛔虫寄生于马属动物的小肠内所引起的一种寄生虫病。

临床特征：发病初期呈现肠炎症状，持续3d后，呈现支气管肺炎症状——蛔虫性肺炎，表现为咳嗽，短期发热，流浆液性或黏液性鼻液，成虫寄生期呈现肠炎症状，腹泻与便秘交替出现，幼驹生长发育停滞。

马圆线虫病：马圆线虫主要寄生于马属动物的盲肠和结肠。临床上分为肠内型和肠外型。肠内型为成虫，寄生时出现大肠炎症。幼虫移行时，以普通圆线虫引起的血栓性疝痛最为多见（幼虫逆血流方向移行到较大动脉根部）；马圆线虫引起肝脏、脾脏损伤，临床表现为疝痛；无齿圆线虫引起腹膜炎、急性毒血症。马圆线虫病是马属动物的一种感染率高、分布最广的肠道线虫病。对于马圆线虫病的治疗，一般采用抗线虫药进行治疗，主要药物有哌嗪、噻苯达唑、芬苯达唑、伊维菌素等。

马胃线虫病：由旋尾科柔线属的大口德拉西线虫（大口胃虫）、小口柔线虫（小口胃虫）、蝇柔线虫的成虫寄生在马属动物的胃内引起。这三种胃线虫均以蝇类作为中间宿主，大口德拉西线虫和蝇柔线虫的中间宿主为家蝇，在胃腺部形成瘤肿和溃疡。

治疗方法：为禁食16h后用2%碳酸氢钠溶液洗胃，皮下注射盐酸吗啡，使幽门括约肌收缩，20min后投服碘溶液。

【例题1】马副蛔虫成虫寄生于马属动物的（B）。

A. 胃　B. 小肠　C. 大肠　D. 胸腔　E. 腹腔

【例题2】马副蛔虫幼虫移行期引起的主要症状是（D）。

A. 流泪　B. 血尿　C. 尿频　D. 咳嗽　E. 便秘

【例题3】治疗马圆线虫病的药物是（E）。

A. 吡喹酮　B. 倍硫磷　C. 溴氰菊酯　D. 磺胺嘧啶　E. 噻苯达唑

【例题4】普通圆线虫幼虫移行期，可以引起马的特殊症状是（E）。

A. 便秘　B. 腹泻　C. 尿频　D. 咳嗽　E. 疝痛

【例题5】马胃线虫的中间宿主是（D）。

A. 蚊　B. 蛀　C. 虱　D. 蝇　E. 蜱

考点4：马脑脊髓丝虫病的病原特征、临床特征和诊断方法★★

马脑脊髓丝虫病又称“腰萎病”，是由牛腹腔的指形丝状线虫（腹腔丝虫）的晚期幼虫（童虫）侵入马、羊脑或脊髓的硬膜下或实质中而引起的寄生虫病。

病原特征：指形丝状线虫的成虫寄生于黄牛和牦牛的腹腔，所产生的微丝蚴进入宿主的血液循环，当中间宿主（中华按蚊、雷氏按蚊等吸血性昆虫）吸食终末宿主的外周血液时，微丝蚴随血液进入中间宿主体内，带有感染性幼虫的蚊虫刺吸非固有宿主——马或羊血液时，幼虫进入马或羊体内，随淋巴或血液进入脑脊髓，停留在童虫阶段，引起马或羊的脑脊髓丝虫病。

临床特征：分为早期症状及中晚期症状。早期症状为腰髓支配的后躯运动神经障碍，主要表现为病马意识障碍，出现痴呆样，弓腰，腰硬，突然高度跛行，或后肢出现木脚步样，后坐时臀端依靠墙柱；后期出现脑髓受损的神经症状，但并不严重。病马体温、呼吸、脉搏和食欲均无明显变化，血液学检查见嗜酸性粒细胞增多。

诊断方法：早期诊断尤为重要。一般用牛腹腔蛭形丝状线虫提纯抗原，进行皮内反应试验进行诊断。治疗困难，可以用药物驱蚊、灭蚊预防。

考点5：马浑睛虫病的病原特征和诊断方法★

马浑睛虫病是由指形丝状线虫、马丝状线虫和鹿丝状线虫的童虫寄生于马、骡的眼前房中引起的一种寄生虫病。

病原特征：指形丝状线虫和马丝状线虫寄生于马属动物的腹腔，感染幼虫的蚊类吸血时，将幼虫注入马体，幼虫移行时进入眼内，常于眼前房寄生。

诊断方法：虫体寄生引起角膜炎和白内障。诊断时，可以对光观察动物患眼，可见虫体在眼前房游动。根治方法是用角膜穿刺术取出虫体。

考点6：马胃蝇蛆病的临床特征★★

马胃蝇蛆病是由双翅目胃蝇科胃蝇属的幼虫寄生于马属动物胃肠道内所引起的一种慢性寄生虫病。临床表现为病马高度贫血、消瘦、中毒、使役力下降，严重时衰竭死亡。马胃蝇属于完全变态，每年完成一个生活周期，主要流行于东北、西北等地，成蝇活动季节主要在5~9月，8~9月最盛。主要引起出血性胃肠炎，幼虫叮咬部位呈火山口状。使用伊维菌素、敌百虫治疗，用药后4h内禁止饮水。

【例题】我国北方马胃蝇成蝇活动时间主要在（C）。

A. 1~2月　B. 3~4月　C. 5~9月　D. 10~11月　E. 12月

第八章 禽的寄生虫病

轻装上阵

如何学？

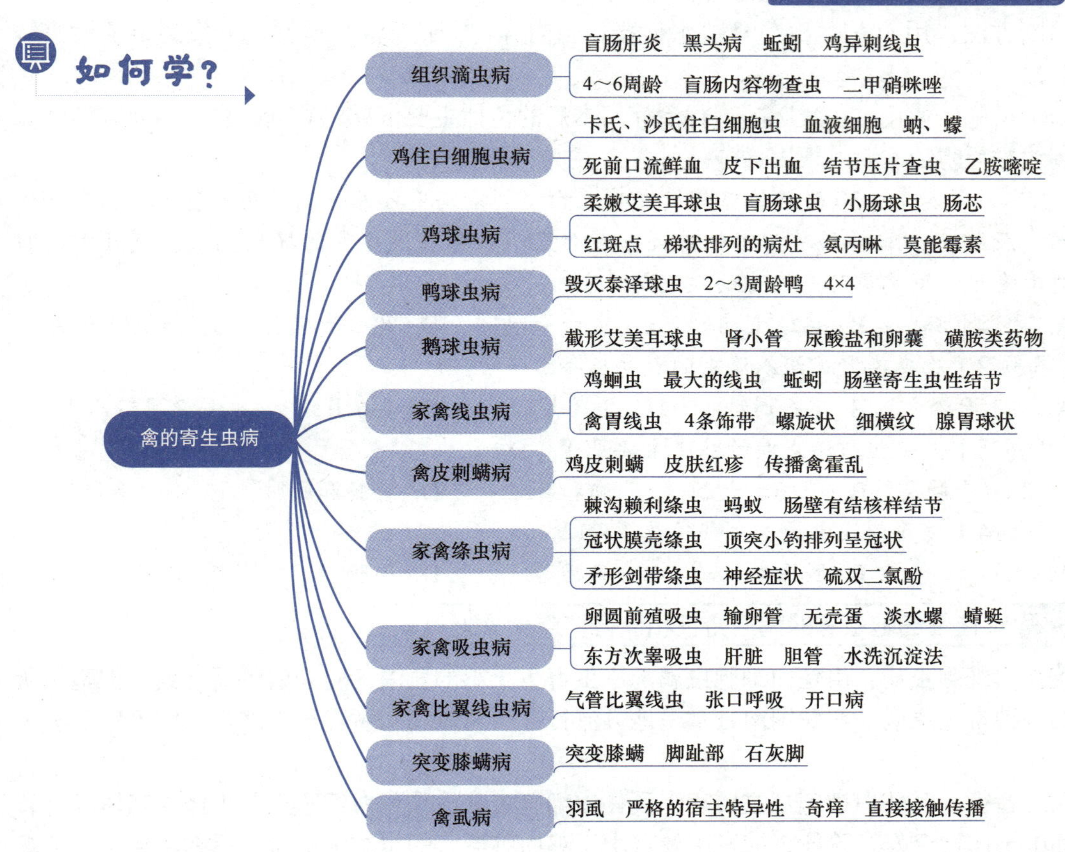

如何考？

本章考点在考试中主要出现在A2、A3/4型题中，每年分值平均4分。下列所述考点均需掌握。组织滴虫病、鸡住白细胞虫病、球虫病等是考查最为频繁的内容，希望考生予以特别关注。

考点冲浪

考点1：组织滴虫病的临床特征和防治措施★★★★

组织滴虫病：又称盲肠肝炎或黑头病，是由火鸡组织滴虫寄生于禽类的盲肠和肝脏引起的一种寄生虫病，多发于火鸡和雏鸡。鸡和火鸡的易感性随年龄不同而有变化，鸡4~6周龄易感性最强，火鸡3~12周龄易感性最强，成年鸡也感染。临床上以肝脏坏死和盲肠溃疡为特征。火鸡组织滴虫为多形性虫体，以二分裂法繁殖。蚯蚓、蚱蜢等节肢动物能充当组织滴虫病的机械性传播媒介。火鸡组织滴虫和异刺线虫同时寄生在盲肠中，组织滴虫被异刺线虫吞食后，进入异刺线虫的虫卵中，当鸡感染异刺线虫时，同时感染组织滴虫，故鸡异刺线虫是主要的感染源。

临床特征：以火鸡易感性最强，表现为病鸡鸡冠、肉髯发绀，呈暗黑色，故又称为黑头病，排出的粪便带血或完全是血液。病变主要发生在盲肠和肝脏，引起盲肠炎和肝炎，一侧或两侧盲肠肿胀，形成干酪样的盲肠肠芯；肝脏肿大，表面出现圆形或不规则形状、浅黄色或浅绿色的坏死病灶，病灶中央凹陷，边缘隆起。

诊断方法；用 40℃的温生理盐水稀释盲肠内容物，做悬滴标本镜检，发现特征性虫体即可确诊。

防治措施：使用二甲硝咪唑进行治疗。本病的传播主要依靠鸡异刺线虫，因此定期驱除鸡异刺线虫是防治本病的根本措施。

【例题 1】夏季，30 日龄雏鸡陆续发病死亡，剖检病鸡可见一侧或两侧盲肠肿胀，外观似香肠，肠腔有干酪样肠芯。肝脏肿大，表面呈浅黄色或浅绿色的坏死病灶，病灶中央凹陷，边缘隆起。该鸡群可能发生的疾病是（E）。

A. 毛滴虫病　B. 鸡球虫病　C. 禽白血病　D. 马立克病　E. 组织滴虫病

【例题 2】鸡感染火鸡组织滴虫的最易感年龄是（B）。

A. 1~2 周龄　B. 4~6 周龄　C. 2~3 月龄　D. 4~6 月龄　E. 7 月龄以上

【例题 3】火鸡组织滴虫病的病变主要见于（D）。

A. 肌胃和腺胃　B. 小肠和大肠　C. 肺和肾脏　D. 盲肠和肝脏　E. 心脏和脾脏

【例题 4】鸡异刺线虫的寄生部位是（E）。

A. 肌胃　B. 腔上囊　C. 直肠　D. 小肠　E. 盲肠

考点 2：鸡住白细胞虫病的病原特征和流行特点★★★★★

鸡住白细胞虫病：由住白细胞虫属的原虫寄生于鸡的血液细胞和内脏器官组织细胞内所引起的一种寄生虫病。在我国南方常呈地方流行性，对雏鸡和童鸡危害严重，常可以引起大批死亡。

病原特征：鸡住白细胞虫主要有卡氏住白细胞虫和沙氏住白细胞虫，虫体在鸡体内有裂殖体和配子体两个发育阶段，前者主要寄生于鸡内脏器官的组织细胞里，后者主要寄生于鸡白细胞和红细胞内。

流行特点：鸡住白细胞虫病的传播过程需要吸血昆虫作为传播媒介。沙氏住白细胞虫的传播媒介为蚋，卡氏住白细胞虫的传播媒介为蠓。

【例题】家禽住白细胞虫病的传播媒介是（E）。

A. 吸血蝇类　B. 微小牛蜱　C. 蚯蚓与蚱蜢　D. 青海血蜱　E. 吸血昆虫

考点 3：鸡住白细胞虫病的临床特征和治疗药物★★★★★

临床特征：雏鸡和童鸡症状明显，发病率和死亡率高。病鸡体温升高，下痢，粪便呈绿色。死前口流鲜血，贫血，鸡冠和肉髯苍白，常因呼吸困难而死亡。病变特征为全身性出血，肝脾肿大，血液稀薄；全身皮下出血，肌肉尤其是胸肌、腿肌、心肌有大小不等的出血点，内脏器官肿大出血，尤其是肾脏、肺出血最严重；胸肌、腿肌、心肌和肝脏等器官上出现针尖至粟粒大小的白色小结节，与周围组织有显著的界线。

诊断方法：采静脉血，涂成薄片后用瑞氏染色，或取内脏器官上的小结节，压片染色，镜检发现虫体即可确诊。

防治药物：本病尚无特效的治疗药物，应用乙胺嘧啶和磺胺类药物（如磺胺喹噁啉、磺胺间二甲氧嘧啶等）对鸡住白细胞虫病有一定的预防作用。

【例题 1】鸡住白细胞虫病的特征性症状是（C）。

A. 鸡冠与肉垂发绀，排大量血便　B. 发生痉挛与昏迷，排大量血便
C. 死前口流鲜血，鸡冠与肉髯发白　D. 有黏液性鼻液，发出喘鸣声
E. 口和鼻流出混有泡沫的黏液，鸡冠与肉髯发绀

【例题 2】夏季，某养鸡场雏鸡下痢，呼吸困难，口流鲜血，鸡冠和肉髯苍白；剖检见有全身性出血，内脏器官肿大，胸肌、腿肌和心包等处有针尖至粟粒大小的白色结节。本病可能是（D）。

A. 新城疫　B. 球虫病　C. 盲肠肝炎
D. 住白细胞虫病　E. 传染性法氏囊病

【例题 3】夏季，某养鸡场雏鸡下痢，呼吸困难，口流鲜血，鸡冠和肉髯苍白；剖检见有全身性出血，内脏器官肿大，胸肌、腿肌和心包等处有针尖至粟粒大小的白色结节。防治本病的药物是（E）。

A. 吡喹酮　B. 阿苯达唑　C. 硫双二氯酚
D. 伊维菌素　E. 磺胺喹噁啉

【例题 4】预防鸡住白细胞虫病可选用的药物是（B）。

A. 噻嘧啶　B. 乙胺嘧啶　C. 伊维菌素　D. 左旋咪唑　E. 阿苯达唑

考点 4：鸡球虫病的虫体种类和寄生部位★★★★

鸡球虫病：由艾美耳科多种球虫寄生于鸡肠道内所引起的寄生虫病，是养鸡业中重要的、常见的一种寄生虫病，一般暴发于 3~6 周龄雏鸡，对养鸡业的危害十分严重。

虫体种类：寄生于鸡的艾美耳球虫，目前公认的有 7 种，分别为柔嫩艾美耳球虫、毒害艾美耳球虫、堆型艾美耳球虫、巨型艾美耳球虫、布氏艾美耳球虫、和缓艾美耳球虫和早熟艾美耳球虫。柔嫩艾美耳球虫寄生于盲肠，致病力最强，严重感染时可引起增重剧减，甚至造成大量死亡。剖检见盲肠高度肿胀，黏膜出血；镜检见有大量香蕉形虫体。

寄生部位：柔嫩艾美耳球虫寄生于盲肠，又称盲肠球虫，是雏鸡球虫病的主要病原，其余球虫寄生于小肠，称为小肠球虫。各种球虫常混合感染。

【例题 1】雏鸡群，3 周龄，食欲减退，精神不振，血便，大量死亡。剖检见盲肠肿大，内含大量新鲜血液，刮取病变部位肠黏膜镜检，见有大量香蕉形虫体。该鸡群感染的虫体是（A）。

A. 柔嫩艾美耳球虫　B. 毒害艾美耳球虫　C. 巨型艾美耳球虫
D. 堆型艾美耳球虫　E. 和缓艾美耳球虫

【例题 2】鸡柔嫩艾美耳球虫病的病变主要出现在（D）。

A. 十二指肠　B. 空肠　C. 回肠　D. 盲肠　E. 直肠

考点 5：鸡球虫病的临床特征和治疗药物★★★★

临床特征：主要表现为精神沉郁，羽毛松乱，食欲减退，运动失调，翅膀轻瘫，渴欲增加，食欲废绝，逐渐消瘦，排大量血便，雏鸡的死亡率常在 30% 以上。

病变特征：主要发生在盲肠，病鸡盲肠质地较正常坚实，肠腔内充满由血凝块、坏死物

质及炎性渗出物凝固形成的栓子，称为肠芯，盲肠壁增厚，有坏死溃疡病灶；毒害艾美耳球虫病变主要发生在小肠中段，表现为从小肠浆膜面可见有小的白斑和红斑点病灶，为特征性病变；堆型艾美耳球虫病变发生在十二指肠，呈散在局灶性白色病灶，横向排列呈梯状。

防治药物：治疗用药主要有氨丙啉、百球清等。预防用药有尼卡巴嗪、地克珠利、马杜霉素、莫能菌素和拉沙菌素等。

【例题1】雏鸡群，3周龄，精神不振，下痢，饲料转化率明显下降。剖检见十二指肠黏膜变薄、覆有横纹状白斑，呈梯状，肠道内含水样液体。刮取病变部位肠黏膜镜检，见有大量香蕉形虫体。该鸡群感染的虫体是（D）。

A. 柔嫩艾美耳球虫　　B. 毒害艾美耳球虫　　C. 巨型艾美耳球虫
D. 堆型艾美耳球虫　　E. 和缓艾美耳球虫

【例题2】治疗鸡球虫病可选用的药物是（A）。

A. 氨丙啉　　B. 左旋咪唑　　C. 阿苯达唑　　D. 芬苯达唑　　E. 咪唑苯脲

考点6：鸭球虫病的临床特征★★

鸭球虫病：由艾美耳属、泰泽属、温扬属和等孢属的多种球虫寄生于鸭肠道上皮细胞所引起的一种寄生虫病，常为数种球虫混合感染。

临床特征：北京鸭主要致病种是毁灭泰泽球虫和菲莱氏温扬球虫，主要寄生于鸭的小肠上皮细胞，致病性以前者最为严重。各种年龄鸭均有易感性，但以2~3周龄鸭最为易感，发病率高，但死亡率低。

虫体特征：毁灭泰泽球虫卵囊内有8个香蕉形子孢子；菲莱氏温扬球虫的卵囊内含4个孢子囊，每个孢子囊内有4个子孢子。

防治药物：莫能菌素。

【例题】夏初，雏鸭群生长发育受阻，腹泻，剖检可见出血性肠炎。粪检可见大量卵囊，卵囊孢子化后，内含4个孢子囊，每个孢子囊内有4个子孢子。预防本病宜选用的药物是（E）。

A. 青霉素　　B. 庆大霉素　　C. 泰乐菌素　　D. 伊维菌素　　E. 莫能菌素

考点7：鹅球虫病的虫体特征和病变特征★★

鹅球虫病：由鹅的多种球虫引起的一种原虫病。

虫体特征：感染家鹅和野鹅的球虫有16种，其中以寄生于肾小管的截形艾美耳球虫致病性最强，主要危害3周至3月龄雏鹅，死亡率很高，称为肾球虫病。其他15种球虫均寄生于肠道上皮细胞，以鹅艾美耳球虫、柯氏艾美耳球虫和有毒艾美耳球虫致病性较强。国内流行的主要是肠道球虫病，通常为混合感染。

病变特征：临床上主要表现为排灰白色带血的黏液性稀粪，继而排红色或暗红色、带有黏液的稀粪，剖检见小肠肿胀，黏膜出血、坏死，形成假膜和肠芯；肠黏膜镜检，可见有大量圆形或椭圆形裂殖体。肾脏肿大，呈灰黑色或红色，可见出血斑或灰白色病灶和条纹，病灶内有大量尿酸盐沉积物和大量卵囊。可以用磺胺类药物（如磺胺间甲氧嘧啶、磺胺喹噁啉等）治疗鹅球虫病。

【例题】夏季，某5周龄雏鹅群出现精神委顿，排灰白色或暗红色带黏液的稀粪。剖检见小肠肿胀，黏膜出血、坏死，形成假膜和肠芯。刮取肠黏膜镜检，见有大量圆形或椭圆形裂殖体。治疗本病应选用（E）。

A. 吡喹酮　　B. 伊维菌素　　C. 泰乐菌素

D. 二甲硝咪唑　　E. 磺胺间甲氧嘧啶

考点 8：家禽线虫病的临床特征★★

鸡蛔虫病：由禽蛔科禽蛔属的鸡蛔虫寄生于鸡的小肠内引起的线虫病。

临床特征：鸡蛔虫是寄生于鸡体内最大的一种线虫，虫体粗大，呈圆形长条状。鸡饲料中缺乏维生素 A 和 B 族维生素时，易受感染，蚯蚓会造成传播。雏鸡发病后表现为精神委顿，羽毛松乱，双翅下垂，便秘、下痢相交替，有时排血便，严重时衰弱死亡。幼虫侵入肠壁，形成粟粒大的寄生虫性结节。

禽胃线虫病：由小钩锐形线虫、旋锐形线虫、鹅裂口线虫寄生于禽类的食道、腺胃和肌胃引起的线虫病。其中小钩锐形线虫虫体前部有 4 条饰带，呈不规则波浪状弯曲；旋锐形线虫虫体呈螺旋状；鹅裂口线虫虫体呈浅红色，体表具有细横纹。

锐形线虫主要感染散养和平养的禽类，表现为尸体高度消瘦，腺胃肿大 2~3 倍，呈球状，腺胃黏膜充血、出血、肥厚，形成菜花样的溃疡病灶，聚集的虫体深埋在溃疡中。驱虫药物为左旋咪唑。

【例题 1】某鸡场中 500 只散养鸡，精神委顿，食欲减退，便秘或下痢，有时见血便。用左旋咪唑驱虫后，在粪便内见圆形长条虫体。该鸡群可能感染了（A）。

A. 鸡蛔虫　　B. 鸡异刺线虫　　C. 旋锐形线虫

D. 四角赖利绦虫　　E. 美洲四棱线虫

【例题 2】秋季，散养鸡发病，剖检见腺胃肿胀呈球状，腺胃黏膜显著肥厚，有菜花样的溃疡病灶，在溃疡深处有线状的虫体。对该鸡群驱虫应选择（D）。

A. 吡喹酮　　B. 氨丙啉　　C. 双甲脒　　D. 左旋咪唑　　E. 氯硝柳胺

考点 9：禽皮刺螨病的病原特征和防治药物★★

禽皮刺螨病：由皮刺螨科皮刺螨属的鸡皮刺螨和禽刺螨属的林禽刺螨与囊禽刺螨等寄生于鸡、鸽、火鸡等禽类体表引起的一种外寄生虫病。刺螨吸食禽血，严重侵袭时，可使鸡日渐消瘦、贫血、产蛋量下降。本病呈世界性分布。

病原特征：鸡皮刺螨的发育阶段包括卵、幼虫、若虫、成虫 4 个阶段。鸡皮刺螨白天藏于隐蔽处，夜间出来叮咬宿主吸血；林禽刺螨与鸡皮刺螨不同，白天及夜间都能在鸡体上叮咬宿主吸血。病禽皮肤出现小的红疹，皮刺螨大量侵袭幼雏，引起死亡，还可传播禽霍乱和螺旋体病。

防治药物：对于鸡皮刺螨病的治疗，一般用溴氰菊酯喷洒鸡体、鸡舍、栖架；或用溴氰菊酯以高压喷雾法喷湿鸡体体表进行杀虫，同时用 1mg/kg 的阿维菌素预混剂拌料饲喂即可，连用 2 周。更换垫草并烧毁。

【例题 1】禽皮刺螨寄生于鸡的（A）。

A. 体表　　B. 表皮内　　C. 羽干　　D. 毛囊　　E. 皮脂腺

【例题 2】鸡皮刺螨的发育阶段不包括（D）。

A. 虫卵　　B. 幼虫　　C. 若虫　　D. 蛹　　E. 成虫

【例题3】防治禽皮刺螨病的药物是（E）。

A. 氨丙啉　B. 吡喹酮　C. 地克珠利　D. 阿苯达唑　E. 溴氰菊酯

考点10：家禽绦虫病的主要特征★★★

鸡绦虫病：由棘沟赖利绦虫、四角赖利绦虫、有轮赖利绦虫寄生于鸡的小肠内引起的绦虫病。棘沟赖利绦虫是鸡体内最大的绦虫，棘沟赖利绦虫和四角赖利绦虫的中间宿主为蚂蚁，有轮赖利绦虫的中间宿主为蝇类和甲虫。注意鸡绦虫的形态特征。主要病变特征为十二指肠壁上有结核样结节，肠黏膜上附着虫体节片。对于本病的诊断，一般采集新鲜粪便检查虫卵或节片，可以确诊。

鸭绦虫病：由冠状膜壳绦虫寄生于鸭的小肠内引起的绦虫病。冠状膜壳绦虫顶突上有20~26个小钩，排成一圈呈冠状，吸盘上无钩。

鹅绦虫病：由矛形剑带绦虫寄生于鹅的小肠引起的绦虫病。虫体呈乳白色，前窄后宽，形似矛头，成年鹅感染后症状较轻，雏鹅发病严重，排白色稀粪，往往混有白色节片。有时出现神经症状，如运动失调，两腿无力，向后坐倒或一侧跌倒，不能站立。夜间伸颈张口，摇头，做划水样动作。肠内发现大量绦虫，严重者甚至阻塞肠道。主要病变特征为卡他性肠炎和出血。

治疗药物：主要为吡喹酮、硫双二氯酚。

【例题1】棘沟赖利绦虫的终末宿主是（E）。

A. 猪、马　B. 牛、羊　C. 犬、猫　D. 兔、貂　E. 鸡、火鸡

【例题2】目前鸡棘沟赖利绦虫病的确诊方法是（B）。

A. 血液涂片检查　B. 粪便检查　C. 皮屑检查

D. 抗原检测　E. 抗体检测

【例题3】冠状膜壳绦虫主要感染的动物是（A）。

A. 鸭　B. 鸡　C. 牛　D. 羊　E. 猪

【例题4】春季，某群雏鹅出现死亡，死前排白色稀粪，食欲废绝，运动失调，不能站立。剖检可见黏膜卡他性炎症和出血，肠腔内见数条长约10cm，形似矛头的乳白色虫体。该寄生虫病可能是（C）。

A. 四棱线虫病　B. 裂口线虫病　C. 剑带绦虫病

D. 莫尼茨绦虫病　E. 裸头绦虫病

考点11：家禽吸虫病的主要特征★★

家禽前殖吸虫病（生殖吸虫病）：由卵圆前殖吸虫和透明前殖吸虫寄生于家禽的输卵管、法氏囊和泄殖腔内引起的寄生虫病，主要特征是产软壳蛋和无壳蛋。家禽前殖吸虫的发育需要两个中间宿主，第一中间宿主为淡水螺，第二中间宿主为各种蜻蜓的幼虫和成虫。

家禽后睾吸虫病（肝吸虫病）：由东方次睾吸虫、鸭后睾吸虫寄生于家鸭、鹅的肝脏、胆管或胆囊内引起的一类吸虫病。用水洗沉淀法检查粪便发现虫卵；死后剖检，在肝脏或胆管内发现大量虫体或病变，即可确诊。

【例题】寄生于禽类肝脏、胆管与胆囊内的寄生虫是（B）。

A. 前殖吸虫　B. 后睾吸虫　C. 异刺线虫　D. 鸡蛔虫　E. 鸡绦虫

考点 12：家禽比翼线虫病的临床特征★

家禽比翼线虫病：由气管比翼线虫、斯氏比翼线虫寄生于鸡、鹅等禽类的气管、支气管内引起的线虫病。病禽有张口呼吸症状，又称开口病。

临床特征：虫体主要侵害雏禽，成年禽症状轻微或不表现症状，但幼虫通过蚯蚓后，对鸡的易感性增强。鸡缺乏维生素 A、钙和磷时，对气管比翼线虫易感。2 周龄以内的雏禽症状最严重。临床上主要表现为伸颈，张口呼吸，左右摇甩，严重时呼吸困难，窒息死亡。

考点 13：突变膝螨病的寄生部位和临床特征★

突变膝螨病：由疥螨科膝螨属的突变膝螨寄生于鸡、火鸡等禽类的胫部和脚趾部引起的一种外寄生虫病。突变膝螨又称鳞足螨，引起胫部和脚趾部皮肤发炎、增厚、粗糙、龟裂，形成白色痂皮，似涂上石灰，称为“石灰脚”。在脚趾部刮取皮屑，发现虫体即可确诊。

考点 14：新棒恙螨病的寄生部位和临床特征★

新棒恙螨病：由新棒恙螨的幼虫寄生于禽类的翅内侧、胸肌、腿内侧皮肤上所引起的外寄生虫病。新棒恙螨仅幼虫营寄生生活，吸取禽类的血液和体液，由于机械性刺激和毒性作用，导致病禽奇痒，皮肤形成脓肿，出现痘疹状病灶，病灶周围隆起，中央凹陷呈痘胶状，中央可见一小红点，即为幼虫。结合临床症状，用镊子取出病灶中央小红点镜检，发现虫体即可确诊。

考点 15：禽虱病的病原特征和防治药物★★

寄生于禽类的虱称为羽虱，是禽类体表的永久性寄生虫，具有严格的宿主特异性，寄生部位恒定。羽虱的发育过程包括卵、若虫和成虫 3 个阶段，羽虱以羽毛、绒毛和表皮鳞屑为食，有羽虱寄生的禽类出现奇痒、不安、羽毛折断、消瘦、产蛋减少。羽虱的传播主要是通过禽与禽直接接触传播。

临床上在禽体表发现羽虱或虱卵即可确诊。可以选用溴氰菊酯喷雾或浸浴，或用伊维菌素皮下或肌内注射杀虫。

第九章　犬、猫的寄生虫病

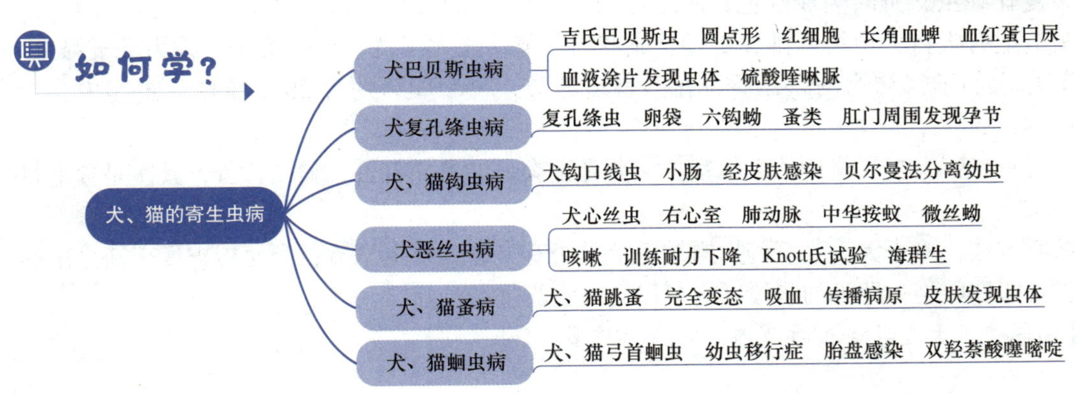

本章考点在考试中主要出现在A2型题中，每年分值平均3分。下列所述考点均需掌握。犬、猫的原虫病、线虫病等是考查最为频繁的内容，希望考生予以特别关注。

考点冲浪

考点1：犬巴贝斯虫病的虫体特征和流行特点★★★★

犬巴贝斯虫病：由巴贝斯科巴贝斯属的原虫寄生于犬红细胞内引起犬科动物的一种寄生虫病。

虫体特征：主要虫种为犬巴贝斯虫、吉氏巴贝斯虫、韦氏巴贝斯虫。我国报道的为吉氏巴贝斯虫，对良种犬，尤其是军犬、警犬和猎犬危害很大。吉氏巴贝斯虫虫体很小，多位于红细胞的边缘或偏中央，呈环形、椭圆形、圆点形、小杆形。一个红细胞内可寄生1~13个虫体，以1~2个为多。

流行特点：犬巴贝斯虫以二分裂或出芽方式进行繁殖，虫体发育过程中需要蜱作为传播媒介。吉氏巴贝斯虫的传播媒介为长角血蜱、镰形扇头蜱和血红扇头蜱。蜱既是巴贝斯虫的终末宿主，也是传播者。临床主要表现为贫血、黄疸、血红蛋白尿。

根据临床特征和血液涂片染色，发现特征性虫体即可确诊。可以使用硫酸喹啉脲、三氮脒治疗。

【例题1】犬巴贝斯虫寄生于犬的（A）。

A. 红细胞　　B. 淋巴细胞　　C. 巨噬细胞　　D. 中性粒细胞　　E. 浆细胞

【例题2】犬巴贝斯虫的传播媒介是（C）。

A. 蝇　　B. 蚊　　C. 蜱　　D. 虱　　E. 蟑螂

【例题3】犬，体温升高，精神沉郁，结膜苍白、黄染，尿液暗红色。血液涂片镜检可见红细胞内有梨形、椭圆形、小点形虫体，长度小于红细胞半径。预防本病的有效措施是（C）。

A. 灭蚊　　B. 灭蝇　　C. 灭蜱　　D. 灭鼠　　E. 灭螨

考点2：犬复孔绦虫病的虫体特征和诊断方法★★★★

犬复孔绦虫病：由囊宫科的犬复孔绦虫寄生于犬、猫的小肠中引起的一种常见绦虫病，人也可感染。

犬复孔绦虫新鲜时为浅红色，固定后为乳白色。虫体2~7mm，由头节和3~4片孕节组成，头节上有吸盘，顶头钩排成2行。成节与孕节均长大于宽，形似瓜子，称为瓜子绦虫。孕卵节片内的子宫初为网状，后分化为许多卵袋，每个卵袋约含20个虫卵，虫卵内含六钩蚴。

流行特点：犬复孔绦虫的中间宿主主要是蚤类，如犬栉首蚤、猫栉首蚤，其次是食毛目的犬毛虱。

诊断方法：检查犬、猫肛门周围被毛上是否有犬复孔绦虫孕节；粪便检查发现新排出的孕节、虫卵和卵袋，即可初步诊断。可以用吡喹酮进行治疗。

【例题1】犬复孔绦虫孕节内子宫分为许多（E）。

A. 虫卵　　B. 组织囊　　C. 孢子囊　　D. 包囊　　E. 卵袋

【例题 2】动物小肠内容物沉淀集虫得到 2~7mm 大小的虫体，显微镜观察见虫体由头节和 3~4 片孕节组成，头节上有个吸盘，顶头钩排成 2 行，孕节长度远大于宽度。该病原感染的宿主是（E）。

A. 牛　　B. 羊　　C. 猪　　D. 猫　　E. 犬

【例题 3】防控犬复孔绦虫病必须注意杀灭（A）。

A. 蚤和虱　　B. 疥螨　　C. 伤口蛆　　D. 蚊和蝇　　E. 硬蜱

考点 3：犬、猫钩虫病的流行特点、临床特征和诊断方法★★★

犬、猫钩虫病：由钩口科钩口属板口属和弯口属的一些线虫感染犬、猫而引起的寄生虫病。主要种类有犬钩口线虫、巴西钩口线虫、美洲板口线虫、狭首弯口线虫，虫体寄生于小肠内，以十二指肠为多，主要危害 1 岁以内的幼犬和幼猫，成年动物多由于免疫而不发病。

流行特点：虫体感染途径有 3 种，即经皮肤感染、经口感染和经胎盘感染。

临床特征：哺乳期幼犬感染严重，常有血性黏液性腹泻，排黑色柏油样粪便，血液学检查白细胞总数增多，嗜酸性粒细胞比例增大，血红蛋白含量下降。

诊断方法：主要采取贝尔曼法分离犬、猫栖息地的幼虫或剖检发现成虫，即可确诊。

【例题 1】钩虫主要寄生于犬的（C）。

A. 结肠　　B. 盲肠　　C. 十二指肠　　D. 胆囊　　E. 胰脏

【例题 2】犬猫钩虫病的病原不包括（E）。

A. 犬钩口线虫　　B. 巴西钩口线虫　　C. 狭首弯口线虫
D. 美洲板口线虫　　E. 长尖球首线虫

考点 4：犬恶丝虫病的临床特征、诊断方法和治疗方法★★★★

犬恶丝虫病（犬心丝虫病）：由恶丝虫属的犬恶丝虫寄生于犬的右心室和肺动脉所引起的一种临床或亚临床寄生虫病。猫、狐、狼等动物也能感染。

流行特点：犬恶丝虫需要蚊等作为中间宿主，中间宿主包括有中华按蚊、白纹伊蚊、淡色库蚊等。

临床特征：主要表现为咳嗽，运动时加重，训练耐力下降，病犬运动时易疲劳，体重减轻，会出现心内膜炎，心脏肥大，右心室扩张，心悸、心内杂音，体温升高，X 线检查可见肺动脉扩大，有时弯曲。严重时肝脏肿大，肝脏触诊疼痛，腹腔积液，腹围增大，肾脏出现肾小球肾炎，呼吸困难等。病犬常伴有结节性皮肤病，以瘙痒和倾向破溃的多发性结节为特征。严重感染时，皮肤结节中心化脓，微丝蚴出现在血液中，在外周血液中出现的最早时间为感染后 6~7 个月。

诊断方法：在外周血液中检查发现微丝蚴，即可确诊。检查微丝蚴较好的方法是改良的 Knott 氏试验和毛细血管离心法。感染的犬和猫分别有 20% 和 80% 以上呈隐性感染，可以结合胸部 X 线检查进行诊断，犬特征性光片为肺动脉扩张，肺尾叶有动脉分布；猫常见的病变是肺尾叶动脉扩张。

治疗方法：可以使用乙胺嗪、硫乙砷胺钠或枸橼酸乙胺嗪（海群生）进行防治，但对猫的治疗存在争议。消灭中间宿主蚊是最重要的预防措施。

【例题 1】犬恶丝虫成虫的主要寄生部位是（C）。

A. 左心室　B. 左心房　C. 肺动脉　D. 气管　E. 胆管

【例题 2】犬恶丝虫的幼虫是（D）。

A. 毛蚴　B. 裂头蚴　C. 六钩蚴　D. 微丝蚴　E. 棘球蚴

【解析】本题考查犬恶丝虫病的虫体特征。犬恶丝虫的幼虫是微丝蚴，毛蚴是日本分体吸虫的幼虫，裂头蚴是双叶槽绦虫的中绦期，六钩蚴是带绦虫的幼虫，棘球蚴是棘球绦虫的中绦期。因此犬恶丝虫的幼虫是微丝蚴。

【例题 3】犬恶丝虫感染后，最常见的临床症状是（C）。

A. 呕吐　B. 腹泻　C. 咳嗽　D. 血红蛋白尿　E. 眼分泌物增多

【例题 4】生前诊断犬恶丝虫病时，血液中检查到的是（E）。

A. 虫卵　B. 毛蚴　C. 雄虫　D. 雌虫　E. 微丝蚴

【例题 5】在犬恶丝虫病的流行区，常用的预防药物是（E）。

A. 氨丙啉　B. 甲硝唑　C. 三氮脒　D. 吡喹酮　E. 乙胺嗪

【例题 6】犬，5 岁，咳嗽，呼吸困难，运动乏力，体温 38.9℃，脉搏 55 次 /min，听诊有心内杂音，腹围增大，X 线检查肺动脉扩张，抗菌药治疗无效。该病例最可能的病原是（E）。

A. 腺病毒　B. 链球菌　C. 葡萄球菌　D. 犬细小病毒　E. 犬恶丝虫

考点 5：犬、猫蚤病的主要危害和防治方法★★

犬蚤、猫蚤：即通常所说的跳蚤，并无严格的宿主特异性，在犬、猫间相互流行，并可以寄生于人体。跳蚤属于完全变态的昆虫，经过卵、幼虫、蛹和成虫 4 个阶段。成虫小米粒大小，虫体左右扁平，棕褐色，肢粗大，腹大胸小，善弹跳。除成虫寄生于动物外，其他阶段的虫体均在地面或窝内发育。

主要危害：蚤在动物体上大量吸血，引起动物痒感、皮肤炎症，脱毛、脱屑，影响采食和休息；大量寄生时可导致动物贫血，消瘦或死亡；更为重要的是蚤能传播一些疾病，特别是作为宠物的寄生虫，可寄生于人体引起瘙痒，传播病原，导致疾病。

诊断方法：病犬、病猫出现症状后，拨开动物被毛，在毛间和皮肤上发现蚤或虱，即可确诊。

防治方法：一般使用菊酯类、有机磷类或甲萘威等杀虫药喷洒杀虫，或给犬和猫佩戴“杀蚤药项圈”等。

【例题 1】蚤对犬、猫的主要危害是（E）。

A. 破坏被毛　B. 破坏红细胞　C. 破坏白细胞

D. 破坏免疫细胞　E. 吸血和传播疾病

【例题 2】确诊犬蚤病的依据是发现（E）。

A. 虫卵　B. 幼虫　C. 若虫　D. 蛹　E. 成虫

【例题 3】家猫，皮肤瘙痒，脱毛，脱屑，体表检查发现小米粒大小的虫体，该虫体左右扁平，棕褐色，肢粗大，腹大胸小，善弹跳。治疗本病的药物是（B）。

A. 甲硝唑　B. 溴氰菊酯　C. 吡喹酮　D. 三氮脒　E. 左旋咪唑

考点6：犬、猫蛔虫病的虫体特征和危害★★★

犬、猫蛔虫病：由弓首科的犬弓首蛔虫、猫弓首蛔虫及狮弓蛔虫寄生于犬、猫的小肠所引起的寄生虫病。犬弓首蛔虫在兽医学和公共卫生学上有重要意义，不仅可以造成幼犬生长缓慢、发育不良，严重感染时可以引起死亡，而且其幼虫可以感染人，引起人体内脏幼虫移行症及眼部幼虫移行症。地面上的虫卵和母犬体内的幼虫是主要传染源，母犬妊娠后，幼虫可以经过胎盘感染胎儿。

治疗方法：可以使用抗线虫药双羟萘酸噻嘧啶、芬苯达唑、伊维菌素进行治疗。

【例题1】能够通过胎盘传播的蛔虫是（E）。

A. 猪蛔虫　B. 禽蛔虫　C. 马副蛔虫　D. 狮弓首蛔虫　E. 犬弓首蛔虫

【例题2】治疗狮弓蛔虫病的药物是（C）。

A. 双碘喹啉　B. 氨丙啉　C. 双羟萘酸噻嘧啶
D. 硝氯酚　E. 六氯对二甲苯

【例题3】犬，4月龄，生长缓慢、呕吐、腹泻、贫血，经粪便检查确诊为蛔虫和复孔绦虫混合感染，最佳的治疗药物是（B）。

A. 吡喹酮　B. 阿苯达唑　C. 伊维菌素　D. 地克珠利　E. 三氯苯达唑

【解析】本题考查犬蛔虫病和绦虫病的治疗方法。犬蛔虫和复孔绦虫混合感染，应采用对两种寄生虫都有效的药物。阿苯达唑为一种高效低毒的广谱驱虫药，临床可以用于驱蛔虫、蛲虫、绦虫、鞭虫、钩虫等。因此病犬最佳的治疗药物是阿苯达唑。

第十章　兔、家蚕和蜂的寄生虫病

轻装上阵

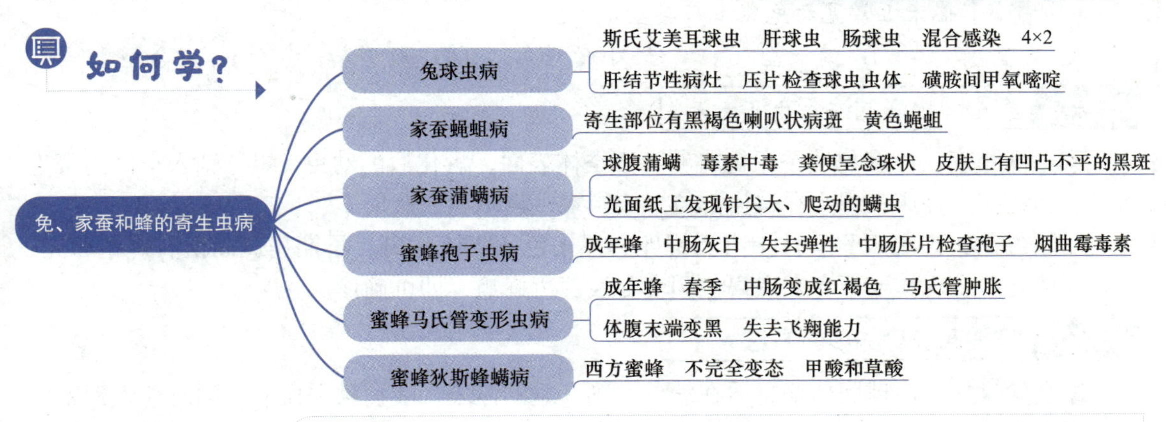

如何考？

本章考点在考试中主要出现在A2型题中，每年分值平均1分。下列所述考点均需掌握。兔球虫病、蜜蜂寄生虫病等重点内容，希望考生予以特别关注。

考点冲浪

考点 1：兔球虫病的虫体特征、病变特征和防治药物★★★

兔球虫病：家兔最常见且危害严重的一种原虫病，4~5 月龄内的兔感染率达 100%，死亡率达 70%。耐过的兔生长发育受到严重影响。

虫体特征：寄生于兔的艾美耳属球虫共有 16 种，分别是斯氏艾美耳球虫、穿孔艾美耳球虫、大型艾美耳球虫、中型艾美耳球虫、小型艾美耳球虫、梨形艾美耳球虫等。斯氏艾美耳球虫寄生于肝脏和胆管上皮细胞，称为肝球虫，其余各种均寄生于肠黏膜上皮细胞，称为肠球虫。所有兔球虫的卵囊内有 4 个孢子囊，每个孢子囊含有 2 个子孢子。

兔球虫病分为肝型、肠型和混合型。临床上一般为混合感染。

病变特征：肝型球虫病病兔肝脏高度肿大，肝表面和实质内有白色或浅黄色粟粒大至豌豆大的结节性病灶，多沿胆小管分布。取结节病灶压片镜检，可见不同发育阶段的球虫虫体，胆管周围和小叶间部分结缔组织增生，肝细胞萎缩，肝脏体积缩小，胆囊肿大，胆汁浓稠。肠型球虫病主要表现为肠黏膜有化脓性坏死灶或许多白色小结节，压片镜检可见大量卵囊。

诊断方法：粪便检查发现大量卵囊或肝脏和肠道病变组织内发现不同发育阶段的特征性虫体，即可确诊。

防治药物：治疗药物主要有磺胺间甲氧嘧啶、磺胺二甲嘧啶、磺胺间二甲氧嘧啶和氯苯胍。预防药物主要有地克珠利、拉沙菌素、盐霉素等。

【例题 1】兔中型艾美耳球虫卵囊含有的孢子囊数为（B）。

A. 10 个　　B. 4 个　　C. 2 个　　D. 6 个　　E. 8 个

【例题 2】斯氏艾美耳球虫寄生于兔的（E）。

A. 胃　　B. 小肠　　C. 大肠　　D. 肾脏　　E. 肝脏

【例题 3】临床上常见的兔球虫病类型是（E）。

A. 肾型　　B. 盲肠型　　C. 小肠型　　D. 肝型　　E. 混合型

考点 2：家蚕蝇蛆病的诊断方法★★

家蚕蝇蛆病：由多化性蚕蛆蝇将卵产于蚕体表面，孵化后的幼虫（蛆）钻入蚕体内寄生而引起的病害。临床表现为在寄生部位形成黑褐色喇叭状的病斑。

诊断方法：肉眼观察蚕体上有无蝇卵和黑褐色喇叭状病斑，早期病斑尚留有蝇蛆卵壳；解剖病斑处，发现体壁下存在黑褐色鞘套和浅黄色蝇蛆，即可确诊。

考点 3：家蚕蒲螨病的诊断方法★★

家蚕蒲螨病：由球腹蒲螨寄居在幼虫、蛹、蛾的体表，吸食家蚕血液，同时注入毒素而引起家蚕中毒致死的一种蚕病。寄生家蚕食欲减退，举动不活泼，吐液，胸部膨大并左右摇摆，排便困难，粪便呈念珠状，病蚕皮肤上有粗糙的凹凸不平的黑斑，尸体一般不腐烂。

临床上可将病蚕放在深色的光面纸上，轻轻抖动，若发现浅黄色针尖大小的螨在爬动，用小滴清水固定，放大镜观察，发现成螨即可确诊。

考点 4：蜜蜂孢子虫病的诊断方法★★★

蜜蜂孢子虫病：蜜蜂原虫性病害，主要发生于蜜蜂成年蜂，西方蜜蜂与东方蜜蜂均可感染，在我国发生普遍，春季、初夏为流行高峰。

诊断方法：解剖蜜蜂，拉出完整的中肠，观察中肠的颜色、环纹、弹性，发现病蜂中肠灰白、环纹消失、失去弹性，易破裂，挑取病变中肠组织，压片镜检，检查是否存在孢子，即可确诊。

防治方法：将烟曲霉毒素拌入蜂蜜或糖浆中饲喂即可。

【例题】蜜蜂孢子虫病的发病高峰是（A）。

A. 春季　B. 夏季　C. 秋季　D. 冬季　E. 全年

考点 5：蜜蜂马氏管变形虫病的临床特征和诊断方法★★★★

蜜蜂马氏管变形虫病：又称蜜蜂阿粑病，为蜜蜂原虫性病害，西方蜜蜂与东方蜜蜂均会发病。西方蜜蜂发病较东方蜜蜂常见，是我国西方蜜蜂春季常见的成年蜂病害。被感染的蜜蜂腹部膨大拉长，爬出箱外，失去飞翔能力，腹部末端 2~3 节变为黑色。

诊断方法：解剖病蜂，拉出中肠，可见中肠前端变为红褐色，后肠积满黄色粪便；显微镜下，马氏管变得肿胀、透明，组织切片可见马氏管上皮细胞萎缩。压片镜检，可见马氏管破裂处移出浅蓝色折光的圆球形变形虫包囊。

【例题 1】剖检蜜蜂马氏管变形虫病的病蜂，可见其中肠颜色为（E）。

A. 黑色　B. 浅黄色　C. 深黄色　D. 灰白色　E. 红褐色

【例题 2】剖检马氏管变形虫病病蜂，可见马氏管出现（C）。

A. 变色　B. 萎缩　C. 肿胀　D. 伤口　E. 破裂

【例题 3】蜜蜂感染马氏管变形虫后，体色变黑的部位是（E）。

A. 头部　B. 胸部　C. 腹部前段　D. 腹部中段　E. 腹部末段

【例题 4】确诊蜜蜂马氏管变形虫病的方法是（B）。

A. 观察病蜂体色变化　B. 观察病蜂中肠颜色变化

C. 观察病蜂马氏管变化　D. 观察病蜂后肠变化

E. 镜检病原

考点 6：蜜蜂狄斯蜂螨病的生活史与防治方法★★

蜜蜂狄斯蜂螨病：世界性的蜜蜂螨病，是由狄斯蜂螨寄生于蜜蜂引起的一种寄生虫病，在我国，主要发生于西方蜜蜂。临床上表现为巢门前有翅、足残缺的幼蜂爬行，发现死蛹，上面时有白色的若螨。

生活史：狄斯蜂螨属于不完全变态的昆虫，其生活史包括卵、前期若虫、后期若虫和成虫，狄斯蜂螨的发育过程中无蛹。

防治方法：可以使用较好的药剂甲酸和草酸。一般将 3% 的草酸糖水均匀喷洒于巢脾，3d 喷 1 次，连续喷 5 次。

【例题 1】狄斯蜂螨的发育不包括（B）。

A. 成虫　B. 蛹　C. 卵　D. 若虫　E. 幼虫

【例题 2】可以用于防治狄斯蜂螨病的药物是（C）。

A. 乙醇　B. 甲醇　C. 甲酸　D. 甲醛　E. 氨水

第四篇
兽医公共卫生学

第一章 环境与健康

轻装上阵

如何学？

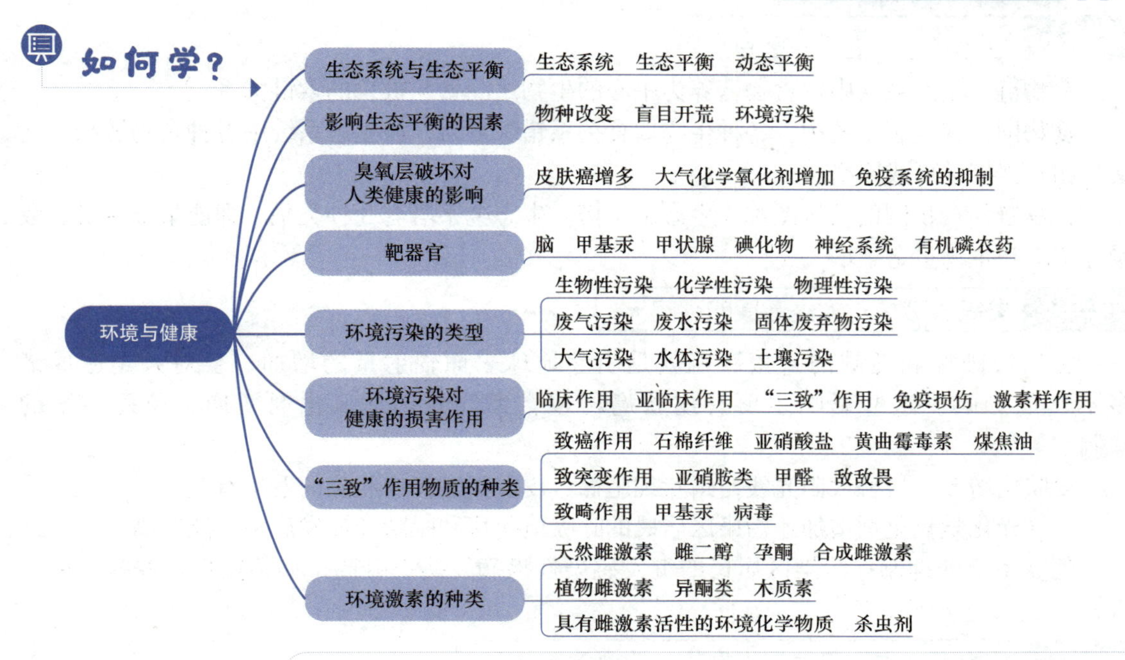

如何考？

本章考点在考试中主要出现在A1、A2型题中，每年分值平均2分。下列所述考点均需掌握。对于重点内容，希望考生予以特别关注。

考点冲浪

考点1：生态系统与生态平衡的概念★★

生态系统：在一定时间和空间内，生物与非生物的成分之间，通过不断的物质循环和能量流动而形成的统一整体。在一定自然区域中许多不同的生物总和称为群落。

生态平衡：在一定时间内，生态系统的结构和功能相对稳定，生态系统中生物与环境之间，生物各种群之间，通过能流、物流、信息流的传递，达到了互相适应、协调和统一的状态，处于动态平衡之中，这种动态平衡称为生态平衡。

【例题】在一定时间内，生态系统的结构和功能的状态一般是（D）。

A. 不稳定　B. 非常稳定　C. 相对静止　D. 相对稳定　E. 非常不稳定

考点2：影响生态平衡的因素★★

生态平衡是生态系统得以维持和存在的先决条件，失去生态平衡，生态系统就会被破坏和瓦解。造成生态平衡失调的原因主要包括自然因素和人为因素，人为因素与自然因素互相结合，互为因果，其中人为因素起着主导作用。

影响生态平衡的因素主要包括物种改变、环境因子改变和信息系统改变。环境因子的改变主要是指人类对自然资源不合理开发利用及工农业生产所带来的环境污染等，如盲目开荒、资源利用不合理和环境污染等。

【例题】破坏生态平衡的人为因素是（A）。

A. 砍伐森林　B. 退耕还林　C. 轮牧　D. 海啸　E. 干旱

考点 3：食物链与食物网的概念★

食物链：生态系统中以食物营养为中心的生物之间食与被食的索链关系。

食物网：在生态系统中，各种生物取食关系错综复杂，使生态系统中各种食物链相互交叉、相互连接，形成网络。

食物链与食物网的结构图称为生态金字塔。生态金字塔有 3 种类别，即能量金字塔、数量金字塔和生物量金字塔。

考点 4：臭氧层破坏对人类健康的影响★

臭氧层破坏和耗减的直接影响就是引起地球表面辐射量的增加，会对人类造成诸多不良的影响。这些影响主要有皮肤癌增多、大气光化学氧化剂增加和免疫系统的抑制。

皮肤癌增多：接触太阳光线与鳞状细胞癌、皮肤黑瘤等皮肤癌的发生有关。

大气光化学氧化剂增加：污染区居民的呼吸道疾病和眼睛炎症发病率可能升高。

免疫系统的抑制：污染区居民的继发感染性疾病发病率升高，如传染性皮肤病、白内障等。

考点 5：靶器官、生物浓缩与生物放大的概念★★★

靶器官：污染物进入机体后，对机体的器官并不产生同样的毒性作用，而只是对部分器官产生直接毒性作用。某种有害物质首先在部分器官中达到毒性作用的临界浓度，这种器官称为该有害物质的靶器官，如脑是甲基汞和汞的靶器官，甲状腺是碘化物和钴的靶器官，神经系统是有机磷农药的靶器官等。

生物浓缩：又称生物学浓缩、生物学富集，是指生物机体或处于同一营养级的许多生物种群，从周围环境中蓄积某种元素或难分解的化合物，使生物体内该物质的浓度超过周围环境中的浓度的现象。

生物浓缩系数（BCF）：又称浓缩系数、富集系数，是指生物体内某种元素或难分解化合物的浓度与它所生存的环境中该物质的浓度比值。

生物放大：有毒化学物质在食物链各个环节中的毒性渐进现象，即在生态系统中同一条食物链上，高营养级生物通过摄食低营养级生物，某种元素或难分解的化合物在生物机体内的浓度随着营养级的提高而逐步升高的现象。

【例题 1】甲基汞进入机体后的靶器官是（A）。

A. 脑　B. 心脏　C. 肺　D. 脾脏　E. 肾脏

【解析】本题考查靶器官的概念。汞有金属汞、无机汞和有机汞 3 种形式，其中甲基汞（有机汞）性质稳定，通过食物链富集，难于排出体外。甲基汞毒性很强，可以通过血-脑屏障进入大脑，损害中枢神经系统，表现一系列神经症状。因此甲基汞进入机体后的靶器官是脑。

【例题 2】有机磷农药的靶器官是（D）。

A. 瞳孔　　B. 唾液腺　　C. 骨骼肌　　D. 神经系统　　E. 平滑肌

【解析】本题考查靶器官的概念。靶器官指某种有害物质首先在其中达到毒性作用的临界浓度的器官。有些物质作用于靶器官后其毒性作用直接由靶器官表现出来，此时效应器官就是靶器官；有些物质的毒性作用是通过靶器官以外的其他器官表现出来的，如有机磷农药的靶器官是神经系统，而效应器官是瞳孔、唾液腺等。

【例题 3】有机氯农药进入动物机体后，主要蓄积于（B）。

A. 皮肤　　B. 脂肪　　C. 肌肉　　D. 脾脏　　E. 淋巴结

【解析】本题考查靶器官的概念。靶器官与蓄积器官有区别，毒物对蓄积器官不一定起毒性作用，虽然其有害物质浓度高于靶器官。如有机氯类杀虫剂在脂肪中蓄积可以达到很高浓度，但靶器官却是中枢神经系统和肝脏。

【例题 4】某湖中鱼类体内有机氯浓度为 0.1mg/kg，食鱼鸟为 10mg/kg，这种现象称为（D）。

A. 生物协同　　B. 生物积累　　C. 生物浓缩　　D. 生物放大　　E. 生物相加

【例题 5】处于同一营养级上的许多生物群体，从周围环境中蓄积某种化合物，使生物体内该物质的浓度超过周围环境中的浓度的现象，这种作用称为（B）。

A. 生物放大作用　　B. 生物浓缩作用　　C. 生物积累作用

D. 协同作用　　E. 相加作用

考点 6：化学污染联合作用的类型★★

联合作用：两种或两种以上化学污染物共同作用所产生的综合生物效应。化学污染物的联合作用分为协同作用、相加作用、独立作用和拮抗作用 4 种类型。

协同作用：两种或两种以上化学污染物同时或先后与机体接触，对机体产生的生物学作用强度远远超过它们单独与机体接触时所产生的生物学作用的总和。

相加作用：多种化学污染物混合所产生的生物学作用强度等于其中各化学污染物分别产生的生物学作用强度的总和。

独立作用：多种化学污染物各自对机体产生毒性作用的机理不同，互不影响。

拮抗作用：两种或两种以上的化学污染物同时或数分钟内先后进入机体，其中一种化学污染物干扰另一种化学污染物原有的生物学作用，使其减弱，或两种化学污染物互相干扰，使混合物的生物学作用或毒性作用的强度低于两种化学污染物任何一种单独的强度。

考点 7：环境污染与公害的概念★

环境污染：有害物质或因子进入环境，并在环境中扩散、迁移、转化，使环境系统结构与功能发生变化，导致环境质量下降，对人类的生存和发展产生不利影响的现象。

公害：污染和破坏环境对公众的健康、安全、生命及公私财产等造成的危害。

考点 8：环境污染的类型★★★

按污染物的性质，环境污染分为生物性污染、化学性污染和物理性污染。

生物性污染：主要是指微生物、寄生虫及其虫卵，此外，还有害虫、啮齿动物以及引起人和动物过敏的花粉等对环境造成的污染。

化学性污染：主要是指重金属和非重金属元素、农药和兽药、无机物、其他有机物等化学性有毒有害物质对环境造成的污染。

物理性污染：主要是指放射性物质（天然放射性核素和人工放射性核素）、非电离辐射，包括可见光、紫外线、红外线、企业排放高温废水等对环境造成的污染。

按污染物的形态，环境污染分为废气污染、废水污染和固体废弃物污染。

按污染涉及的范围，环境污染分为全球性污染、区域性污染和局部污染。

按照环境要素，环境污染分为大气污染、水体污染和土壤污染等。

【例题】属于环境要素分类的污染类型是（B）。

A. 生活污染　B. 土壤污染　C. 物理污染　D. 化学污染　E. 生物污染

考点 9：大气中化学污染物的种类★★

进入大气中的污染物按形成原因可以分为一次污染物和二次污染物。一次污染物是指直接从污染源排放到大气中的污染物质，常见的有二氧化硫、一氧化碳、一氧化氮、颗粒物等，对人和动物危害严重的还有多环芳烃和二噁英；二次污染物是由一次污染物在大气中经物理或化学反应而形成的污染物，毒性比一次污染物强，常见的有硫酸和硫酸盐气溶胶、硝酸和硝酸盐气溶胶、臭氧、光化学氧化剂及多种自由基。

考点 10：环境污染对健康的病理损害作用★★★

环境污染对人体健康的病理损害作用形式多种多样，主要包括有临床作用、亚临床作用、“三致”作用、免疫损伤作用及激素样作用等，其中“三致”作用和激素样作用是病理损害作用的主要表现形式。

临床作用：一些环境污染物对人体的毒性作用较强，一次性大量暴露或多次少量暴露后，引起严重的病理损害，出现临床症状。

亚临床作用：绝大多数环境污染物对人体健康的影响是低毒性和缓慢作用的，通常是污染物及其代谢产物在人体内过量负荷而发生亚临床作用，即不出现临床症状，用一般的临床医学检查方法难以发现阳性体征的病理损害作用。

免疫损伤作用：许多环境污染物能引起免疫抑制、变态反应和自身免疫等损害作用，如二噁英可引起免疫抑制。

【例题】绝大多数的环境污染物对人群健康的影响是（C）。

A. 高毒性的　B. 中等毒性的　C. 低毒性的　D. 微毒性的　E. 无毒性的

考点 11：“三致”作用物质的种类★★★★

“三致”作用即致癌、致突变和致畸的作用。环境污染往往具有使人或哺乳动物致癌、致突变和致畸的作用，统称“三致”作用。有些药物也具有“三致”作用，如雌激素类、同化激素、呋喃唑酮、硝基嘧啶等。

致癌作用：污染物导致人或哺乳动物患癌症的作用。污染物中能够诱发人类或哺乳动物患癌症的物质称为致癌物。如石棉纤维被吸入人体内，附着并沉积在肺部，造成肺癌；双氯甲醚为剧毒吸入物，靶器官为肺；亚硝酸盐导致食管癌和胃癌；黄曲霉毒素是目前发现的最强的致癌物质，主要诱发肝癌；而煤焦油作用于皮肤，可以诱发皮肤癌。

致突变作用：污染物导致人类或哺乳动物发生基因突变、染色体结构变异或染色体数目变异的作用。常见的致突变物有亚硝胺类、甲醛、苯和敌敌畏等。

致畸作用：污染物作用于妊娠母体，干扰胚胎的正常发育，导致新生儿或幼小哺乳动物先天性畸形的作用。已经确认的致畸物有甲基汞和某些病毒等。另外孕妇妊娠后服用的一种叫作"反应停"的镇静药，具有致畸作用。

【例题1】可以诱发人或哺乳动物皮肤癌的物质是（B）。

A. 石棉　B. 煤焦油　C. 双氯甲醚　D. 亚硝酸盐　E. 黄曲霉毒素

【例题2】对人和动物有致突变作用的环境污染物是（B）。

A. 甲酸　B. 甲醛　C. 乙酸　D. 山梨酸　E. 苯甲酸

【例题3】目前已经确认的动物的致畸物是（A）。

A. 甲基汞　B. 氰化钾　C. 三聚氰胺　D. 双氯甲醚　E. 亚硝酸盐

【例题4】具有"三致"作用的药物是（A）。

A. 呋喃唑酮　B. 头孢氨苄　C. 林可霉素　D. 黏菌素　E. 吉他霉素

考点12：环境激素的种类★★★★

环境中存在一些天然和人工合成的，具有动物和人体激素活性的污染物，能干扰和破坏野生动物和人体内分泌功能，导致野生动物繁殖障碍，甚至能诱发人类肿瘤等疾病。这些物质被称为环境激素。环境激素主要包括以下三类：

天然雌激素和合成雌激素：环境中的天然雌激素是从动物和人尿中排出的一些性激素，如雌二醇、孕酮等；合成雌激素包括己烷雌酚、乙炔基雌二醇等。

植物雌激素：这类物质是由某些植物产生，并具有弱激素作用的化合物，主要有异酮类、木质素和拟雌内酯等。

具有雌激素活性的环境化学物质：许多人工合成的化学物质具有雌激素活性，广泛存在于环境中。这些物质具有弱雌激素活性，也是常见的环境污染物，主要包括杀虫剂，如氯丹、滴滴涕、毒杀酚、狄氏剂等；多氯联苯和多环芳烃；非离子表面活性剂 - 烷基苯酚化合物；塑料添加剂，如邻苯二甲酸酯；食品添加剂（丁基羟基茴香醚等）；漂白纸浆废水、石油化工废水和生活污水等。

【例题1】下列属于天然雌激素的是（C）。

A. 己烷雌酚　B. 二甲基己烯雌酚　C. 雌二醇

D. 乙炔基雌二醇　E. 炔雌醚

【例题2】不具有雌激素活性的环境污染物是（E）。

A. 氯丹　B. 滴滴涕　C. 毒杀酚　D. 狄氏剂　E. 亚硝酸盐

【例题3】某女童，5岁，长期食用一奶牛养殖户的牛奶，近期出现乳房发育等早熟症状，医院诊断为食物中毒，最可能的致病物质是（B）。

A. 青霉素　B. 雌激素　C. 克仑特罗　D. 有机氯农药　E. 有机磷农药

【解析】本题考查环境雌激素的危害。根据女童长期食用一奶牛养殖户的牛奶，近期出现乳房发育等早熟临床特征，初步判定为雌激素中毒。

第二章　动物性食品污染及控制

轻装上阵

如何学？

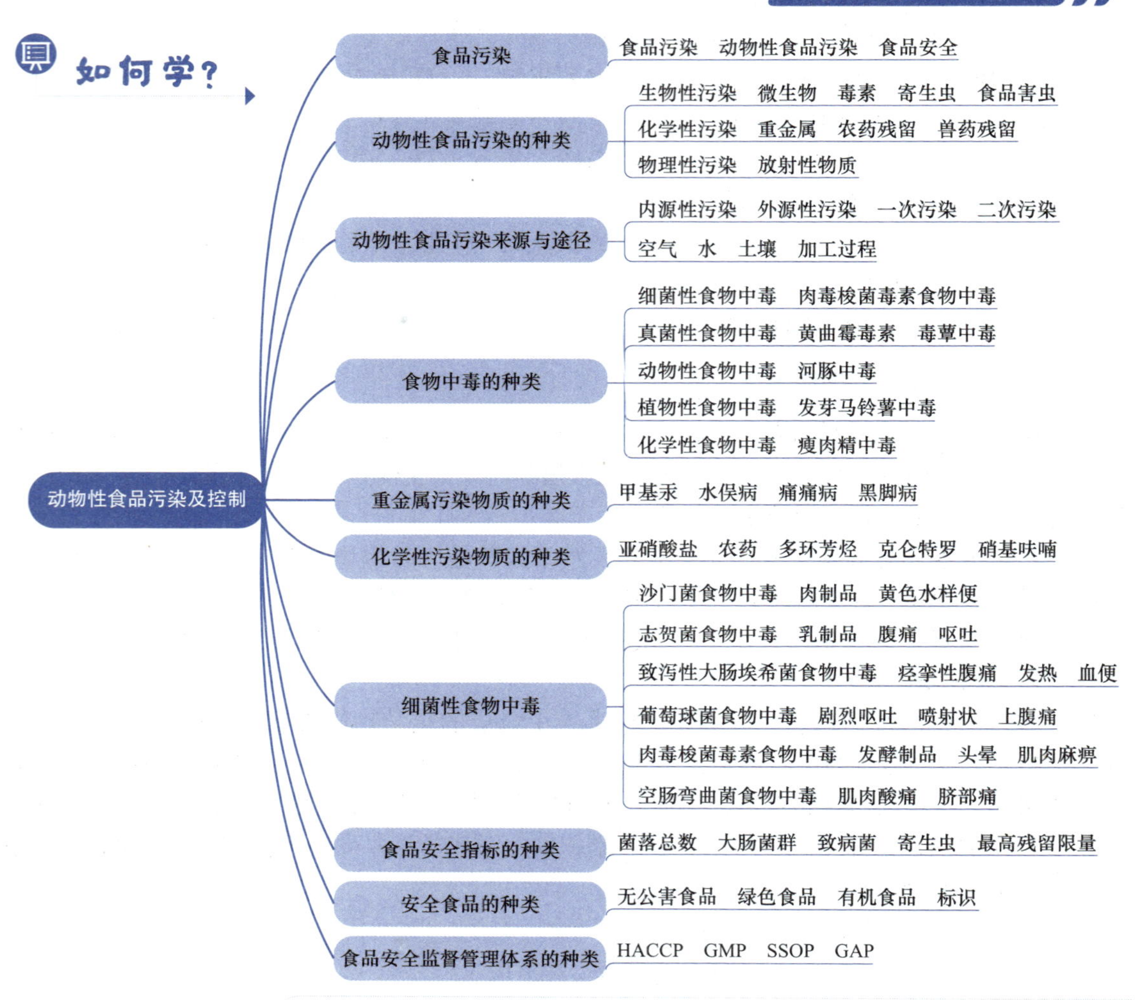

如何考？

本章考点在考试中主要出现在A1、A2、B1型题中，每年分值平均5分。下列所述考点均需掌握。对于重点内容，希望考生予以特别关注。

考点冲浪

考点1：食品污染与动物性食品污染的概念★★★

食品污染：食物中原来含有或者加工时人为添加的生物性或化学性物质，其共同特点是对人体健康有急性或慢性的危害。

动物性食品污染：在食品动物养殖，动物性食品加工、贮存、运输等过程中，有害物质进入动物体内或污染动物性食品，对人体健康产生危害的现象。

食品安全：食品在按照预期用途进行制备或食用时，应当无毒、无害，符合营养要求，不会对人体健康造成任何急性、亚急性或者慢性危害。

【例题 1】食品按照预期用途进行制备、食用时，不会对消费者造成损害称为（B）。

A. 食品污染　B. 食品安全　C. 食品防护　D. 食品营养　E. 食品卫生

【例题 2】食品中原有的或加工时人为添加的物质，对人体健康产生危害的现象为（E）。

A. 公共卫生　B. 食品防护　C. 食品卫生　D. 食品安全　E. 食品污染

考点 2：动物性食品污染的种类★★★

根据污染物性质的不同，动物性食品污染可以分为生物性污染、化学性污染和物理性污染三类。

生物性污染：由有害微生物及其毒素、寄生虫及其虫卵、食品害虫及其排泄物引起的食品污染。

化学性污染：由各种有害化学物质对食品造成的污染。这些化学性污染包括重金属和非重金属污染、农药残留、兽药残留、食品添加剂污染、食品包装材料污染和其他有害物质污染。

物理性污染：由机械杂质、放射性物质引起的食品污染。

【例题】肉制品中的亚硝酸盐主要来源于（E）。

A. 工业三废污染　B. 饲草种植中农药残留

C. 畜禽养殖中兽药残留　D. 食品流通中掺杂掺假

E. 食品加工中添加剂使用

【解析】本题考查动物性食品污染的种类。亚硝酸盐是一类能使肉类制品呈现良好色泽的食品添加剂，对肉毒梭菌具有抑制作用，并能提高肉制品的风味。在动物性食品加工中，滥用食品添加剂、超剂量、超范围使用，或者添加非食品添加剂的物质，会造成污染，如在肉制品中过量添加护色剂亚硝酸盐。因此肉制品中的亚硝酸盐主要来源于食品加工中添加剂使用，属于化学性污染。

考点 3：动物性食品污染的来源与途径★★

根据污染物来源和途径的不同，动物性食品污染可以分为内源性污染和外源性污染。

内源性污染：又称一次污染，是指食品动物在生前受到的污染。

外源性污染：又称二次污染，是指动物性食品在加工、运输、贮存、销售、烹饪等过程中受到的污染。

动物性食品污染来源包括动物生前感染了人兽共患病；动物生前感染了固有的疫病；动物饲养期间感染了某些微生物。

动物性食品污染途径主要有通过空气的污染；通过水的污染；通过土壤的污染；加工过程中的污染；运输过程中的污染；保藏和销售过程中的污染。

【例题 1】动物性食品农药残留的主要来源不包括（D）。

A. 未遵守停药期规定　B. 用药后直接污染　C. 通过食物链富集

D. 从环境中吸收　E. 意外污染

【解析】本题考查动物性食品污染的来源。一般来说，动物性食品农药残留的主要来源有未遵守停药期规定、用药后直接污染、通过食物链富集及意外污染。因此动物性食品农药残留的主要来源不包括从环境中吸收。

【例题2】肉制品中的多氯联苯主要来源于（A）。

A. 工业“三废”污染　　B. 饲草种植中农药残留　　C. 畜禽养殖中兽药残留

D. 食品流通中掺杂掺假　　E. 食品加工中添加剂使用

【解析】本题考查动物性食品污染的来源。污染土壤环境的有机污染物主要有有机磷、有机氯、氨基甲酸酯类、拟除虫菊酯类等农药、化肥、石油、酚类、多氯联苯、多环芳烃类、有机合成洗涤剂、橡胶等，其中多氯联苯主要来源于工业“三废”污染。据此，选A。

【例题3】抗微生物药物残留对人体健康的主要影响不包括（D）。

A. 具有毒性作用　　B. 导致肠道菌群失调　　C. 细菌耐药性增加

D. 引起心血管疾病　　E. 引起过敏反应

【解析】本题考查抗微生物药物残留的危害。抗微生物药物残留对人体健康的主要影响有变态反应、毒性作用、菌群失调和细菌耐药性增加等。因此抗微生物药物残留对人体健康的主要影响不包括引起心血管疾病。

考点4：食物中毒的概念和种类★★★★

食物中毒：食用了被有毒有害物质污染的食品或者食用了含有毒有害物质的食品后出现的急性、亚急性疾病。

根据食物中毒病因物质的不同，食物中毒分为以下五类：

细菌性食物中毒：因摄入含有细菌或其毒素的食品而引起的非传染性的急性或亚急性疾病，如沙门菌食物中毒，肉毒梭菌毒素食物中毒。

真菌性食物中毒：因食用被真菌及其毒素污染的食品而引起的食物中毒，如黄曲霉毒素中毒、毒蕈中毒等。

动物性食物中毒：因摄入的某些动物性食品本身含有有毒成分或者动物组织分解产生的有毒成分而引起的食物中毒，如河豚中毒、贝类中毒。

植物性食物中毒：因摄入的某些植物性食品本身含有有毒成分而引起的食物中毒，如发芽马铃薯中毒。

化学性食物中毒：因摄入化学性毒物污染的食品或者将有毒物质当作食物误食而引起的食物中毒，如亚硝酸盐中毒、瘦肉精（盐酸克仑特罗、克仑特罗）中毒等。

【例题1】人类食物中毒的主要特点不包括（C）。

A. 有病因食物　B. 呈暴发性　　C. 有传染性　　D. 潜伏期短　　E. 有类似症状

【解析】本题考查食物中毒的特点。食物中毒的主要特点是有病因食物，患者近期都食用过同样的食物；发病呈暴发性，潜伏期短，来势急剧；有类似症状，患者临床症状类似，一般多表现为急性胃肠炎症状；无传染性，食物中毒病人对健康人不具有传染性。据此，选C。

【例题2】某男子食用猪肝后出现头痛头晕，心悸，心律失常，呼吸困难，肌肉震颤和疼痛，医院诊断为食物中毒，最可能的致病物质是（C）。

A. 青霉素　　B. 雌激素　　C. 克仑特罗　　D. 有机氯农药　　E. 有机磷农药

【解析】本题考查食物中毒的种类。患者头痛头晕，心悸，心律失常，呼吸困难，肌肉震颤和疼痛，符合瘦肉精中毒的症状。据此，选C。

考点5：重金属污染物质的种类★★★

汞的污染：汞有金属汞、无机汞和有机汞3种形式，其中甲基汞性质稳定，通过食物链富集，难于排出体外。甲基汞毒性很强，可以通过血-脑屏障，进入大脑，损害中枢神经系统，表现一系列的神经症状。

水俣病发生于20世纪50年代的日本水俣湾地区，是世界历史上首次发生重金属污染的重大事件。经科学查明是由于水俣湾地区化工企业采用汞作为催化剂，将大量含汞的废水排入附近的海湾，导致当地居民食用该水域的鱼类而引起的甲基汞中毒。

镉的污染：镉多以硫镉矿形式存在，有慢性毒性。中毒患者表现骨质疏松症、骨质软化、骨骼疼痛、骨折等症状，有的还出现肾绞痛、高血压、贫血。1955—1972年日本富山县发生的"痛痛病"，就是由镉污染引起的公害病之一。

砷的污染：砷化物有无机砷和有机砷两类，自然界中的砷多以五价砷形式出现，砷可以损害神经系统、肾脏和肝脏，是公认的致癌物。我国台湾某些地区居民由于长期饮用含砷过高的水而导致一种地方病，称黑脚病。慢性砷中毒的特征为神经衰弱综合征和消化功能紊乱，患者出现食欲不振，末梢神经炎，皮肤色素沉着，手和脚皮肤高度角化、龟裂，并有可能转化为皮肤癌。

【例题1】水俣病是指（D）。

A. 铅中毒　B. 砷中毒　C. 镉中毒　D. 汞中毒　E. 氟中毒

【例题2】某冶炼厂周边部分居民长期食用当地出产的畜产品后，出现骨质疏松、骨质软化、骨骼疼痛、容易骨折等症状，有些患者肾绞痛、高血压、贫血。本病最可能的诊断是（B）。

A. 氟中毒　B. 镉中毒　C. 汞中毒　D. 铅中毒　E. 砷中毒

【例题3】某地居民长期饮用井水，出现食欲不振、多发性神经炎、脱发，皮肤色素沉着和高度角化等症状，经医院检查患者血和尿中某种元素含量很高。本病最可能的诊断是（E）。

A. 氟中毒　B. 镉中毒　C. 汞中毒　D. 铅中毒　E. 砷中毒

考点6：化学性污染物质的种类★★★

食品添加剂的污染：亚硝酸盐是一类能使肉类制品呈现良好色泽的食品添加剂，对肉毒梭菌具有抑制作用，并能提高肉制品的风味。在动物性食品加工中，滥用食品添加剂，超剂量、超范围使用，或者添加非食品添加剂的物质，会造成污染，如肉制品中过量添加护色剂亚硝酸盐，容易导致食管癌和胃癌。

有机物的污染：污染土壤环境的有机污染物主要有有机磷、有机氯、氨基甲酸酯类、拟除虫菊酯类等农药，化肥、石油、酚类、多氯联苯、多环芳烃类、有机合成洗涤剂、橡胶等，都具有"三致"作用或激素样作用。

β-受体激动剂的污染：β-受体激动剂又称β-兴奋剂，是一类能与肾上腺素受体结合并能激活该受体的药物。目前在畜禽养殖中非法使用最广泛的β-受体激动剂是克仑特罗、沙丁胺醇（又称舒喘宁）、莱克多巴胺、西马特罗（又称息喘宁）、马布特罗、特布他林等10余种。其中盐酸克仑特罗添加在饲料中能促进动物生长，提高畜禽的瘦肉率，提高饲料转化率，但猪肉中残留盐酸克仑特罗会导致人心律失常、呼吸困难、肌肉震颤和疼痛等中毒症状。

有些药物具有“三致”作用，如硝基呋喃类（呋喃西林、呋喃它酮）、硝基咪唑类、砷制剂等药物；艾氏剂、狄氏剂和异狄氏剂可引起食管癌、胃癌和肠癌。

【例题1】某男，32岁，四肢无力，头痛头晕，食欲不振，抽搐，肌肉震颤，后期肌肉麻痹。医院诊断为食物中毒，中毒物质在动物脂肪组织中含量最高。最可能的致病物质是（D）。

A. 青霉素　　B. 雌激素　　C. 克仑特罗　　D. 有机氯农药　　E. 有机磷农药

【解析】本题考查有机物的污染。中毒物质在动物脂肪组织中含量最高，符合有机氯农药的毒物特征。因此最可能的致病物质是有机氯农药。

【例题2】熏肉、羊肉串等肉类在熏、烤过程中，因与明火和烟接触，温度高，会产生对人体具有致癌作用的物质。这种有害的物质最可能是（B）。

A. 醛和酮　　B. 多环芳烃　　C. 多氯联苯　　D. 亚硝酸盐　　E. 胺类化合物

【解析】本题考查有机物的污染。熏肉、羊肉串等肉类在熏、炸、烤的过程中，因与明火和浓烟接触，温度极高，就会产生多环芳烃类物质，这类物质对人具有致癌作用。

【例题3】为了使肉制品呈色良好，加工中添加一种护色剂。但添加过量或混合不均匀时，食入较多的这种物质可以引起食用者出现全身皮肤、黏膜发绀等缺氧症状。肉品中这种有害的物质最可能是（D）。

A. 醛和酮　　B. 多环芳烃　　C. 多氯联苯　　D. 亚硝酸盐　　E. 胺类化合物

【解析】本题考查食品添加剂的污染。护色剂是一种能使肉品呈现良好色泽的添加剂，目前常用的是硝酸盐和亚硝酸盐。但添加过量或混合不均匀时，食入较多的该种物质可以引起食用者出现全身皮肤、黏膜发绀等缺氧症状。因此这种有害的物质最可能是亚硝酸盐。

考点7：细菌性食物中毒的种类和临床特征★★★

沙门菌食物中毒：病因食品多为动物性食品，尤其是肉与肉制品（如病死畜禽肉、酱卤肉、熟内脏等）。临床特征主要表现为头痛、头晕、食欲不振，继而出现呕吐、寒战、面色苍白、全身无力、腹痛、腹泻。急性腹泻以黄色或黄绿色水样便为主，有恶臭。重者发生痉挛、脱水、休克等。

志贺菌食物中毒：志贺菌通常称为痢疾杆菌，对外界环境抵抗力强。病因食品主要是熟制后的肉类和乳制品。临床特征表现为突然出现剧烈腹痛，呕吐，频繁腹泻，多为水样便，随后出现泡沫黏液便或血液便，粪便中有很多红细胞和白细胞。

致泻性大肠埃希菌食物中毒：具有致泻性的大肠埃希菌包括产肠毒素大肠埃希菌（ETEC）、肠致病性大肠埃希菌（EPEC）、肠侵袭性大肠埃希菌（EIEC）、肠出血性大肠埃希菌（EHEC）。EHEC有特定的血清型，主要为 $O_{157:}H_{7}$，致病性极强，会引起出血性肠炎，导致剧烈腹泻和便血，严重者出现溶血性尿毒症，甚至死亡。病因食品为各种熟肉制品，其次为蛋与蛋制品、乳酪等食品。临床特征主要表现为痉挛性腹痛、腹泻、发热、呕吐。初为水样便，后为血便。

葡萄球菌食物中毒：由葡萄球菌肠毒素引起的一种食物中毒。能产生肠毒素的葡萄球菌主要为金黄色葡萄球菌，其中A型引起的食物中毒较多。病因食品主要为乳与乳制品、剩饭、含乳的冷冻食品，其次为肉类（熟肉和内脏）。临床特征主要表现为突然恶心，反复剧烈呕吐，大量分泌唾液，上腹部不适或腹痛，腹泻。呕吐为本病的特征性症状，常呈喷射状，初为食物残渣，后干哕，有时混有胆汁或血液。腹泻多为水样便或黏液样便。

产单核细胞李氏杆菌食物中毒：单核细胞增生李氏杆菌是感染人和多种动物的重要的人兽共患病病原菌，也是食品中常见的重要的食源性病原菌。病因食品主要是乳与乳制品、肉类制品等，其中以乳品最为多见。临床上常有胃肠炎症状，中毒后病人表现为腹痛和腹泻，但主要症状是发热、败血症、脑膜炎、脑脊髓炎，有时可引起心内膜炎。

肉毒梭菌毒素食物中毒：是因摄入肉毒梭菌毒素发生的细菌毒素性食物中毒。病因食品来源主要是肉罐头、家庭自制豆、谷类的发酵制品（如臭豆腐、豆豉、豆酱等）。肉毒梭菌毒素食物中毒的潜伏期为1~7d，中毒特征为肌肉麻痹，主要症状为头晕、无力、视力模糊、眼睑下垂、复视、咀嚼无力、张口困难、咽喉有阻塞感、饮水发呛、吞咽困难、呼吸困难、脖子无力而垂头等，严重者死亡。

空肠弯曲菌食物中毒：因摄入空肠弯曲菌而发生的细菌性食物中毒。病因食品主要是冷冻食品、乳与乳制品、熟肉制品等。主要症状为体温升高，全身肌肉酸痛，脐部和上腹部绞痛，腹泻，初为水样，继而为黏液血便。从病人腹泻物中可以分离得到革兰氏染色阴性菌，菌体呈两端渐细的弧形，具有多形性。

【例题1】引起沙门菌食物中毒最常见的食品是（C）。

A. 粮油制品　B. 调味品　C. 肉与肉制品
D. 水果及其制品　E. 蔬菜及其制品

【例题2】一男童夏天饮用牛乳后，突然发生恶心，反复剧烈呕吐，唾液很多，上腹部疼痛，并有腹泻。呕吐物中混有胆汁和血液，腹泻为水样便，根据食物中毒症状，选出受污染食物中最可能的病原菌是（B）。

A. 沙门菌　B. 葡萄球菌　C. 李斯特菌　D. 肉毒梭菌　E. 大肠埃希氏菌

【例题3】肉毒梭菌毒素食物中毒的特征为（E）。

A. 腹痛　B. 腹泻　C. 呕吐　D. 发热　E. 肌肉麻痹

【例题4】食用冷藏熟肉后，数人出现体温升高，全身肌肉酸痛，脐部和上腹部绞痛，腹泻，初为水样，继而为黏液血便。从所食用的熟肉和病人的腹泻物中分离得到一株革兰氏阴性菌，菌体呈两端渐细的弧形，具有多形性。本病最可能的诊断是（A）。

A. 空肠弯曲菌食物中毒　B. 链球菌食物中毒
C. 产气荚膜梭菌食物中毒　D. 大肠杆菌毒素食物中毒
E. 沙门菌食物中毒

【解析】本题考查细菌性食物中毒的诊断。根据食用冷藏熟肉后，患者出现体温升高，全身肌肉酸痛，脐部和上腹部绞痛，腹泻等中毒特征和腹泻物中分离得到一株革兰氏阴性菌，菌体呈两端渐细的弧形，具有多形性等细菌形态特征，判定为空肠弯曲菌食物中毒。因此本病最可能的诊断是空肠弯曲菌食物中毒。

考点8：食品安全指标的种类★★★★

菌落总数：食品检样经过处理，在一定条件下培养后（如培养基成分、培养温度和时间、pH、需氧性质），所得1mL（g）检样中所含菌落的总数。所得结果以菌落形成单位（cfu）报告，主要包括一群在营养琼脂上生长发育的嗜中温性需氧的菌落总数。

大肠菌群：一群能发酵乳糖、产酸产气、需氧和兼性厌氧的革兰氏阴性无芽孢杆菌。

大肠菌群数：以 100mL（g）检样中大肠菌群最可能数（MPN）表示。

致病菌：能引起人类疾病的细菌，食品中致病菌主要指肠道致病菌和致病性球菌。我国食品安全相关标准中明确规定，在动物性食品中不得检出致病微生物。

寄生虫：《中华人民共和国食品安全法》规定，在食品中不得检出寄生虫虫体和虫卵。

最高残留限量：允许在各种食品残留的农药或兽药的最高量 / 浓度。

【例题 1】评定食品被细菌污染程度的指标是（D）。

A. 大肠杆菌　B. 大肠菌群　C. 沙门菌　D. 菌落总数　E. 布鲁氏菌

【解析】本题考查食品安全指标。菌落总数的多少标志着食品卫生质量的优劣，菌落总数的测定主要作为判定食品被细菌污染程度的标志，也可用以观察细菌在食品中繁殖的动态，以便对被检样品进行食品卫生学评价。因此评定食品被细菌污染程度的指标是菌落总数。

【例题 2】评价食品被粪便污染的指标是（A）。

A. 大肠菌群　B. 沙门菌　C. 志贺菌　D. 空肠弯曲菌　E. 菌落总数

【解析】本题考查食品安全指标。大肠菌群主要来源于人畜粪便，主要作为粪便污染指标来评价食品的卫生质量。因此评价食品被粪便被污染的指标是大肠菌群。

【例题 3】大肠菌群的特性不包括（D）。

A. 发酵乳糖　B. 产酸产气　C. 无芽孢
D. 革兰氏阳性　E. 需氧和兼性厌氧

【例题 4】动物肉品中不得检出（A）。

A. 志贺菌　B. 微球菌　C. 乳酸杆菌　D. 嗜盐杆菌　E. 黄色杆菌

【解析】本题考查食品安全指标。致病菌是指能引起人类疾病的细菌，食品中致病菌主要指肠道致病菌和致病性球菌。我国食品安全相关标准中明确规定，在动物性食品中不得检出致病微生物。志贺菌是典型的肠道致病菌，可导致动物性食物中毒；而微球菌、乳酸杆菌、嗜盐杆菌、黄色杆菌等不属于致病微生物。因此动物肉品中不得检出志贺菌。

【例题 5】动物性食品中，法定允许的兽药最大浓度是（C）。

A. 限量　B. 再残留限量　C. 最高残留限量
D. 每日允许摄入量　E. 暂定每周摄入量

【例题 6】所有食品动物禁用的药物是（D）。

A. 赛拉唑　B. 巴胺磷　C. 氯羟吡啶　D. 呋喃唑酮　E. 氯硝柳胺

【解析】本题考查食品动物禁用兽药。巴胺磷为广谱有机磷杀虫剂，能杀灭家畜体表寄生虫和卫生害虫；赛拉唑具有镇痛、镇静和中枢性肌肉松弛的作用；氯羟吡啶具有广泛的抗球虫作用；氯硝柳胺可杀灭钉螺，对绦虫有效；而呋喃唑酮为国家规定的食品动物禁用兽药。

考点 9：安全食品的种类、概念、要求和图案标志★

安全食品主要包括无公害食品、绿色食品和有机食品。

无公害食品：产地环境、生产过程和产品质量符合国家相关标准和规范的要求，经认证合格获得认证证书，并使用无公害农产品标识的未经加工的或初加工的食用农产品。无公害食品的生产允许限量使用限定的人工合成的化学农药、肥料、兽药，不禁止使用基因工程技术及其产品。无公害食品质量指标主要为食品中重金属、农药和兽药残留量要符合规定的标准。

无公害农产品标识由绿色和橙色组成，橙色寓意成熟和丰收，绿色象征环保和安全；标识图案由麦穗、对号和无公害农产品字样构成，麦穗代表农产品，对号表示合格。

绿色食品：产自优良生态环境、按照绿色食品标准生产、实行全程质量控制并获得绿色食品标识使用权的安全、优质食用农产品及其相关产品。绿色食品的特征为安全、优质、营养和无污染。

绿色食品标识由特定的图形表示。图形由 3 部分构成，即上方的太阳、下方的叶片和蓓蕾。标识图形为正圆形，意为保护、安全。整个图形告诉人们绿色食品出自纯净、良好生态环境的安全、无污染食品。绿色食品标识有中文文字商标、英文文字商标、图形商标和图形 - 文字组合商标 4 种。

有机食品：产自有机农业生产体系，根据有机农业生产的规范生产加工，并经独立的认证机构认证的农产品及其加工产品。有机农业生产体系是指在动植物生产过程中不使用化学合成的农药、化肥、生产调节剂、饲料添加剂等物质，以及基因工程生物及其产物，而是遵循自然规律和生态学原理，协调种植业和养殖业的平衡的一种农业生产方式。

有机食品标识图案由 3 部分构成，即外围的圆形、中间的种子图形和种子周围的环形线条。标识外围的圆形象征和谐、安全，圆形中的中国有机产品字样为中英文结合方式，中间的种子图形象征有机产品是从种子开始的全过程认证，“C”是字母“C”的变体和“O”的变形，意为“China organic”。

考点 10：食品安全监督管理体系的种类★★

常见的食品监督管理体系主要有 HACCP 体系、GMP 体系、SSOP 体系和 GAP 体系。HACCP 体系称为危害分析与关键控制点体系；GMP 体系称为良好操作规范；SSOP 体系称为卫生标准操作程序；GAP 体系称为良好农业规范。

第三章 人兽共患病概论

轻装上阵

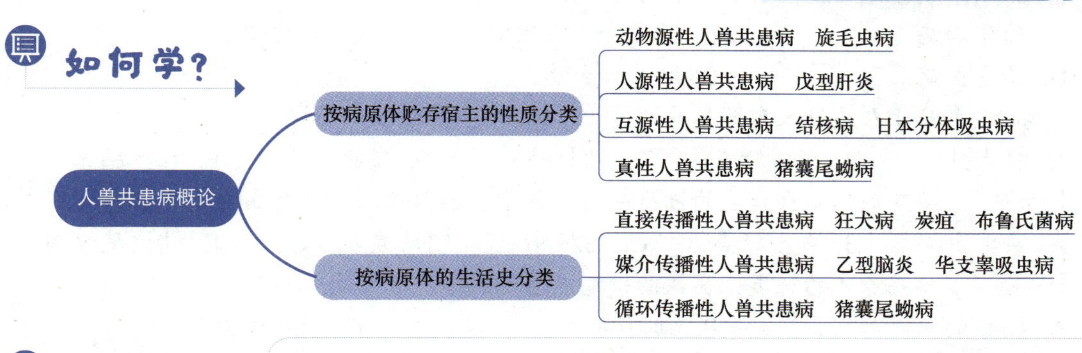

如何考？

本章考点在考试中主要出现在 A1、A2 型题中，每年分值平均 1 分。下列所述考点均需掌握。对于重点内容，希望考生予以特别关注。

考点1：人兽共患病的概念和种类★★★★★

人兽共患病是指在人类和脊椎动物之间自然传播的疾病和感染。

按病原体贮存宿主的性质，人兽共患病分为以下种类：

以动物为主的（动物源性）人兽共患病：病原体的贮存宿主主要是动物，通常在动物之间传播，偶尔感染人类。人感染后常常成为病原体传播的生物学终端，如棘球蚴病、旋毛虫病、马脑炎等。

以人为主的（人源性）人兽共患病：病原体的贮存宿主是人，通常在人之间传播，偶尔感染动物。动物感染后常常成为病原体传播的生物学终端，如戊型肝炎等。

人兽并重的（互源性）人兽共患病：人和动物都是其病原体的贮存宿主。病原体可以在人之间、动物之间及人与动物之间相互传染，人和动物互为传染源，如结核病、炭疽、日本分体吸虫病、钩端螺旋体病等。

真性人兽共患病：这类疾病必须以动物和人分别作为病原体的中间宿主或终末宿主，缺一不可，又称真性周生性人兽共患病，如猪带绦虫病及猪囊尾蚴病，牛带绦虫病及牛囊尾蚴病等。

按病原体的生活史，人兽共患病分为以下种类：

直接传播性人兽共患病：通过直接接触或间接接触（媒介机械性传播）而传播的人兽共患病，如狂犬病、炭疽、结核病、布鲁氏菌病、弓形虫病、旋毛虫病等。

媒介传播性人兽共患病：病原体的生活史必须有脊椎动物或无脊椎动物共同参与才能完成的人兽共患病，无脊椎动物作为传播媒介，如乙型脑炎、登革热、华支睾吸虫病等。

循环传播性人兽共患病：病原体的生活史需要有两种或多种脊椎动物，但不需要无脊椎动物参与的人兽共患病，如猪囊尾蚴病、牛囊尾蚴病。

腐物传播性人兽共患病：病原体的生活史需要有一种脊椎动物和一种非动物性滋生物或基质参与的人兽共患病，如肝片吸虫病、钩虫病。

【例题1】属于互源性人兽共患病的是（B）。

A. 棘球蚴病　　B. 日本分体吸虫病　　C. 肉孢子虫病
D. 旋毛虫病　　E. 肝片吸虫病

【例题2】属于人源性人畜共患病的是（B）。

A. 狂犬病　　B. 戊型肝炎　　C. 结核病　　D. 炭疽　　E. 森林脑炎

【例题3】按病原体贮存宿主的性质分类，属于动物源性人兽共患病的是（A）。

A. 旋毛虫病　　B. 戊型肝炎　　C. 结核病　　D. 炭疽　　E. 猪囊尾蚴病

【例题4】按病原体的种类分类，鹅口疮应为（E）。

A. 病毒病　　B. 细菌病　　C. 衣原体病
D. 立克次体病　　E. 真菌病

【解析】本题考查病原微生物的种类。病原微生物的主要种类有病毒、细菌、衣原体、支原体、真菌及立克次体等，而鹅口疮属于真菌感染，因此应为真菌病。

【例题 5】按病原体的生活史分类，属于媒介性人兽共患病的是（D）。

A. 炭疽　B. 结核病　C. 狂犬病　D. 登革热　E. 布鲁氏菌病

考点 2：疫源地和自然疫源性的概念★

疫源地是指凡存在传染源，并在一定条件下病原体由传染源向周围传播时可能波及的地区。

病原体、传播媒介（主要是媒介昆虫）和宿主动物在自己的世代交替中无限期地存在于自然界的各种生物群落里，组成各种独特的生态系统，它们不论在以前或现阶段的进化过程中均不依赖于人，这种现象称为自然疫源性。

考点 3：自然疫源性疾病的种类和特点★★

自然疫源性疾病又称动物地方病，是指某种疾病和病原体不依靠人而能在自然界生存繁殖，并在一定条件下才传染给人和家畜的疾病。自然疫源性疾病反映了病原体的进化本质及与各种生物的内在联系。自然疫源性疾病有明显的区域性、明显的季节性和受人类活动的影响等特点。已知的自然疫源性疾病有森林脑热、流行性出血热等病毒性疾病。

【例题】属于自然疫源性疾病的是（C）。

A. 沙门菌病　B. 猪链球菌病　C. 流行性出血热

D. 牛海绵状脑病　E. 高致病性禽流感

第四章　乳品卫生

乳品卫生
- 乳品常见掺假物的种类：防腐物质　三聚氰胺
- 不合格乳的卫生评定和处理：感官异常　残留超标　致病菌　传染病　销毁

如何考?

本章考点在考试中主要出现在 A1、A2 型题中，每年分值平均 1 分。下列所述考点均需掌握。对于重点内容，希望考生予以特别关注。

考点冲浪

考点 1：乳品常见掺假物的种类★★★

乳中掺假情况比较复杂，掺假物种类众多，有时难以检出。常见的掺假物主要有水、电解质（如食盐、碳酸氢钠、明矾等）、蔗糖、尿素、胶体物质（米汤、豆浆、明胶）、防腐物质（甲醛、过氧化氢、抗生素）及其他异常物，如三聚氰胺等。其作用分别是提高乳的密度，如蔗糖、尿素；提高蛋白质含量，如三聚氰胺；降低乳的酸度，如碳酸氢钠；防止乳的酸败，如甲醛、过氧化氢。

【例题 1】某奶牛场刚挤出的鲜乳，过滤后装入容器，2h 内冷却到适宜温度后冷藏。该适宜温度为（A）。

A. 1~4℃　　B. 5~6℃　　C. 7~8℃　　D. 9~10℃　　E. 11~12℃

【解析】本题考查乳品的卫生要求。根据鲜奶加工生产要求，刚挤出的鲜乳，必须经过过滤后装入容器，应在 2h 内冷却到 0~4℃。因此鲜奶冷藏的适宜温度为 1~4℃。

【例题 2】有防腐作用的牛乳掺假物是（E）。

A. 尿素　　B. 食盐　　C. 蔗糖　　D. 豆浆　　E. 过氧化氢

【例题 3】为提高乳品蛋白质检测含量，一些不法分子在牛乳中加入的掺假物最有可能是（C）。

A. 甲醛　　B. 尿素　　C. 三聚氰胺　　D. 多环芳烃　　E. 苏丹红

考点 2：不合格乳的卫生评定和处理★★★

经过检验，原料乳和成品乳出现色泽、气味、滋味、组织状态异常；重金属、兽药、农药、黄曲霉毒素等有害物质超标；检出致病菌、细菌总数和大肠菌群超标；掺假；患有炭疽、口蹄疫、狂犬病、结核病、布鲁氏菌病、李氏杆菌病、钩端螺旋体病等传染病所产生的乳等，均不得食用，应予以销毁。

【例题 1】牛乳中不属于化学污染物的是（A）。

A. 组胺　　B. 六六六　　C. 多氯联苯　　D. 多环芳烃　　E. 三聚氰胺

【解析】本题考查乳品的卫生要求。牛乳的污染物包括化学性污染物，如六六六、多氯联苯、多环芳烃、三聚氰胺、霉菌毒素、亚硝酸盐等，生物性污染物包括细菌、真菌、腐败物等。因此牛乳中不属于化学污染物的是组胺。

【例题 2】生鲜牛乳中来源于病畜的致病菌主要是（C）。

A. 气肿疽梭菌　　B. 牛嗜血杆菌　　C. 金黄色葡萄球菌

D. 枯草杆菌　　E. 腐败梭菌

【解析】本题考查乳品的卫生要求。生乳中常见的微生物主要有来自饲料和环境的乳酸菌、大肠杆菌、产气杆菌、枯草杆菌等，来源于病畜、病人和带菌者的金黄色葡萄球菌、结核分枝杆菌、溶血性链球菌、致病性大肠埃希菌、沙门菌、志贺菌、炭疽芽孢杆菌、布鲁氏菌等。因此生鲜牛乳中来源于病畜的致病菌主要是金黄色葡萄球菌。

【例题 3】数头奶牛短促干咳，清晨症状明显，后湿咳，呼吸困难，食欲下降，进行性消瘦，乳房有无热、无痛的硬结，该病牛乳汁中可能存在的病原微生物是（E）。

A. 布鲁氏菌　　B. 李氏杆菌　　C. 炭疽杆菌　　D. 沙门菌　　E. 牛分枝杆菌

【解析】本题考查乳品的卫生要求。根据奶牛短促干咳，清晨症状明显，后湿咳，呼吸困难，进行性消瘦，乳房有无热、无痛的硬结等临床特征，判定为奶牛结核病。因此该病牛乳汁中可能存在的病原微生物是牛分枝杆菌。

第五章 场地消毒及生物安全处理

轻装上阵

如何学？

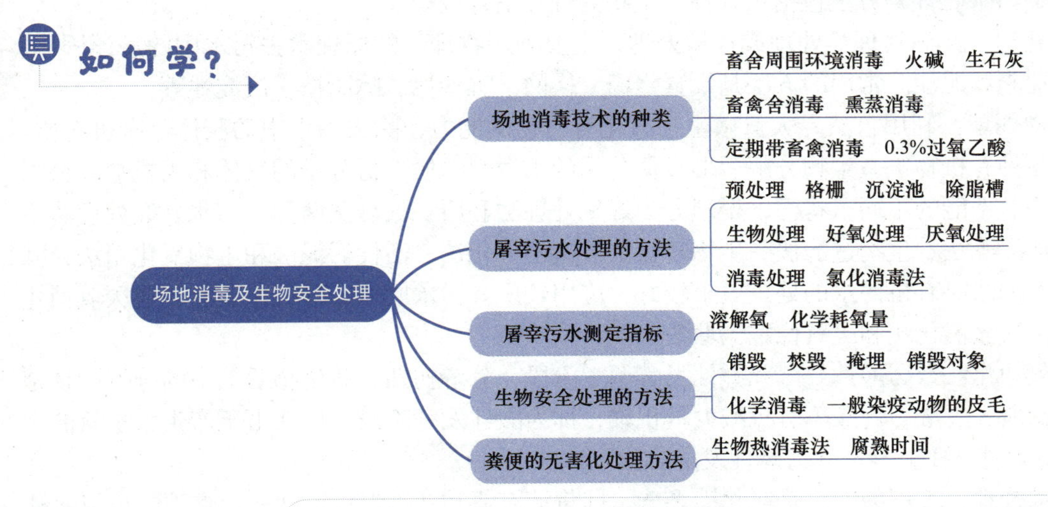

如何考？

本章考点在考试中主要出现在A1、A2型题中，每年分值平均1分。下列所述考点均需掌握。对于重点内容，希望考生予以特别关注。

考点冲浪

考点1：场地消毒技术的种类和方法★★★

畜舍周围环境消毒：畜舍周围环境每2~3周用2%~4%氢氧化钠（火碱）或撒生石灰消毒1次。场周围、污水池、排粪坑、下水道出口，每月用漂白粉消毒1次。

畜禽舍消毒：每批畜禽调出后，彻底将畜禽舍打扫干净，用高压水枪冲洗，然后喷雾消毒或熏蒸消毒，5~7d后方可调入下批畜禽。

定期带畜禽消毒：定期进行带畜禽消毒，有利于减少环境中的病原微生物。常用于带畜禽消毒的消毒药物有0.3%过氧乙酸、0.1%次氯酸钠或0.1%新洁尔灭，浓度在0.5%以下的过氧乙酸对人畜无害。

【例题1】养殖场带畜禽消毒最适用的消毒药是（D）。

A. 0.1%碘溶液　　B. 0.2%氢氧化钠溶液　　C. 0.4%福尔马林溶液

D. 0.3%过氧乙酸溶液　　E. 0.1%乙内酰脲溶液

【例题2】生猪宰后检疫中，见1头猪下颌淋巴结肿大、出血，切面呈砖红色，淋巴结周围组织有胶冻样浸润。该屠宰场对场地进行消毒，应选用的药液是（C）。

A. 1%漂白粉　　B. 1%过氧化氢　　C. 10%氢氧化钠

D. 2%羟基联苯酸钠　　E. 10%氯化苯甲羟胺

【解析】本题考查消毒技术的种类和方法。根据病猪下颌淋巴结肿大、出血，切面呈砖红色，淋巴结周围组织有胶冻样浸润等病变典型特征，初步判定为猪炭疽。炭疽为一类动物疫病，法规要求对环境必须进行严格的消毒措施。因此该屠宰场对场地进行消毒，应选用的药液是10%氢氧化钠。

考点2：屠宰污水处理的原理和方法★★

屠宰污水处理的方法包括预处理、生物处理和消毒处理。

预处理：又称物理学处理或机械处理，主要利用物理学的原理除去污水中的悬浮固体、胶体、油脂和泥沙。常用的方法是设置格栅、格网、沉沙池、除脂槽、沉淀池等。

生物处理：利用自然界大量微生物氧化有机物的能力，除去污水中的胶体、有机物质。污水中各种有机物被微生物分解后形成低分子的水溶性物质、低分子的气体和无机盐。根据微生物嗜氧性能的不同，将污水处理分为好氧处理法和厌氧处理法两类。污水好氧处理法主要有土地灌溉法、生物过滤法、生物转盘法、接触氧化法、活性污泥法和生物氧化塘法，其中活性污泥法对有机污水的处理效果较好，应用较广。污水厌氧处理法主要有普通厌氧消化法、高速厌氧消化法和厌氧稳定池塘法。

厌氧消化法经历酸性发酵和碱性发酵两个阶段，分解初期，微生物活动中的分解产物是甲酸、乙酸、戊酸、乳酸等有机酸大量积聚，称为酸性发酵阶段，后期由于产生大量氨的中和作用，污水pH上升，称为碱性发酵阶段。

消毒处理：常用的方法是氯化消毒法，即将液态氯转变为气体，通入消毒池，可以杀死99%以上有害细菌。经过好氧处理后的污水上层清液，经氯化消毒后排出，沉积的剩余污泥则进行浓缩处理。

【例题】经过好氧处理后的屠宰污水上层清液，在排放前常采取的处理方法是（A）。

A. 氯化消毒　　B. 碱消毒　　C. 酸消毒
D. 过氧化消毒　　E. 表面活性剂消毒

考点3：屠宰污水的主要测定指标★★★★

溶解氧（DO）：溶解于水中的氧，单位是mg/L。我国的河流、湖泊、水库水的溶解氧含量多高于4mg/L。

生化需氧量（BOD）：在一定时间和温度下，水体中有机污物受微生物氧化分解时所耗去水体溶解氧的总量，单位是mg/L。国内外现在均以5d、水温保持20℃时的BOD值作为衡量有机物污染的指标，用BOD_5表示。BOD_5数值越高，说明水体有机污物含量越多，污染越严重。

化学耗氧量（COD）：在一定条件下，用强氧化剂如高锰酸钾或铬酸钾等氧化水中有机污染物和一些还原物质所消耗氧的量，单位为mg/L，用重铬酸钾作为氧化剂时，该指标用COD_{Cr}表示。

【例题1】屠宰污水检测，分别在两个溶解氧瓶中注满水样，测定其中一瓶的溶解氧（C1），将另一瓶水样置于20℃温箱中培养5d后，测定其溶解氧（C2），C1减C2的差值为（D）。

A. 溶解氧　B. 氧消耗量　C. 5日溶解氧　D. 生化需氧量　E. 化学耗氧量

【例题2】一定条件下，用强氧化剂如高锰酸钾或铬酸钾等氧化水中有机污染物和一些还原物质所消耗的总氧量是（C）。

A. 溶解氧 B. 生化需氧量 C. 化学耗氧量 D. 悬浮物 E. 混浊度

考点4：生物安全处理的种类和方法★★★★★

生物安全处理：通过用焚毁、化制、掩埋或其他物理、化学、生物学等方法将病害动物尸体和病害动物产品或附属物进行处理，以彻底消灭其所携带的病原体，达到消除病害因素，保障人畜健康安全的目的。运送动物尸体和病害动物产品应采用密闭、不渗水的容器，装前卸后必须消毒。

销毁：病害动物尸体和病害动物产品或附属物的主要生物安全处理方法，主要有焚毁和掩埋两种形式。

焚毁：将病害动物尸体、病害动物产品投入焚化炉或用其他方式烧毁碳化。掩埋法不适用于患有炭疽等芽孢杆菌类疫病，以及牛海绵状脑病、痒病的染疫动物及产品、组织的处理。病害动物尸体和病害动物产品掩埋上层应距地表1.5m以上，掩埋坑底必须铺上生石灰，其厚度为2~5cm。

销毁处理的适用对象：包括确认为口蹄疫、猪水疱病、猪瘟、炭疽、牛海绵状脑病、痒病、布鲁氏菌病、结核病等严重危害健康的病害动物及其产品；病死、毒死或死因不明动物的尸体；病变组织；人工接种病原微生物或药物试验的病害动物和产品等。

化学消毒：对于被病原微生物污染或可疑被污染和一般染疫动物的皮毛的无害化处理，常用盐酸食盐溶液消毒法。

【例题1】现行国家标准规定，水疱病病猪应进行（D）。

A. 高温处理 B. 冷冻处理 C. 盐腌处理 D. 销毁处理 E. 产酸处理

【例题2】常用于染疫皮张的无害化处理方法是（C）。

A. 化制 B. 高温高压 C. 化学消毒 D. 煮沸消毒 E. 紫外线照射

【例题3】遭遇洪灾后，某牛场1头牛体温高达42℃，全身抽搐，可视黏膜发绀，5h后死亡，口腔、鼻孔等天然孔流血且血液凝固不全。对该病牛应采取的处理方法是（C）。

A. 掩埋 B. 化制 C. 焚烧 D. 蒸煮 E. 药物消毒

【解析】本题考查生物安全处理办法。根据病牛全身抽搐，可视黏膜发绀，5h后死亡，口腔、鼻孔等天然孔流血且血液凝固不全等临床特征，判定为牛炭疽。按照国家病害动物和动物产品生物安全处理办法，对该病牛应采取的处理方法是焚烧。

【例题4】患病动物的粪便与新鲜生石灰混合后掩埋的深度至少为（D）。

A. 1m B. 0.5m C. 4m D. 2m E. 3m

【例题5】掩埋处理病害动物尸体时，坑底必须铺上一定厚度的生石灰，病害动物尸体上层距离地表应有安全高度，按国家相关规定对生石灰厚度和距地表高度要求分别是（E）。

A. 1cm，0.5m B. 1cm，1m C. 1cm，1.5m
D. 1.5cm，1.5m E. 2cm，1.5m以上

考点5：粪便的无害化处理方法★★★

粪便的无害化处理方法主要有焚烧法、掩埋法、化学消毒法及生物热消毒法。其中生物热消毒法是对粪便经济有效的消毒方法。湿粪堆积发酵所产生的生物热可达70℃或更高，能杀灭一切不形成芽孢的病原微生物和寄生虫卵。

粪便的生物热消毒应在专门的场所设置堆放坑或发酵池，常用的生物热消毒法有地面泥封堆肥发酵法、地上台式堆肥发酵法及坑式堆肥发酵消毒法等。

必须注意：堆肥时间一定要足够，腐熟后方可施肥，夏季需1个月，冬季需2~3个月才腐熟；生物热消毒法可以杀死多种传染病病原，但不能杀死芽孢，如炭疽、产气荚膜梭菌等，只能用焚烧或化学消毒灭菌。

【例题1】对畜禽粪便无害化处理，最常用且经济的方法是（D）。

A. 焚烧　B. 掩埋　C. 化学消毒　D. 生物热消毒　E. 机械性清除

【例题2】不能用生物热消毒法处理病畜粪便的疫病是（C）。

A. 口蹄疫　B. 猪瘟　C. 炭疽　D. 猪丹毒　E. 布鲁氏菌病

第六章　动物诊疗机构及其人员公共卫生要求

如何学？

动物诊疗机构及其人员公共卫生要求 — 卫生防护要求：
- 洗手　防护镜　手套　鞋套
- 动物诊疗区域　动物疫病区　普通病区
- 医疗废弃物　按规定收集　运送　处理

如何考？

本章考点在考试中主要出现在A1型题中，每年分值平均1分。对于重点内容，希望考生予以特别关注。

考点冲浪

考点：动物诊疗机构和医护人员的卫生安全防护要求★★★★

动物诊疗场所选址距离畜禽养殖场、屠宰加工厂、动物交易场所应不少于200m。

动物诊疗区域至少分为动物普通病区和动物疫病区。非医疗工作人员和病畜畜主不得进入动物疫病区。

动物诊疗机构应当根据就近集中处理的原则，将医疗废弃物严格收集起来，纳入地方政府组建的医疗废弃物集中处理的统一管理，按有关规定进行收集、运送、贮存和处理。

正确合理使用X线诊断，要建造有足够屏蔽效果的防护隔墙，放射工作人员熟练掌握射线防护知识，尽可能采用"高电压、低电流、厚过滤"和小照射野工作。

动物诊疗机构医护人员的卫生安全防护要求主要包括洗手、着装要求和加强防护用品的穿戴等。

洗手要求：医护人员在接触传染病病畜的血液、体液、分泌物、排泄物及其污染物品前后，无论是否戴手套，都必须洗手。

着装要求：医护人员在处理工作前，必须穿戴好工作服、工作帽、医用口罩、工作鞋等。

在基本防护的基础上，按危险程度需要使用以下加强防护用品：防护镜用于有体液或其他污染物喷溅的操作时；医用外科口罩或医用防护口罩、鞋套、防护镜用于接触高危险性人兽共患传染病病畜禽时；手套用于操作人员皮肤破损或接触体液或破损皮肤黏膜的操作时；鞋套用于进入高危险性人兽共患病病区时。

【例题1】动物诊疗机构至少应有两个分区，其中一个必须是（D）。

A. 动物手术区 B. 动物诊疗区 C. 动物处理区 D. 动物疫病区 E. 动物消毒区

【例题2】动物诊疗场所选址，距离畜禽养殖场、屠宰加工厂、动物交易场所应不少于（E）。

A. 40 m B. 60 m C. 80 m D. 100 m E. 200 m

【例题3】动物诊疗机构医疗废弃物处置的基本原则是（D）。

A. 化制处理 B. 深埋处理 C. 各自处理
D. 就近集中处理 E. 大范围集中处理

【例题4】动物诊疗机构的医疗废弃物处理过程不包括（E）。

A. 收集 B. 运送 C. 贮存 D. 处置 E. 利用

【例题5】动物诊疗机构医护人员接触传染病畜分泌物后，必须立即洗手的情形是（E）。

A. 脱去工作服后 B. 脱去工作帽后 C. 摘取口罩后
D. 摘取眼镜后 E. 摘除手套后

【例题6】动物诊疗机构兽医人员进入高危险性人畜共患病病区时，必须使用的加强防护用品是（D）。

A. 工作服 B. 工作帽 C. 工作鞋 D. 防护镜 E. 医用口罩

参考文献

[1] 陆承平，刘永杰 . 兽医微生物学 [M]. 6 版 . 北京：中国农业出版社，2021.
[2] 杨汉春 . 动物免疫学 [M]. 3 版 . 北京：中国农业大学出版社，2023.
[3] 崔治中 . 兽医免疫学 [M]. 2 版 . 北京：中国农业出版社，2015.
[4] 陈溥言 . 兽医传染病学 [M]. 5 版 . 北京：中国农业出版社，2006.
[5] 孔繁瑶 . 兽医寄生虫学 [M]. 2 版 . 北京：中国农业出版社，2010.
[6] 汪明 . 兽医寄生虫学 [M]. 3 版 . 北京：中国农业出版社，2003.
[7] 张彦明 . 兽医公共卫生学 [M]. 3 版 . 北京：中国农业出版社，2019.
[8] 中国兽医协会 . 2018 年执业兽医资格考试应试指南：兽医全科类 [M]. 北京：中国农业出版社，2018.
[9] 陈明勇 .2011—2020 年全国执业兽医资格考试考试试卷汇编：兽医全科类 [M]. 北京：中国农业大学出版社，2021.